高等院校计算机系列教材

电路与电子技术

主　编　杨建良　李芝成　朱志伟

副主编　刘新逢　李新国　黄金文

主　审　李勇帆　王杰文

WUHAN UNIVERSITY PRESS
武汉大学出版社

图书在版编目(CIP)数据

电路与电子技术/杨建良,李芝成,朱志伟主编. —武汉:武汉大学出版社,
2008.1(2022.7 重印)
高等院校计算机系列教材
ISBN 978-7-307-06014-2

Ⅰ.电…　Ⅱ.①杨…　②李…　③朱…　Ⅲ.①电路理论—高等学校—教
材　②电子技术—高等学校—教材　Ⅳ.TM13　TN01

中国版本图书馆 CIP 数据核字(2007)第 173238 号

责任编辑:林　莉　　责任校对:刘　欣　　版式设计:支　笛

出版发行:**武汉大学出版社**　(430072　武昌　珞珈山)
(电子邮箱:cbs22@ whu.edu.cn 网址:www.wdp.com.cn)
印刷:武汉图物印刷有限公司
开本:787×1092　1/16　印张:16　字数:379 千字
版次:2008 年 1 月第 1 版　　2022 年 7 月第 5 次印刷
ISBN 978-7-307-06014-2/TM · 16　　定价:48.00 元

内 容 简 介

　　本书是根据国家教委高教司制定的电子技术课程教学基本要求,并结合作者多年来的教学经验而编写的专业技术基础课教材。全书共分上、下两篇。上篇为电路基础,内容包括电路的基本概念和基本定律、直流线性电阻电路的分析、单相正弦交流电路、三相正弦交流电路和电路的暂态分析等。下篇为模拟电子技术基础,内容包括半导体器件基础、放大电路基础、集成运算放大电路和半导体直流稳压电源等。

　　全书内容简明,力求体现计算机、电子信息类专业等对电路和电子技术理论知识的要求,在保证基本概念和基本理论讲授的同时,突出知识的新颖性和实用性,注重对学生各方面能力的培养和综合素质的提高。

　　本书可作为普通高等院校计算机、电子信息类专业本、专科教材,也可作为自学考试和各类成人教育、有关工程技术人员的参考用书。

　　本书是根据国家教委高教司制定的电子技术课程教学基本要求，并结合作者多年来的教学经验而编写的计算机、电子信息类专业基础课教材。

　　全书共分上、下两篇。上篇是电路基础部分，分1～5章。第1章为电路的基本概念和基本定律，主要介绍了电路的一些基本概念、基本物理量，常用电路元件的特性，基尔霍夫电流定律和电压定律及其应用；第2章为直流线性电阻电路的分析，主要介绍了支路电流法、叠加定律和戴维南定律及其应用；第3章为单相正弦交流电路，主要介绍了正弦交流电路的一些基本概念、基本分析方法，同时引入了相量及相量模型等概念，讨论了单一参数元件上电压与电流的相量关系、串联和并联谐振特性和电路的功率计算等问题；第4章为三相正弦交流电路，主要介绍了三相电源及其特点，三相负载的连接方式，三相电路的功率计算等问题；第5章为电路的暂态分析，主要介绍了稳态和暂态等基本概念，着重讨论了RC电路和RL电路的响应问题。下篇是模拟电子技术基础部分，分6～9章。第6章为半导体器件基础，主要介绍了半导体的基本特性，晶体二极管、晶体三极管和场效应管的基本特性、主要参数及使用方法；第7章为放大电路基础，主要介绍了放大电路的基本组成、工作原理及分析方法，放大电路的三种组态及其特点，多级放大电路的耦合方式，差动式放大电路的工作原理及其分析等；第8章为集成运算放大电路，主要介绍了理想运放及其特性，基本运算电路及分析，电压比较器、正弦波振荡器的组成原理及分析，同时引入了反馈等概念，阐明了负反馈对放大电路性能指标的影响等问题；第9章为半导体直流稳压电源，主要介绍了半波和桥式整流电路的工作原理，常用滤波电路及特性，简单稳压电路的工作原理等。考虑到计算机、电子信息类专业的教学特点，我们把电子学中的数字电路部分单独放到另一本教材《数字电子技术基础》中去讲授。

　　因为本书是由电路基础和电子技术整合而成的一本教材，涉及电路和电子技术方面诸多内容，内容分散，篇幅也过于庞大，容易造成学生学习负担过重，缺乏自信心。为此，我们从教材内容的选取和衔接、例题习题的选定到重点难点的体现等方面都做了大胆的尝试，去除了传统教材中的一些复杂的理论推导与计算，简化了教材内容，使本教材具有不同于其他一些教材的鲜明特色。

　　（1）全书以电路理论为基础，以电子技术为主干，二者紧密结合，相辅相成，能较好地帮助学生学习，促进知识迁移，为后续专业知识学习做准备。

　　（2）在保证基本概念和基本理论讲授的同时，紧密结合当今电子信息与计算机领域的最新发展，突出知识的新颖性和实用性，注重对学生综合能力的培养。

　　（3）全书结构合理、内容精辟、图文并茂、可读性和可操作性均很强。

　　由于本书各章节都是由长期担任电工与电子技术课程的资深教师编写的，他们对学生的学习情况、学习需求、认知特点都有深入的了解，并积累了丰富的教学实践经验，因此全书概念描述清晰，学习目的明确，内容鲜明，能较好地把握好学习中的"度"，从而保证学习的实效性。

　　本教材由杨建良负责全书的组织、统校和定稿工作，参加编写工作的有：杨建良（第1章的第8节，第3章的第3～7节，第4章，第7章的第4、6节，第8章的第5、6节，第9章）、杨建良、黄金文（第5章）李芝成（第6章，第8章第1～4节）、朱志伟（第1章的第1～7、9节，第2章，第3章的第1～2节）、刘新逢（第7章第1～3节和第5节），李新国也参与了本书部分章节的编写工作。本书第1～4章的例题和习题全部由朱志伟提供。

　　本书在编写过程中吸收和参阅了很多专家学者的研究成果及学术资料，在此一并致谢。由于作者水平有限，难免存在不妥和错误之处，恳请广大读者批评指正。

作　者

2007年10月

目 录

第一篇 电 路 基 础

高等院校计算机系列教材

第二篇　模拟电子技术基础

第一篇 电路基础

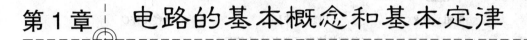

第1章 电路的基本概念和基本定律

学习目标

1. 建立电路和电路模型等基本概念。
2. 理解电压和电流的参考方向、关联参考方向及其物理意义。
3. 掌握电压、电流、电动势和功率等基本概念及其计算。
4. 掌握基尔霍夫电流和电压定律，并能应用于实际电路的计算。
5. 掌握电阻串联和并联的特点。
6. 理解电压源和电流源的特性及其相互转换。

电路是电工与电子技术中的主要研究对象，内容丰富、理论性强。本章首先介绍电路的基本概念，电路的基本物理量，电路及电路模型等，然后再着重讨论基尔霍夫定律及其应用。

1.1 电路和电路模型

1.1.1 实际电路及其基本功能

人们在生产和生活中使用的电器设备，如电动机、电视机、计算机等都是由实际电路组成的。实际电路包括电源、负载和中间环节三个组成部分。其中，电源的作用是为电路提供电能，如发电机利用机械能或核能转化为电能，蓄电池利用化学能转化为电能，光电池利用光能转化为电能等；负载则将电能转化为其他形式的能量加以利用，如电动机将电能转化为机械能，电炉将电能转化为热能等；中间环节用做电源和负载的连接体，包括导线、开关、控制线路中的保护设备等。

在电力系统、电子通信、自动控制、计算机以及其他各类系统中，每一种电路都有着不同的功能和作用。电路的作用可以概括为两个方面：一是实现电能的传输和转换，二是实现信号的处理和传递。

1.1.2 理想电路元件和电路模型

实际电路由各种不同作用的电路元器件通过导线连接而成。实际电路元件种类繁多，且电磁特性较为复杂。为便于对实际电路进行分析和数学描述，需将实际电路元件用能够代表其主要电磁特性的理想电路元件或它们的组合来表示。例如，实际的电感线圈，工作在低频条件下，可不考虑其匝间分布电容，把它抽象成一个理想电感和一个理想电阻的串联模型来表示；一个实际的直流电源，可用一个电压为U_S、内阻为R_S的串联模型来表示，而当满足条件$R_S \ll R_L$（R_L为负载）时，又可把它抽象地表示成一个电压为U_S的恒压源。图1-1给出了电工与电子技术中经常用到的三种理想电路元件的电路符号和实际电压源、电流源模型。

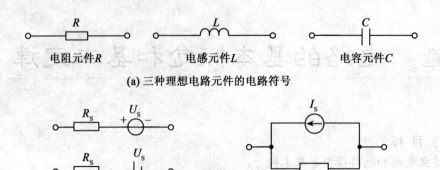

(a) 三种理想电路元件的电路符号

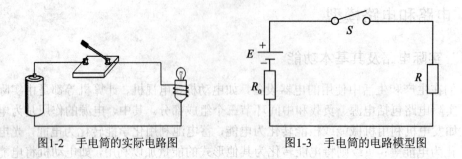

(b) 电压源和电流源模型

图1-1　电路元件及模型

将实际电路的元器件模型化，并且用规定的电路符号代表器件连接而成的图形，叫做电路模型图，简称为电路图。同时将理想电路元件简称为元件，将电路模型简称为电路。图1-2是手电筒的实际电路，图1-3是用理想元件表示的电路模型图。

图1-2　手电筒的实际电路图　　　　图1-3　手电筒的电路模型图

在图1-3中，E为电源，在手电筒中特指其中的干电池；S为开关，是控制电路闭合或断开的装置，在手电筒的表面可以触按；R为负载，在手电筒中特指小电珠；而R_0为电源内阻，一般情况下可以忽略不计。这些电路元件在电路模型图中用若干线条连接在一起，这样的线条就是平常我们所说的导线（在手电筒中，实质为手电筒的金属外壳）。

1.2　电路的基本物理量

在分析各种电路之前，首先介绍电路中的基本物理量：电流、电压、电位和电功率等相关概念。

1.2.1　电流

电荷的定向移动形成电流。电流的大小是由单位时间内通过导体横截面的电荷量来衡量的。电流用i表示，即

$$i = \frac{\mathrm{d}q}{\mathrm{d}t}$$

电流的国际单位是安培（A），常用单位还有千安（kA）、毫安（mA）和微安（μA）。它们的关系是

$$1kA = 10^3 A \quad ; \quad 1A = 10^3\, mA ; \quad 1mA = 10^3 \mu A$$

电流不仅有大小而且有方向。通常规定正电荷移动的方向为电流的实际方向（事实上，金属导体内的电流是由带负电的电子作定向移动而形成的）。电流的实际方向通常用一个箭头表示。由于在分析计算复杂电路时难以事先判明电路中电流的实际方向，因此引入参考方向的概念。电流的参考方向可以任意选定，当电流的参考方向实与际方向一致时，电流为正值。反之，电流为负值。换句话说，如果求出的电流值为正，说明参考方向与实际方向一致，否则说明参考方向与实际方向相反，如图1-4所示。

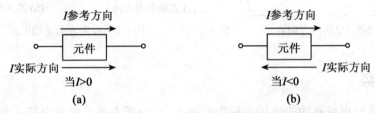

图1-4 电流的实际方向与参考方向的关系

1.2.2 电压

电压也称电位差（或电势差），定义为电场力将单位正电荷由点a移动到点b所做的功。电路中a、b两点间的电压用u_{ab}表示，电功率用w表示，则

$$u_{ab} = \frac{\mathrm{d}w}{\mathrm{d}q}$$

在对电路进行电压分析时，往往需要选定电路中的某一点作为电压的参考点，称为零电位点。对于参考点习惯上用接地符号"⊥"表示。电路中任意一点对参考点的电压称为电位。所以，a、b两点间的电压等于这两点间的电位差，即 $u_{ab} = U_a - U_b$。参考点、电位与电压三者之间的关系，有如海平面、海拔高度、垂直高度这三者的关系。只有确定海平面，我们才能测出山峰的海拔高度，以及山谷的海拔高度，也就能确定该山的垂直高度=山峰的海拔高度-山谷的海拔高度。

电压的国际单位是伏特（V），常用单位还有千伏（kV）、毫伏（mV）和微伏（μV），它们的关系是

$$1kV = 10^3 V; \quad 1V = 10^3 mV; \quad 1\, mV = 10^3 \mu V。$$

电压同电流一样，不仅有大小而且有方向，习惯上把电位降低的方向作为电压的实际方向。电压的极性可用"+"和"-"表示，其中"+"表示高电位，"-"表示低电位；也可用双下标表示，如 U_{ab} 表示电压的方向由 a 指向b；在电路中还经常用箭头表示电压的方向。如图1-5所示，R 上的电压 U_{ab} 是 a"+"、b"-"，箭头由a指向b。

在分析计算电路时经常引入电压参考方向的概念。当计算出的电压实际方向与参考方向一致时，电压为正值；反之，电压为负值。在图1-6（a）所示的参考方向下，元件 A 两

端的电压为 5V，表示元件 A 两端实际电压的大小为 5V，方向由 a 到 b，与参考方向相同。在图 1-6（b）所示的参考方向下，元件 B 两端的电压为-6V，表示元件 B 两端实际电压的大小为 6V，方向由 d 到 c，与参考方向相反。

如果不特别强调，本书电路中所标明的电流和电压方向都是参考方向。当电流和电压的参考方向一致时，称为关联参考方向，如图 1-6（a）中 U 与 I 为关联方向；否则为非关联参考方向，如图 1-6（b）中 U 与 I 为非关联方向。

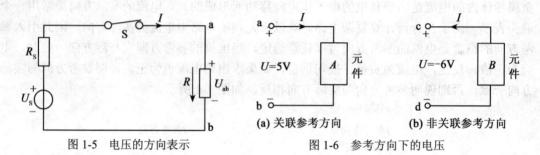

图 1-5　电压的方向表示　　　　图 1-6　参考方向下的电压

1.2.3　电动势

电源内部推动电荷移动的作用力称为电源力，而电源力将单位正电荷从电源负极经电源内部移动到正极所做的功，叫做电源的电动势。电动势是反映电源把其他形式的能转换成电能的本领的物理量。电动势使电源两端产生电压。在电路中，电动势常用 E 表示。电动势的单位和电压的单位相同，也是伏特（V），但其方向与电压的方向相反，是由电源的负极经电源内部指向正极的，即由低电位指向高电位。

例 1-1　如图 1-7 所示电路中，已知 a、b、c 三点的电位分别为 U_a=10V，U_b=20V，U_c=15V，其中 d 为参考点，求电阻 R_1 和 R_2 上的电压。

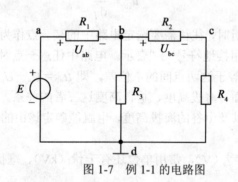

图 1-7　例 1-1 的电路图

解： 设 R_1、R_2 上电压的参考方向如图 1-7 所示。则

R_1 上的电压为：$U_{ab}= U_a-U_b$=10V-20V=-10V

R_2 上的电压为：$U_{bc}= U_b-U_c$=20V-15V=5V

计算结果表明：R_1 上电压的实际方向与参考方向相反，R_2 上电压的参考方向就是实际方向。

例 1-2　在如图 1-8 所示的电路中，已知 E_1=40V，E_2=5V，$R_1=R_2$=10Ω，R_3=5Ω，

$I_1=3A$，$I_2=-0.5A$，$I_3=2A$。取 d 点为参考点，求 a、b、c 各点的电位及电压 U_{ab} 和 U_{bc}。

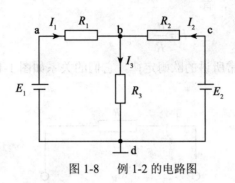

图1-8　例1-2的电路图

解：以d点为参考点，则d点电位为零，即$U_d=0V$。

b 点电位：$U_b=U_{bd}=I_3R_3=2A×5Ω=10V$

a 点电位：$U_a=U_{ab}+U_{bd}=I_1R_1+U_{bd}=3A×10Ω+10V=40V$

或　　$U_a=U_{ad}=E_1=40V$

c 点电位：$U_c=U_{cb}+U_{bd}=I_2R_2+U_{bd}=-0.5A×10Ω+10V=5V$

或　　$U_c=U_{cd}=E_2=5V$

$U_{ab}=U_a-U_b=40V-10V=30V$

$U_{bc}=U_b-U_c=10V-5V=5V$

1.3　电阻、电感和电容元件

本节讨论电阻、电容、电感三种基本电路元件及其伏安特性。

1.3.1　电阻元件

电阻元件是一种对电流呈现阻碍作用的元件。电阻元件两端电压与电流之间的关系可以用 $u\text{-}i$ 平面上的一条直线（或曲线）来表征，称为伏安特性。

由于线性电阻的阻值不变，其伏安特性曲线是一条过原点的直线，如图1-9所示。如果电阻的阻值不是一个常数，其大小与通过它的电流和加于其两端的电压有关，当电流或电压改变时，电阻的阻值也随之改变，这样的电阻称为非线性电阻，如二极管、电炉和白炽灯泡等。图1-10给出了某种非线性电阻的伏安特性。

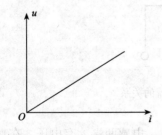

图1-9　线性电阻元件伏安特性

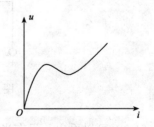

图1-10　非线性电阻元件伏安特性

对于线性电阻，在任意时刻流过它上面的电流与它两端的电压成正比，与它的阻值成反比。因此在关联参考方向下，有

$$i = \frac{u}{R}$$ (1-1)

式（1-1）就是我们通常所讲的欧姆定律，它们的关系如图1-11所示。

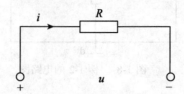

图 1-11　线性电阻元件上电压与电流的关系

电阻的单位为欧姆（Ω），常用的单位还有千欧（kΩ）和兆欧（MΩ）。它们的关系是

$$1M\Omega = 10^3 k\Omega, \qquad 1k\Omega = 10^3 \Omega$$

电阻的倒数称为电导，也是一个常用的物理量，用 G 表示，单位为西门子（S）。电阻与电导的关系为

$$G = \frac{1}{R}$$

1.3.2　电感元件

电感元件是一种能够储存磁场能量的元件，是实际电感器的理想化模型，单位是亨利（H）。常用的单位还有毫亨（mH）和微亨（μH）。它们的关系是

$$1H = 10^3 mH, \qquad 1mH = 10^3 \mu H$$

由于任意时刻电感元件两端的电压与该时刻通过电感的电流变化率成正比，因此在关联参考方向下，有

$$u = L\frac{di}{dt}$$ (1-2)

它们的关系如图1-12所示。

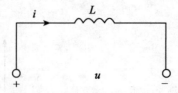

图 1-12　电感上电压与电流的关系

从式（1-2）可以看出，只有当电感上的电流变化时，电感两端才有电压。在直流电路中，电感上即使有电流通过，但由于电流不变，所以 $u=0$，相当于短路。

1.3.3　电容元件

电容元件是一种能够储存电场能量的元件，是实际电容器的理想化模型，单位为法拉（F）。常用的单位还有微法（μF）和皮法（pF）。它们的关系是

$$1F=10^6\mu F,\quad 1\mu F=10^6pF$$

由于任意时刻电容元件上的电流与该时刻加在电容两端的电压变化率成正比，因此在关联参考方向下，有

$$i=C\frac{\mathrm{d}u}{\mathrm{d}t}\tag{1-3}$$

它们的关系如图1-13所示。

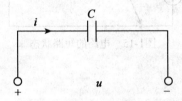

图1-13　电容上电压与电流的关系

从式（1-3）可以看出，只有当电容上的电压变化时，电容上才有电流通过。在直流电路中，电容上即使有电压，但由于电压不变，所以 i=0，相当于开路。

1.4　电路的三种状态

电路的工作状态可分为有载、开路和短路三种工作状态。

1.4.1　有载工作状态

如图1-14所示，电源与负载接通，构成回路，电路中有电流通过，电源将电能消耗在电阻上，这种工作状态称为有载工作状态。此时，电路中的电流 $I=U_S/(R+R_S)$，电阻上的电压 $U=IR=U_S-IR_S$。

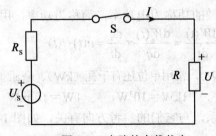

图1-14　电路的有载状态

1.4.2　短路状态

如图1-15所示，电源两端没有经过负载而直接连接，使负载两端电压 $U=0$，称为短路。

短路是电路最严重、最危险的事故。短路时，电流 $I_S = U_S/R_S$ 很大，将使电源严重过载，如果没有保护措施，将造成电源或其他电气设备的损坏，甚至发生火灾。为防止短路损坏电气设备，电路中常安装熔断器、保险丝和自动开关等保险装置，一旦发生短路能迅速切断电路，避免事故的发生。

短路主要是接线不当、电气线路绝缘老化、设备损坏等引起的。

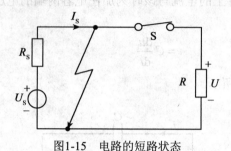

图1-15 电路的短路状态

1.4.3 开路状态

电源与负载断开，称为开路状态，又称为空载状态。如图 1-16 所示。在开路状态下，电路中电流为零，负载电压 $U_R = IR = 0$，而开路处的端电压 $U_{ab} = U_S - IR_S = U_S$。

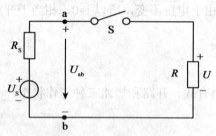

图 1-16 电路的开路状态

1.5 电功率

电场力在单位时间内所做的功称为电功率，简称为功率，用 P 表示。

$$P(t) = \frac{dW(t)}{dt} = \frac{dW(t)}{dq} \times \frac{dq}{dt} = u(t) \cdot i(t)$$

功率的国际单位是瓦特（W），常用单位还有千瓦（kW）、毫瓦（mW）等。它们的关系是

$$1kW = 10^3 W, \qquad 1W = 10^3 mW$$

功率、电流和电压的关系，与它们的参考方向有关，如图 1-17 所示。

(a) I 与 U 关联，$P=UI$ **(b)** I 与 U 非关联，$P=-UI$

图 1-17 功率、电流、电压的关系

在关联参考方向（元件上电流和电压的参考方向一致）下：
$$P = UI \qquad (1\text{-}4)$$
在非关联参考方向（电流和电压的参考方向不一致）下：
$$P = -UI \qquad (1\text{-}5)$$

若某元件的功率 $P > 0$，表明它吸收功率（消耗功率），承担负载的作用；若某元件的功率 $P < 0$，表明它发出功率（产生功率），承担电源的作用。

例 1-3 求如图 1-18 所示各元件上的功率。

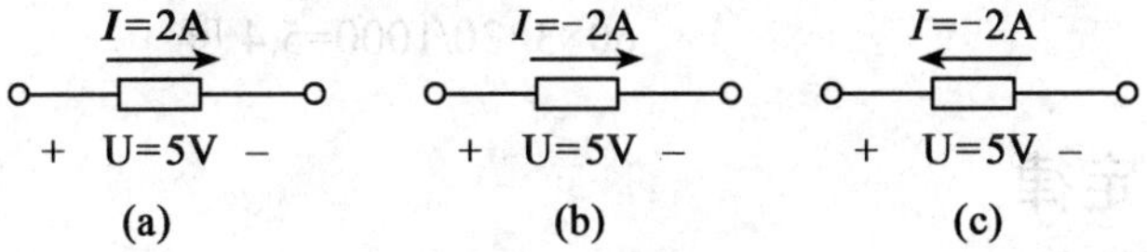

图 1-18 例 1-3 图

解： 在图（a）中，元件的电压与电流为关联参考方向，$P=UI=5\times2=10\text{W}$，$P>0$，表明该元件吸收了 10W 的功率，起负载作用。

在图（b）中，元件的电压与电流为关联参考方向，$P=UI=5\times(-2)=-10\text{W}$，$P<0$，表明该元件产生了 10W 的功率，起电源作用。

在图（c）中，元件的电压与电流为非关联参考方向，$P=-UI=-5\times(-2)=10\text{W}$，$P>0$，表明该元件吸收了 10W 的功率，起负载作用。

在日常生活中，电业部门通常用千瓦时测量用户消耗的电能。1千瓦时（或1度电）是指功率为1千瓦的元件在1小时内消耗的电能。即

$$1\text{度电} = 1\text{ kW·h}$$

如果通过实际元件的电流过大，会由于温度升高使元件的绝缘材料损坏，甚至使导体熔化；如果电压过大，则会使绝缘击穿，所以必须加以限制。电气设备或元件长期正常运行的电流允许值称为额定电流；其长期正常运行的电压允许值称为额定电压。额定电压和额定电流的乘积为额定功率。通常电气设备或元件的额定值标在产品的铭牌上。如一白炽灯标有 220V、40W，表示它的额定电压为220V，额定功率为40W。

例 1-4 一个额定值为 4W/100Ω 的电阻器，使用时最高能加多高电压？能允许通过多大的电流？

解：

由 $P = \dfrac{U^2}{R} = I^2 R$，得

$$U = \sqrt{PR} = \sqrt{4\times100} = 20(\text{V})$$

$$I = \sqrt{\dfrac{P}{R}} = \sqrt{\dfrac{4}{100}} = 0.2(\text{A})$$

例 1-5 有一盏"220V/60W"的电灯，求：（1）电灯的电阻；（2）当接到 220V 电压下工

作时的电流；（3）在220V电压下，如果每天使用3小时，问一个月（按30天计算）消耗多少度电？

解：根据题意：

（1）由 $P=U^2/R$ 得

电灯电阻 $R=U^2/P=220^2/60\Omega=807\Omega$

（2）由 $P=UI$ 得

$I=P/U=60/220A=0.273A$

（3）在日常生活中，用电量常以"度"为单位，即"千瓦时"。所以60W的电灯，每天使用3小时，一个月（30天）的用电量为

$$60\times3\times30/1000=5.4 度$$

1.6 基尔霍夫定律

基尔霍夫定律是电路的基本定律，不仅适用于直流电路也适用于交流电路。在简单电路分析中，我们已掌握了欧姆定律，但在较复杂的电路中，仅用欧姆定律是不能概括出整个电路中电压与电流之间的关系的，必须联立使用基尔霍夫的两条定律。

在介绍基尔霍夫定律之前，先结合图1-19所示电路，介绍一下复杂电路中的几个常用名词。

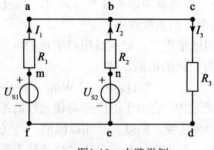

图1-19 电路举例

支路：将两个或两个以上电路元件依次连接起来称为串联。单个电路元件或若干个电路元件串联可构成一条支路，每条支路流经的是同一个电流。在图1-19所示电路中共有3条支路，它们分别是amf、bne和cd。节点：电路中3条或3条以上支路的连接点。在图1-19所示电路中，a、b、c三点实质上为同一点，可用节点b表示；d、e、f三点也是同一个点，可用节点e表示。因此该电路中共有b、e两个节点。

回路：电路中的任意一条闭合路径。图1-19中共有3条回路，分别是abnefma、bcdenb和abcdefma。

网孔：至少包含一条新支路的回路。图1-19中共有2个网孔，分别是abnefma和bcdenb。

1.6.1 基尔霍夫电流定律（KCL）

基尔霍夫电流定律，又称节点电流定律，它是用来确定电路中连接在同一节点上的各支路电流间关系的一条定律，这条定律指出：任一时刻流入电路中任一节点的电流之代数和恒

为零。用数学表达式表示为

$$\sum I = 0 \qquad (1\text{-}6)$$

以图 1-19 的节点 b 为例，如果将电流的参考方向定为流入节点时为正，流出节点时为负，则可写出节点 b 的电流方程，为

$$I_1 + I_2 - I_3 = 0$$

可写成

$$I_1 + I_2 = I_3$$

因此，KCL 也可理解为流入某节点的电流之和恒等于流出该节点的电流之和。

KCL 不仅适用于电路中的任一节点，也可推广到包围部分电路的任一闭合面（因为可将任一闭合面浓缩为一个节点），即流入或流出任一闭合面电流的代数和恒为零。例如，在图 1-20 中，当考虑虚线所围的闭合面时，应有

$$I_a - I_b - I_c = 0$$

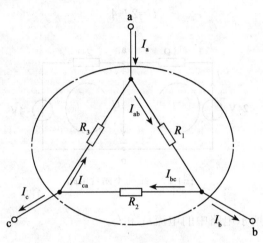

图1-20 电路中的闭合面

1.6.2 基尔霍夫电压定律（KVL）

基尔霍夫电压定律，又称回路电压定律，是用来确定回路中各段电压关系的一条定律，其基本内容是：任一时刻，沿任一闭合回路，所有支路电压的代数和恒为零。用数学表达式表示为

$$\sum U = 0 \qquad (1\text{-}7)$$

式（1-7）称为回路的电压平衡方程。在列写电压平衡方程时，首先应选定回路的绕行方向。当电压的参考方向与绕行方向一致时，电压取正号；相反时取负号。

下面以图 1-21 所示电路为例进行说明。选定回路 1 的绕行方向为顺时针方向，回路 2 的绕行方向为逆时针方向。在两回路内分别画上一个环绕箭头，以示意该回路的绕行方向，如图 1-21 所示。

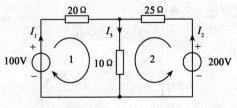

图1-21 用箭头表示回路的绕行方向

高等院校计算机系列教材

对于回路1，可列出其电压平衡方程为

$$20I_1+10I_3-100=0$$

对于回路2，可列出其电压平衡方程为

$$25I_2+10I_3-200=0$$

必须注意，在列写电压平衡方程时，应先标明电路中各元件上电流和电压的参考方向。如果没有特别说明，一般约定电阻元件上的电流参考方向与电压参考方向相同。

KVL也可推广到结构不闭合的电路。如图1-22所示，以a、b两点为界，左边电路部分和右边电路部分可以看做是两个结构不闭合的电路。

在所选择的回路绕行方向下，左边电路的电压平衡方程为

$$U=-4I+24$$

右边电路的电压平衡方程为

$$U=2I+4$$

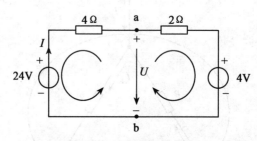

图1-22　结构不闭合电路

例1-6　试求图1-23所示电路中的电流I_1和I_2。

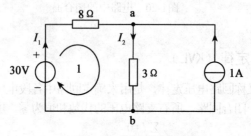

图1-23　例1-6的电路图

解： 选择回路1的绕行方向如图1-23所示。

列出节点a的电流方程为

$$I_1-I_2+1=0$$

列出回路1的电压平衡方程为

$$-30+8I_1+3I_2=0$$

两方程联立解之得

$$I_1=\frac{27}{11}\text{A}, \qquad I_2=\frac{38}{11}\text{A}$$

1.7 电阻的连接

为满足电路的需要，经常需要将电阻作不同的连接，以获得不同的电阻值。电阻间的连接方式有串联、并联和混联三种。

1.7.1 等效网络的概念

在电路分析中，有些网络引出两个端钮与外电路连接或作测量用。如果网络具有两个引出端钮与外电路连接，不管其内部结构如何都称为二端网络，也称为单口网络。如果网络中含有电源，则称该网络为有源二端网络；如果不含电源，则称为无源二端网络。

如果一个二端网络的端口电压和电流的关系与另一个二端网络的端口电压和电流的关系相同（即具有相同的外特性），那么这两个网络叫做等效网络。下面，我们利用等效网络的概念来分析电阻的串联、并联和混联电路。

1.7.2 电阻的串联

电路中两个或两个以上的电阻按顺序相连，且各个连接点没有分支的连接方式称为串联。图 1-24（a）为电阻 R_1 和 R_2 的串联电路，图 1-24（b）是它的等效电路。可以看出，图 1-24（a）与图 1-24（b）所示电路具有相同的外特性。根据等效网络的概念，两电路等效，电阻 R 称为两串联电阻 R_1 和 R_2 的等效电阻。

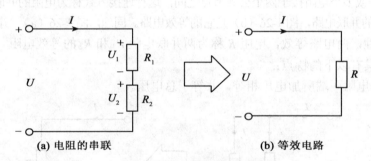

(a) 电阻的串联   (b) 等效电路

图 1-24 电阻串联的等效变换

电阻串联具有以下特点：

（1）流过各个电阻的电流相等，并等于总电流。

（2）总电压等于各个电阻两端电压之和，即

$$U=U_1+U_2=IR_1+IR_2=I(R_1+R_2)=IR \tag{1-8}$$

（3）串联等效电阻等于各个电阻之和

$$R=R_1+R_2 \tag{1-9}$$

（4）串联电阻具有分压作用。对于两个电阻的串联电路，有

$$U_1=IR_1=\frac{U}{R}R_1=\frac{R_1}{R_1+R_2}U \tag{1-10}$$

$$U_2 = IR_2 = \frac{U}{R}R_2 = \frac{R_2}{R_1 + R_2}U \qquad (1\text{-}11)$$

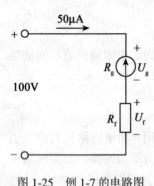

图 1-25 例 1-7 的电路图

例 1-7 如图 1-25 所示，用一个满刻度偏转电流为 50μA、内阻 R_g 为 2kΩ 的表头制成一个 100V 量程的直流电压表，应串联多大的附加电阻 R_f？

解： 由图可知：

$$U_g = R_g I = 2k\Omega \times 50\mu A = 0.1V$$
$$U_f = U - U_g = (100 - 0.1)V = 99.9V$$

由分压公式得 $U_f = \dfrac{R_f}{R_g + R_f}U$

所以

$$99.9 = \frac{R_f}{2 + R_f} \times 100$$

即

$$R_f = 1998k\Omega$$

由以上计算结果可知，应串联一个 1998kΩ 的电阻才能将表头改制成一个 100V 量程的直流电压表。

1.7.3 电阻的并联

电路中两个或多个电阻接于两个公共节点之间，这种连接方式称为电阻的并联。图 1-26（a）为电阻 R_1 和 R_2 的并联电路，图 1-26（b）是它的等效电路。同理，图 1-26（a）与图 1-26（b）具有相同的外特性，两电路等效，电阻 R 称为两并联电阻 R_1 和 R_2 的等效电阻。

电阻并联具有以下的特点：

（1）并联电阻两端所加电压相等，并等于总电压。

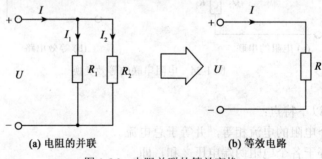

(a) 电阻的并联   (b) 等效电路

图 1-26 电阻并联的等效变换

（2）总电流等于各个电阻上电流之和，即

$$I = I_1 + I_2 \qquad (1\text{-}12)$$

（3）并联等效电阻的倒数等于各个电阻倒数之和，即

$$\frac{1}{R} = \frac{1}{R_1} + \frac{1}{R_2} \qquad (1\text{-}13)$$

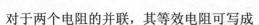

对于两个电阻的并联，其等效电阻可写成

$$R = \frac{R_1 R_2}{R_1 + R_2} \qquad (1\text{-}14)$$

（4）电阻并联具有分流作用。由于 $U = RI = \dfrac{R_1 R_2}{R_1 + R_2}I$，所以两电阻并联的分流公式可写成

$$I_1 = \frac{U}{R_1} = \frac{R_2}{R_1 + R_2}I \qquad (1\text{-}15)$$

$$I_2 = \frac{U}{R_2} = \frac{R_1}{R_1 + R_2}I \qquad (1\text{-}16)$$

例 1-8 如图 1-27 所示，用一个满刻度偏转电流为 50μA、内阻 R_g 为 2kΩ 的表头制成量程为 50mA 的直流电流表，应并联多大的分流电阻 R_2？

解： 已知 I_g=50μA，R_g=2kΩ，I=50mA

由分流公式得 $I_g = \dfrac{R}{R_g + R}I$

所以 $50 \times 10^{-6}\text{A} = \dfrac{R}{2000 + R} \times 50 \times 10^{-3}\text{A}$

即 $R = 2.002\Omega$

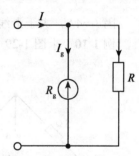

图 1-27 例 1-8 的电路图

由以上计算结果可知，应并联一个 2.002Ω 的电阻才能将表头改制成量程为 50mA 的直流电流表。

1.7.4 电阻的混联

电阻串联和并联相结合的连接方式，称为电阻的混联。

例 1-9 进行电工实验时，常用滑线变阻器接成分压器来调节负载电阻上电压的高低。在图 1-28 所示电路中，R_1 和 R_2 是滑线变阻器，R_L 是负载电阻。已知滑线变阻器的额定值是 100Ω、3A，当在端钮 a、b 上输入电压 U_1=220V，R_L=50Ω。试问：

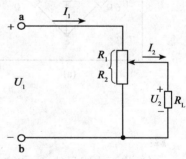

图 1-28 例 1-9 的电路图

（1）当 R_2=50Ω 时，输出电压 U_2 是多少？

（2）当 R_2=75Ω 时，输出电压 U_2 是多少？滑线变阻器能否安全工作？

解：

（1）当 R_2=50Ω 时，端钮 a、b 间的等效电阻 R_{ab} 应为 R_2 和 R_L 并联后再与 R_1 串联的总阻值，即

$$R_{ab} = R_1 + \frac{R_2 R_L}{R_2 + R_L} = (50 + \frac{50 \times 50}{50 + 50})\Omega = 75\Omega$$

$$I_1 = \frac{U_1}{R_{ab}} = \frac{220}{75}A = 2.93A$$

$$I_2 = \frac{R_2}{R_2 + R_L} \times I_1 = \frac{50}{50 + 50} \times 2.93A = 1.47A$$

$$U_2 = R_L I_2 = 50 \times 1.47V = 73.5V$$

（2）当 R_2=75Ω时，计算方法同上，可求得

$$R_{ab} = (25 + \frac{75 \times 50}{75 + 50})\Omega = 55\Omega$$

$$I_1 = \frac{220}{55}A = 4A$$

$$I_2 = \frac{75}{75 + 50} \times 4A = 2.4A$$

$$U_2 = 50 \times 2.4V = 120V$$

因 I_1=4A，大于滑线变阻器额定电流 3A，所以 R_1 段电阻有被烧坏的危险。

例 1-10 求图 1-29（a）所示电路中 a、b 两点间的等效电阻 R_{ab}。

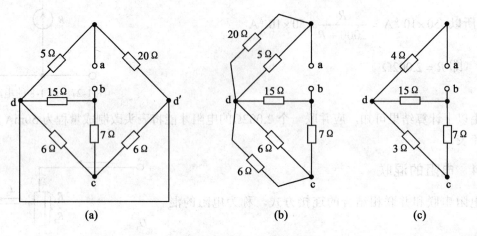

图 1-29 例 1-11 的电路图

解：

（1）将无电阻导线 d、d′缩成一点，用 d 表示，得到图 1-29（b）。

（2）并联化简，将图 1-36（b）变为图 1-29（c）。

（3）由图 1-29（c），求得 a、b 两点间的等效电阻为

$$R_{ab} = [4 + \frac{15 \times (3+7)}{15 + 3 + 7}]\Omega = 10\Omega$$

例 1-11 有电视机 180W，冰箱 140W，空调 160W，电饭锅 750W，照明灯合计 400W。在这些电器同时都工作时，求电源的输出功率、供电电流，电路的等效负载电阻，并选择保险丝 RF，画出电路图。

解： 画出供电电路如图 1-30 所示。电源输出功率为

$$P=P_1+P_2+P_3+P_4+P_5=（180＋140＋160＋750＋400）W＝1630W$$

电源的供电电流为

$$I=\frac{P}{U}=\frac{1630}{220}A=7.4A$$

电路的等效电阻为

$$R=\frac{U}{I}=\frac{220}{7.4}\Omega=29.7\Omega$$

选择民用供电保险丝 RF 的电流应等于或略大于电源输出的最大电流，查手册可知，选用 10A 保险丝较为合适。

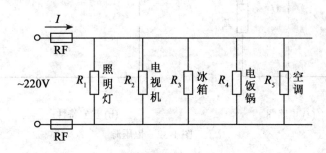

图 1-30　例 1-11 的电路图

1.8　电压源、电流源及其等效变换

1.8.1　电压源

一个实际的电压源可以用一个电压为 U_S 与内阻为 R_S 相串联的模型来表示。如图 1-31 所示，虚线的左边电路表示电压源，右边为负载 R_L，U 和 I 分别表示负载上的电压和电流。

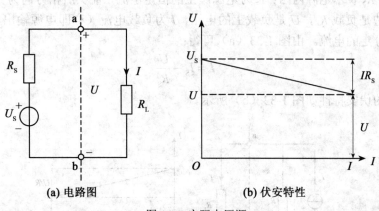

(a) 电路图　　　　　　　(b) 伏安特性

图 1-31　实际电压源

由 KVL 得

$$U=U_S-IR_S \tag{1-17}$$

式中 U 和 I 随负载 R_L 的变化而变化。图 1-31（b）表示了电压源的伏安特性，由图可知，

它是 $U\text{-}I$ 平面内的一条直线。电压源的输出电压 U 与 R_L 有关，R_L 越小，则电流 I 越大，在电源内阻 R_S 上的压降也就越大，在 U_S 一定时，负载上的电压 U 就越小。

在实际电路中，若 $R_L \gg R_S$，根据串联电路分压公式可知，在电源内阻 R_S 上分得的电压极低，此时，R_S 可以忽略不计，即 $R_S=0$，有 $U=U_S$，这时电压源可视为一理想化模型如图 1-32（a）虚线左边所示，称之为恒压源，其伏安特性如图 1-32（b）所示。可见，恒压源的伏安特性曲线为平行于 I 轴的一条直线。

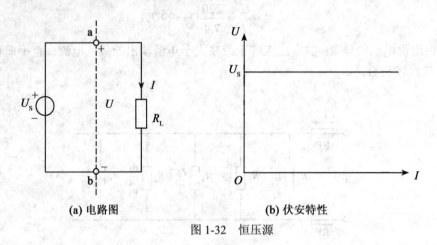

(a) 电路图　　　　　　　　　(b) 伏安特性

图 1-32　恒压源

从伏安特性曲线可知，恒压源具有以下基本性质：
① 输出电压为一恒定值或是给定的时间函数 $u_S(t)$，与外电路无关；
② 输出电流由外电路决定。

1.8.2　电流源

电路中的电源除了可以用电压源表示外，也可以用电流源表示。实际电流源的电路模型如图 1-33（a）所示。虚线的左边电路表示电流源，它包含电流为 I_S 和电阻为 R_S 的两条并联支路。其中：R_S 表示电源内阻；I_S 为电源产生的恒定电流，箭头所指方向为其送出电流的参考方向。右边是负载 R_L，U 是负载上的电压，I 为负载电流（亦即电源输出电流），U/R_S 为电源内阻上分走的电流。由图 1-33（a）可得：

$$I = I_S - \frac{U}{R_S}$$

（1-18）

电流源的伏安特性如图 1-33（b）所示。

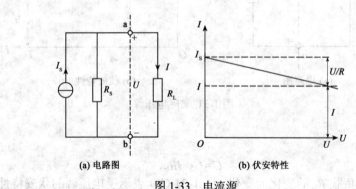

(a) 电路图　　　　　　　　(b) 伏安特性

图 1-33　电流源

若 $R_S \gg R_L$，可忽略 R_S 的分流作用，将 R_S 当做开路处理，即 $R_S = \infty$，这时电流源可视为一理想化模型如图 1-34（a）虚线左边所示，称之为恒流源，其伏安特性如图 1-34（b）所示。可见，恒压源的伏安特性曲线为平行于 U 轴的一条直线。

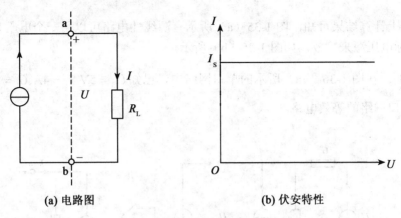

(a) 电路图　　　　　　　　　　**(b) 伏安特性**

图 1-34　恒流源

从伏安特性曲线可知，恒流源具有以下基本性质：
① 输出电流为一恒定值或是给定的时间函数 $i_S(t)$，与外电路无关；
② 其端电压由外电路确定。
　　一般来说，对于由独立电源（不受外界电路的控制而独立存在的电压源或电流源）和线性电阻元件组成的有源线性电路，就电路端口特性而言，可以等效为一个线性电阻和电压源的串联，或等效为一个线性电阻和电流源的并联。

　　例 1-12　如图 1-35（a）所示为一有源线性电路。已知 $U_S = 6\text{V}, I_S = 2A, R_1 = 2\Omega, R_2 = 3\Omega$。试画出该有源线性电路的等效电路。

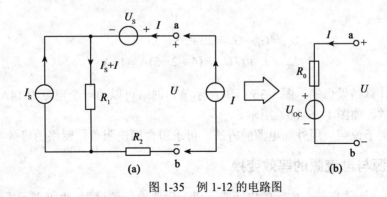

图 1-35　例 1-12 的电路图

　　解：在端口处外加一电流源 I，并写出端口电压的表达式为

$$U = U_S + R_1(I_S + I) + R_2 I$$
$$= (R_1 + R_2)I + U_S + R_1 I_S$$
$$= R_0 I + U_{OC}$$

其中：

$$R_O = R_1 + R_2 = 2\Omega + 3\Omega = 5\Omega$$

$$U_{OC} = U_S + R_1 I_S = 6V + 2\Omega \times 2A = 10V$$

根据以上计算结果可知，图 1-35（a）所示有源线性电路可以用一个电压为 10V、内阻为 5Ω 的实际电压源来等效，如图 1-35（b）所示。

例 1-13   在图 1-36 （a）所示的单口网络中，已知 $U_S = 5V, I_S = 4A, G_1 = 2S, G_2 = 3S$。试画出该单口网络的等效电路。

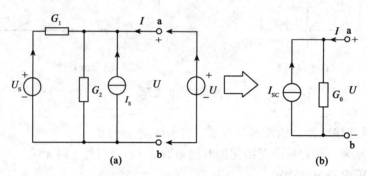

图 1-36   例 1-13 的电路图

解：在端口处外加一电压源 U，并写出端口电流的表达式为

$$I = -I_S + G_2 U + G_1(U - U_S)$$
$$= (G_1 + G_2)U - (I_S + G_1 I_S)$$
$$= G_O U - I_{sc}$$

其中，

$$G_O = G_1 + G_2 = 2S + 3S = 5S$$

$$I_{sc} = I_S + G_1 U_S = (4 + 2 \times 5)A = 14A$$

根据以上计算结果可知，图 1-36（a）所示单口网络可以用一个电流为 14A、电导为 5S 的电流源来等效，如图 1-36（b）所示。

以上几个例子说明，用外加电源的方法，可求得含源电阻单口网络的等效电路。

1.8.3 电压源与电流源的等效变换

从上面的分析可知，一个实际的电源既可以表示成电压源模型，也可表示成电流源模型。到底用哪种形式来表示，主要视分析问题的方便。下面介绍电压源与电流源等效变换的方法。

如图 1-37 所示，图（a）和图（b）分别为用电压源和电流源模型表示的两种电路，由图可知，两电路虚线以左部分外特性一致，根据等效原则，两者可以进行等效变换。

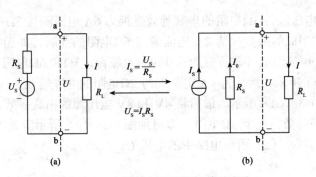

图 1-37 电压源与电流源的等效变换

根据 KVL，写出图 1-37（a）所示电路的电压平衡方程

$$U = U_S - IR_S \tag{1-19}$$

将上式两边同时除以 R_S 得

$$\frac{U}{R_S} = \frac{U_S}{R_S} - I \tag{1-20}$$

图 1-37（b）中 R_S 为电流源内阻，与电压源内阻相同。$I_0 = \dfrac{U}{R_S}$ 为内阻 R_S 上分去的电流，

$I_S = \dfrac{U_S}{R_S}$ 为短路电流，I 为负载电流。所以，式（1-20）可写成

$$I = I_S - I_0 \tag{1-21}$$

从上面的分析可知，若将电压源转换为电流源，只需将电压源的电压 U_S 除以电压源内阻 R_S 即可得到电流源的电流 I_S，方向（即电流源箭头指向）为电压源正极的方向，并将并联内阻 R_S 改为串联。同理，若将电流源转换为电压源，只需将电流源的电流 I_S 乘以电流源内阻 R_S 即可得到电压源的电压 U_S，方向为电流源的箭头指向，并将串联内阻 R_S 改为并联。

例 1-14 用电源的等效变换法求图 1-38（a）单口网络的等效电路。

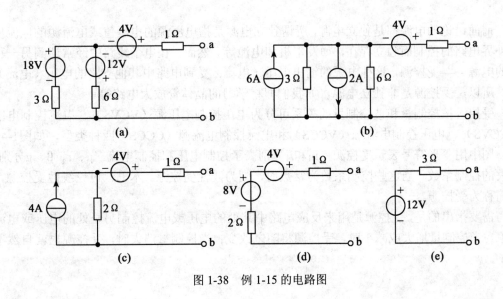

图 1-38 例 1-15 的电路图

解：先将 18V 电压源与 3Ω电阻的串联等效变换为 6A 电流源与 3Ω电阻的并联；将 12V 电压源与 6Ω电阻的串联等效变换为 2A 电流源与 6Ω电阻的并联，如图 1-38（b）所示。再将 2A 电流源与 6A 电流源的并联等效为一个 4A 电流源，3Ω和 6Ω电阻并联等效为一个 2Ω 电阻，如图 1-38（c）所示。然后将 4A 电流源与 2Ω电阻的并联等效为一个 8V 电压源与 2Ω 电阻的串联，如图 1-38（d）所示。最后将 4V 和 8V 电压源的串联等效为一个 12V 电压源，2Ω和 1Ω电阻的串联等效为一个 3Ω电阻，即得到图 1-38（e）所示等效电路。

例 1-15　求图 1-39（a）所示电路中的电压 U。

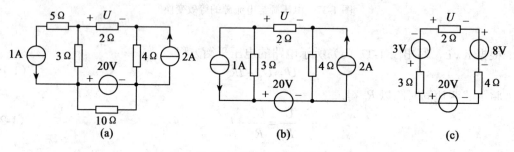

图 1-39　例 1-15 的电路图

解：将 1A 电流源与 5Ω电阻的串联等效为 1A 的电流源；20V 电压源与 10Ω电阻的并联等效为 20V 电压源，得到如图 1-41（b）所示电路。再将图 1-41（b）中 1A 电流源与 3Ω 电阻的并联等效为一个 3V 电压源与 3Ω电阻的串联，最后得到如图 1-41（c）所示的单回路电路。由图 1-41（c）求得

$$U = \left(\frac{-3+20-8}{2+3+4} \right) \times 2V = 2V$$

1.9　受控电源

前面讨论的电源都是独立电源，所谓独立电源是指电压源的电压值或电流源的电流值不受外界电路的控制而独立存在，如发电机和电池等。然而，在电子线路中经常遇到另一种类型的电源——受控源，这种电源的输出电压（电流）受到电路中其他支路的电压（电流）控制。所以，受控源是非独立电源，如我们即将学习的晶体管放大电路等。

受控源按控制量和被控制量的关系可分为电压控制电压源（VCVS）、电流控制电压源（CCVS）、电压控制电流源（VCCS）和电流控制电流源（CCCS）四种类型，如图1-40所示。图中用菱形符号表示受控源。u_1 和 i_1 分别表示控制电压和控制电流，μ、r、β、g 分别是有关的控制系数。当这些控制系数为常数时，则为线性受控源。本书只讨论线性受控源，以后简称为受控源。

需要指出的是，受控源是用来反应电路中某处的电压或电流控制另一处的电压或电流的现象。当控制量增大或减小时，受控源将随之改变；当控制量消失时，受控源也就自然不存在了。

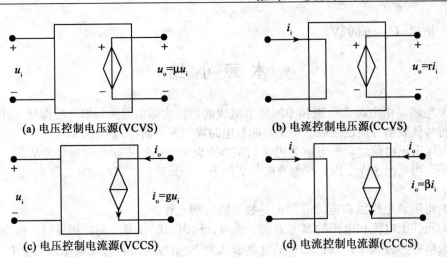

(a) 电压控制电压源(VCVS) (b) 电流控制电压源(CCVS)

(c) 电压控制电流源(VCCS) (d) 电流控制电流源(CCCS)

图 1-40 四种理想受控源的模型

值得注意的是，在判断电路中受控电源的类型时，应看它的符号形式，而不应以它的控制量作为判断依据。例如，在如图1-41所示电路中，由符号形式可知，电路中的受控电源为电流控制电压源，其大小为$10I$，其单位为伏特而非安培。

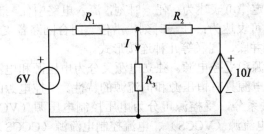

图 1-41 含有受控源的电路

例1-16 在如图1-42所示电路中，已知$U=4.9$V，求 $U_s=$？

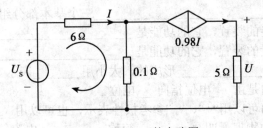

图 1-42 例 1-16 的电路图

解：已知 $U=4.9$V，由欧姆定律得

$$0.98I = \frac{4.9}{5} \quad 所以 \quad I = 1A$$

根据 KVL 列出左边回路的电压平衡方程

$$U_s = 6 \times I + 0.1 \times (I - 0.98I)$$

所以 $U_s = 6.002\text{V}$

本 章 小 结

（1）电路是由电源、负载和中间环节组成的。将实际电路的元器件模型化，并且用规定的电路符号代表器件而连接成的图形，叫做电路模型图，简称为电路图。

（2）规定正电荷运动的方向为电流的实际方向。电压的实际方向规定为从高电位端指向低电位端。当电流（或电压）参考方向与实际方向一致时，电流（或电压）取正值，相反时，取负值。

（3）电阻、电压源和电流源等都是独立的二端元件。

（4）元件上电流和电压的参考方向一致时，称为关联参考方向，相反时，称为非关联方向。在关联参考方向下，元件功率的计算公式为 $P = UI$；在非关联参考方向下 $P = -UI$。

① 在关联参考方向下，若 $P > 0$，则元件吸收（消耗）功率；若 $P < 0$，则元件发出（提供）功率。

② 在非关联参考方向下，若 $P < 0$，则元件吸收（消耗）功率；$P > 0$，则元件发出（提供）功率。

（5）电路分有载、开路和短路三种工作状态。电路应极力避免短路情况发生。电器设备标明的电流、电压和功率的额定参数，是电器设备正常运行的工作条件，应该避免过载运行。

（6）基尔霍夫电流定律可表述为：任一时刻，流入电路中任一节点的电流之代数和恒为零。基尔霍夫电压定律可表达为：任一时刻，沿任一闭合回路各支路电压的代数和恒为零。

（7）电阻有串联、并联、混联等几种连接形式。

（8）电源分独立电源和受控电源。独立电源又分为电压源和电流源，当实际电源内阻的影响可以忽略时，独立电源具有恒压源和恒流源的特性。受控电源的输出量具有受控性，按控制量和被控制量的关系分，受控源可分为电压控制电压源（VCVS）、电流控制电压源（CCVS）、电压控制电流源（VCCS）、电流控制电流源（CCCS）四种。

习　题　1

1-1　填空题。

1. 电路主要由_____、_____、_____三个基本部分组成。

2. 负载是取用电能的装置，它的功能是_____。

3. 电源是提供能量的装置，它的功能是_____。

4. 电流是_____形成的，大小用_____表示。

5. 电压的实际方向是由___电位指向___电位。

6. 电压的参考方向可以用"+"、"-"参考极性表示，也可以用_____表示。

7. 表征电流强弱的物理量叫_____，简称_____。电流的方向，规定为___电荷定向移动的方向。

8. 单位换算：7mA=_____A；0.05A=_____μA；0.03V=___mV；14V=___kV。

9. 在选定电压参考方向后，如果计算出的电压值为正，说明电压实际方向与参考方向_____；如果电压值为负，说明电压实际方向与参考方向_____。

10. 理想电阻的模型符号为_____。

11. 电容元件的模型符号为_____，电感元件的模型符号为_____。

12. 理想电压源的模型符号为_____，理想电流源的模型符号为_____。

13. 电池的模型符号为_____。

14. 一个"220V/25W"的灯泡，其额定电流为_____，电阻为_____。

15. 1 度电可供"220V/25W"的灯泡正常发光的时间为____小时。

16. 在串联电路中，等效电阻等于各电阻_____。串联的电阻越多，等效电阻越_____。

17. 在串联电路中，流过各电阻的电流_____，总电压等于各电阻电压_____，各电阻上电压与其阻值成_____。

18. 利用串联电阻的_____原理可以扩大电压表的量程。

19. 在并联电路中，等效电阻的倒数等于各电阻倒数_____。并联的电阻越多，等效电阻值越_____。

20. 在 220V 电源上串联额定值为 220V、100W 和 220V、60W 的两个灯泡，灯泡亮的是_____；若将它们并联，灯泡亮的是____。

1-2 判断题。

1. 电路图中标出的电压、电流方向是实际方向。 （ ）

2. 电路图中参考点改变，任意两点间的电压也随之改变。 （ ）

3. 电路图中参考点改变，各点电位也随之改变。 （ ）

4. 一个实际的电压源，不论它是否接负载，电压源端电压恒等于该电源电动势。（ ）

5. 当电阻上的电压和电流参考方向相反时，欧姆定律的形式为 $U=-IR$。 （ ）

6. 电压和电流的实际方向随参考方向的不同而不同。 （ ）

7. 如果选定电流的参考方向为从标有电压"+"端指向"-"端，则称电流与电压的参考方向为关联参考方向。 （ ）

8. 在同一电路中，若流过两个电阻的电流相等，这两个电阻一定是串联。 （ ）

9. 在同一电路中，若两个电阻的端电压相等，这两个电阻一定是并联。 （ ）

1-3 根据图 1-43 所示参考方向和数值确定各元件上电流和电压的实际方向，计算各元件的功率并说明元件是吸收功率还是发出功率。

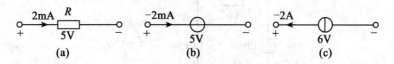

图 1-43 习题 1-3 的电路图

1-4 求图 1-44 所示各电路中的电流 I。

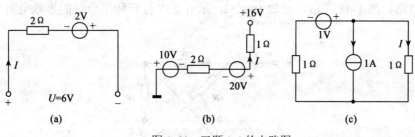

图 1-44 习题 1-4 的电路图

1-5 在如图 1-45 所示电路中,求开关 S 打开及闭合两种情况下 a 点电位。

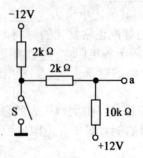

图 1-45 习题 1-5 的电路图

1-6 求如图 1-46 所示电路中电压 U_1、U_{ab}、U_{cb}。

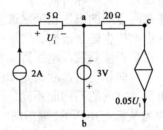

图 1-46 习题 1-6 的电路图

1-7 求如图 1-47 所示电路中电压 U_1 和电流 I_2。

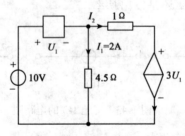

图 1-47 习题 1-7 的电路图

1-8 电路如图 1-48 所示,已知 $R=2\Omega$,求开关 S 打开和闭合时的等效电阻 R_{ab}。

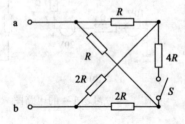

图 1-48 习题 1-8 的电路图

1-9 电路如图 1-49 所示。

（1）开关 S 打开时，求电压 U_{ab}；

（2）开关 S 闭合时，求流过开关的电流 I_{ab}。

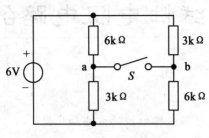

图 1-49 习题 1-9 的电路图

1-10 求如图 1-50 所示各电路的最简等效电路。

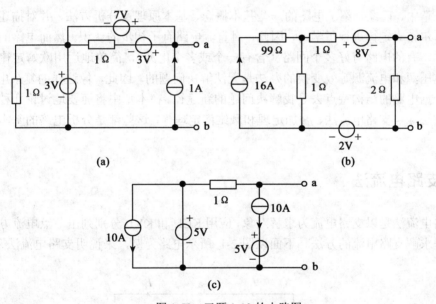

图 1-50 习题 1-10 的电路图

1-11 求图 1-51 所示各电路的最简等效电路。

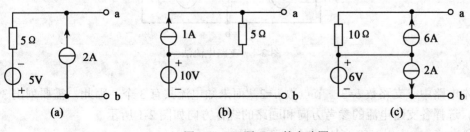

图 1-51 习题 1-11 的电路图

第2章 直流线性电阻电路的分析

学习目标

1. 熟练掌握支路电流法求解支路电流的方法和步骤。
2. 掌握叠加定理及其应用。
3. 理解有源二端网络的概念,掌握运用戴维南定理求解未知支路电流的方法。
4. 了解最大功率传输条件。

上一章中,已经介绍了电路的一些基本概念、基本原理及分析方法,并对描述电路整体规律的基尔霍夫定律进行了学习,因此,对直流电路有了初步的认识。然而电路的结构形式多种多样,有的电路有好多个回路(含有一个或多个电源),简单地运用欧姆定律、电阻串并联及电压源和电流源等效变换的办法是无法解决问题的,因此,像这样的复杂电路,就需要我们根据电路的结构特点去寻找解决问题的新途径。在本章中将扼要地讨论几种常用的电路分析方法——支路电流法、叠加定理和戴维南定理等,这些都是分析电路的基本原理和方法。

2.1 支路电流法

支路电流法是以支路电流为求解对象,应用 KCL 和 KVL 分别列出节点电流方程和回路电压方程求解支路电流的方法。下面以图 2-1 所示电路为例,来说明支路电流法及其应用。

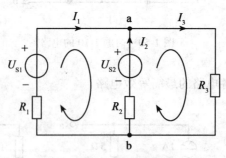

图 2-1 支路电流法

在本电路中,支路数 $b=3$,节点数 $n=2$,而未知电流共有 3 个,因此,需要列出 3 个独立方程。选择各支路电流的参考方向和回路的绕行方向如图 2-1 所示。

对于节点 a:应用 KCL 列出节点电流方程

$$I_1 + I_2 - I_3 = 0 \qquad (2\text{-}1)$$

对于节点 b：同理，有

$$-I_1 - I_2 + I_3 = 0 \qquad (2\text{-}2)$$

式（2-2）即为式（2-1），它是非独立的方程。因此式（2-2）对于只有两个节点的电路，应用 KCL 只能列出 2-1=1 个独立方程。

一般地说，对具有 n 个节点的电路，应用 KCL 只能列出（n-1）个独立的节点电流方程。接下来是根据 KVL 列写其余 b-（n-1）个方程。通常可取单孔回路（即网孔）列出。在图 2-1 所示电路中共有两个网孔。

对左边的网孔可列出

$$R_1 I_1 - R_2 I_2 = U_{S1} - U_{S2} \qquad (2\text{-}3)$$

对右边的网孔可列出

$$R_2 I_2 + R_3 I_3 = U_{S2} \qquad (2\text{-}4)$$

网孔回路的数目恰好等于 b-（n-1）。

由以上分析可知，应用 KCL 和 KVL 一共可列出（n-1）+[b-（n-1）]=b 个独立方程，所以能求解出 b 个支路的电流。

综上所述，运用支路电流法分析计算直流电路的一般步骤如下：

① 在电路图中选定各支路（b 个）电流的参考方向，并假设各支路电流；

② 对独立节点列出（n-1）个 KCL 方程；

③ 选择独立回路（通常取网孔），并假定回路绕行方向，列出 b-（n-1）个 KVL 方程；

④ 联立求解上述 b 个独立方程，便可求出各待求支路的电流。

例 2-1　在图 2-1 所示电路中，假设 U_{s1}=130V、R_1=1Ω为直流发电机的模型,U_{s2}=117V、R_2=0.6Ω为蓄电池组的模型。负载电阻 R_3=24Ω,试求各支路电流和各元件的功率。

解：以支路电流为求解对象,应用 KCL、KVL 列出式（2-1）、式（2-3）和式（2-4），并将已知数据代入得

$$\left. \begin{array}{l} I_1 + I_2 - I_3 = 0 \\ I_1 - 0.6I_2 = 130 - 117 \\ 0.6I_2 + 24I_3 = 117 \end{array} \right\}$$

解之得

$$I_1 = 10\text{A}$$
$$I_2 = -5\text{A}$$
$$I_3 = 5\text{A}$$

I_2 为负值，说明电流 I_2 的实际方向与参考方向相反，表明电池组处于充电状态，充当负载作用。

U_{S1} 发出的功率为

$$P_{S1} = U_{s1} I_1 = 130 \times 10\text{W} = 1300\text{W}$$

高等院校计算机系列教材

U_{S2} 发出的功率为

$$P_{S2}=U_{s2}I_2=117\times(-5)\ \text{W}=-585\text{W}$$

P_{S2} 为负值，表明 U_{S2} 在电路中实际上是吸收功率。

电路中各电阻的消耗功率分别为

$$P_{R1}=I_1^2 R_1=10^2\times 1\text{W}=100\text{W}$$

$$P_{R2}=I_2^2 R_3=(-5)^2\times 0.6\text{W}=15\text{W}$$

$$P_{R3}=I_3^2 R_3=5^2\times 24\text{W}=600\text{W}$$

电路消耗的总功率为

$$P_{总}=P_{R1}+P_{R2}+P_{R3}-P_{S2}=100\text{W}+15\text{W}+600\text{W}-(-585\text{W})=1300\text{W}$$

$P_{总}=P_{S1}$，说明电路功率平衡，计算结果正确。

2.2 叠加定理

叠加定理是分析线性电路的一个基本定理。叠加定理可表述为：在线性电路中，当有两个或两个以上的独立电源共同作用时，任意支路的电流（或电压），都可以认为是电路中各个电源单独作用时在该支路中所产生的电流（或电压）的代数和。

这里所指的某个电源单独作用时，是指这个电源作用时，其他电源均不起作用。这时，可以将不起作用的电压源用"短路"替代，电流源用"开路"替代。如图 2-2 （a）所示是两个电源共同作用的电路。按照叠加定理，可把该电路分解为只有电压源 U_S 单独作用和只有电流源 I_S 单独作用时的两种情况。在 U_S 单独作用时，把 I_S 视为开路，如图 2-2（b）所示；在 I_S 单独作用时，把 U_S 视为短路，如图 2-2（c）所示。图中 R_2 支路所标注的电流方向为其参考方向。

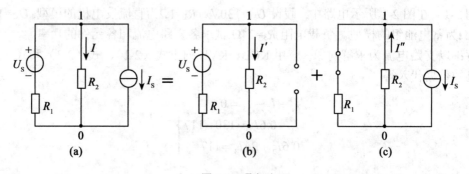

图 2-2 叠加定理

在图 2-2（b）中，运用欧姆定律得

$$I'=\frac{U_S}{R_1+R_2}$$

在图 2-2（c）中，由电阻并联分流公式得

$$I''=\frac{R_1}{R_1+R_2}I_S$$

根据叠加定理可求得 R_2 支路的电流 I 为

$$I = I' - I'' = \frac{U_s}{R_1 + R_2} - \frac{R_1}{R_1 + R_2} I_s$$

使用叠加定理时，应注意以下几点：

（1）只能用于线性电路中电压和电流的求解，对非线性电路不适用。

（2）由于功率不是电压或电流的一次函数，所以不能用叠加定律计算功率。

（3）叠加时要注意电流和电压的参考方向，至于各电压和电流前取正号或负号，由参考方向的选择而定。

（4）叠加时，电路的连接及所有的电阻不变。所谓电压源不作用，就是用短路线代替该电压源；电流源不作用，就是在该电流源处用开路代替。

（5）受控源不可以单独作用，在每个独立电源作用时应予以保留。

（6）叠加原理一般适合于电源个数比较少的电路。

现通过具体例子来说明支路电流法的解题方法。

例 2-2　在如图 2-3（a）所示的桥式电路中 $R_1=2\Omega$，$R_2=1\Omega$，$R_3=3\Omega$，$R_4=0.5\Omega$，$U_S=4.5\text{V}$，$I_S=1\text{A}$。试用叠加定理求电压源上的电流 I 和电流源两端的电压 U。

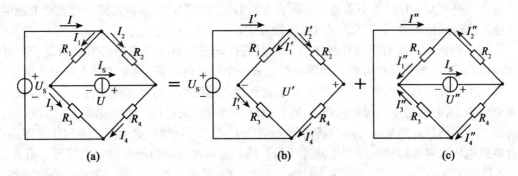

图 2-3　例 2-2 的电路图

解：

（1）当电压源 U_S 单独作用时，把电流源视为开路，如图 2-3（b）所示，各支路电流分别为

$$I_1' = I_3' = \frac{U_s}{R_1 + R_3} = \frac{4.5}{2+3}\text{A} = 0.9\text{A}$$

$$I_2' = I_4' = \frac{U_s}{R_2 + R_4} = \frac{4.5}{1+0.5}\text{A} = 3\text{A}$$

$$I' = I_1' + I_2' = (0.9 + 3)\text{A} = 3.9\text{A}$$

此时，电流源支路的端电压 U' 为

$$U' = R_4 I_4' - R_3 I_3' = (0.5 \times 3 - 3 \times 0.9)\text{V} = -1.2\text{V}$$

（2）当电流源 I_S 单独作用时，把电压源视为短路，如图 2-3（c）所示，则各支路电流为

$$I_1'' = \frac{R_3}{R_1 + R_3} I_S = \frac{3}{2+3} \times 1\text{A} = 0.6\text{A}$$

$$I_2'' = \frac{R_4}{R_2 + R_4} I_S = \frac{0.5}{1+0.5} \times 1\text{A} = 0.333\text{A}$$

$$I'' = I_1'' - I_2'' = (0.6 - 0.333)\text{A} = 0.267\text{A}$$

此时，电流源支路的端电压 U'' 为

$$U'' = R_1 I_1'' + R_2 I_2'' = (2 \times 0.6 + 1 \times 0.333)\text{V} = 1.5333\text{V}$$

（3）两个独立源共同作用时，电压源上的电流为

$$I = I' + I'' = (3.9 + 0.267)\text{A} = 4.167\text{A}$$

电流源两端的电压为

$$U = U' + U'' = (-1.2 + 1.5333)\text{V} = 0.3333\text{V}$$

2.3 戴维南定理

对于一些网络，有时并不需要了解所有支路的工作情况，而只需知道某一支路上的电流和电压，这时采用戴维南定理求解问题比较方便。

运用戴维南定理求解直流电路的方法就是将待求支路以外的电路部分看做是一个有源二端网络，通过等效变换把有源二端网络简化成一个等效电压源，再来求解支路电流的方法。

戴维南定理的基本内容是：任何一个有源线性二端网络，对外部电路而言，都可以用一个电动势为 U_S 的理想电压源和内阻为 R_S 的串联等效电源来替代。等效电源的电动势 U_S 就是有源二端网络的开路电压 U_{OC}，其内阻 R_S 等于有源二端网络化成无源二端网络（网络内所有理想电压源视为短接，理想电流源视为开路）后，在其端口处所得到的等效电阻 R_O，图 2-4 表示了这种等效关系。即图 2-4（a）用图（b）等效变换后，使得复杂电路的求解简化成单回路求解。电路中 U_{OC} 是通过求解有源二端网络的开路电压所得，如图 2-4（c）所示；R_O 则是将有源二端网络内部去除电源，成为无源二端网络后求得的等效电阻，如图 2-2（d）所示。

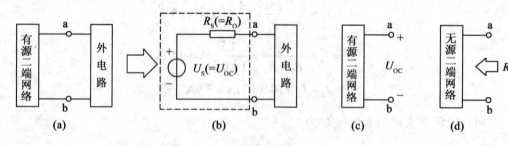

图 2-4　戴维南定理

现举例说明戴维南定理的具体应用。

例 2-3　用戴维南定理求图 2-5 所示电路中的电流 I。

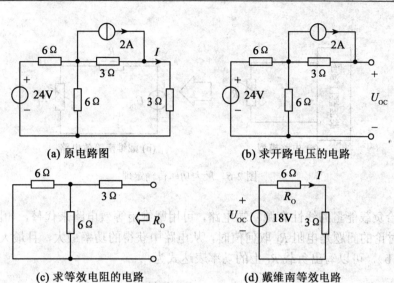

(a) 原电路图　　　　　　　　(b) 求开路电压的电路

(c) 求等效电阻的电路　　　　　　(d) 戴维南等效电路

图 2-5　例 2-3 的电路图

解:

　　(1) 断开待求支路,得有源二端网络如图 2-5 (b) 所示。由图 (b) 可求得开路电压 U_{OC} 为

$$U_{OC} = \left(2 \times 3 + \frac{6}{6+6} \times 24\right) \text{V} = 18\text{V}$$

　　(2) 将图 2-5 (b) 中的电压源视为短路,电流源视为开路,得到去除电源后的无源二端网络如图 2-5 (c) 所示。由图 (c) 可求得其等效电阻 R_O 为

$$R_O = \left(3 + \frac{6 \times 6}{6+6}\right)\Omega = 6\Omega$$

　　(3) 根据 U_{OC} 和 R_O 画出戴维南等效电路并接上待求支路如图 2-5 (d) 所示。可求得待求支路的电流 I 为

$$I = \frac{18}{6+3}\text{A} = 2\text{A}$$

等效电阻的计算方法概括起来有以下三种:

　　(1) 设网络内所有电源为零 (即把理想电压源视为短路,理想电流源视为开路),用电阻串并联方法或三角形与星形网络变换方法求出。

　　(2) 设网络内所有电源为零,在端口 a、b 处施加一电压 U,计算或测量输入端口的电流 I,运用欧姆定律求出,即 $R_O = U/I$。

　　(3) 用实验方法测量,或用计算方法求得该有源二端网络开路电压 U_{OC} 和短路电流 I_{SC},然后运用欧姆定律求出,即 $R_O = U_{OC}/I_{SC}$。

2.4　最大功率传输条件

　　在电子设备设计中,常常遇到负载如何从电路中获得最大功率的问题。这类问题可以用图 2-6 (a) 所示的电路模型来分析。

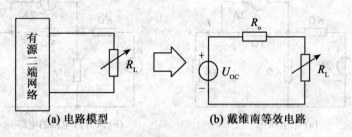

(a) 电路模型　　　　　　　(b) 戴维南等效电路

图 2-6　最大功率传输定理

　　图中供给负载能量的线性有源二端电路,可用戴维南等效电路来代替,如图 2-6（b）所示。这里要讨论的问题是电阻 R_L 取何值时,从电路中获得的功率最大,且最大功率为多少。根据图 2-6（b）,可以写出负载 R_L 上的功率表达式为

$$P = R_L I^2 = \frac{R_L U_{OC}^2}{\left(R_O + R_L\right)^2} \tag{2-5}$$

式（2-5）是一个以 R_L 为未知量的一元函数,对 P 取微分得

$$\frac{dP}{dR_L} = \frac{\left(R_O - R_L\right)U_{OC}^2}{\left(R_O + R_L\right)^3} = 0$$

由此式求得 P 为极大值或极小值的条件是

$$R_L = R_O \tag{2-6}$$

　　由于

$$\left.\frac{d^2 P}{dR_L^2}\right|_{R_L = R_O} = -\frac{U_{OC}^2}{8R_O^3} < 0$$

所以,当 $R_L = R_O$ 时,负载电阻 R_L 从电路中获得的功率最大。

　　由以上分析可知,当负载电阻 R_L 与戴维南等效电阻 R_O 相等,亦即当满足条件 $R_L = R_O$ 时,负载电阻 R_L 获得的功率最大,其最大功率为

$$P_{max} = \frac{U_{OC}^2}{4R_O} \tag{2-7}$$

$R_L = R_O$ 称为最大功率匹配条件。

　　例 2-4　电路如图 2-7（a）所示。试问：（1）R_L 为何值时负载获得最大功率；（2）R_L 获得的最大功率为多少？

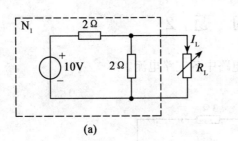 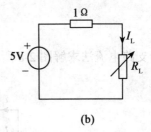

(a)   (b)

图 2-7 例 2-4 的电路图

解：

（1）断开负载 R_L，求得有源线性二端电路 N_1 的戴维南等效电路参数为

$$U_{OC} = \frac{2}{2+2} \times 10V = 5V$$

$$R_O = \frac{2 \times 2}{2+2}\Omega = 1\Omega$$

根据以上结果，画出等效后的戴维南等效电路如图 2-7（b）所示。由图可知，当 $R_L = R_O = 1\Omega$ 时，负载可获得最大功率。

（2）运用式（2-7）可求得负载 R_L 获得的最大功率为

$$P_{max} = \frac{U_{OC}^{2}}{4R_O} = \frac{25}{4 \times 1}W = 6.25W$$

本 章 小 结

（1）支路电流法是分析与解决复杂电路的有效方法，运用支路电流法解题的一般步骤是：

① 在电路图中选定各支路（b 个）电流的参考方向，并假设各支路电流；

② 对独立节点列出（$n-1$）个 KCL 方程；

③ 选择独立回路（通常取网孔），并假定回路绕行方向，列出 $b-（n-1）$ 个 KVL 方程；

④ 联立求解上述 b 个独立方程，求出各待求支路的电流。

（2）叠加定理：在线性电路中，当有两个或两个以上的独立电源作用时，任意支路的电流（或电压）都可以认为是电路中各个电源单独作用时，在该支路中产生的电流（或电压）的代数和。

（3）戴维南定理的基本内容是：任何一个有源线性二端网络，对外部电路而言，都可以用一个电动势为 U_S 的理想电压源和内阻为 R_S 的串联等效电源来替代。等效电源的电动势 U_S 就是有源二端网络的开路电压 U_{OC}，其内阻 R_S 等于有源二端网络化成无源二端网络（网络内所有理想电压源视为短接，理想电流源视为开路）后，在其端口处所得到的等效电阻 R_O。

（4）最大功率传输条件是：负载电阻 R_L 与戴维南等效电阻 R_O 相等，即

$$R_L = R_O$$

此时，负载获得的最大功率为

$$P_{max} = \frac{U_{OC}^{2}}{4R_O}$$

习 题 2

2-1 用支路电流法求解图 2-8 所示电路中各支路电流。

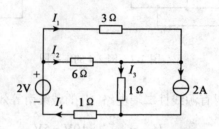

图 2-8 习题 2-1 的电路图

2-2 用支路电流法求图 2-9 所示电路中电流 i 以及受控源发出的功率。

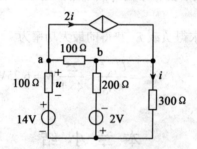

图 2-9 习题 2-2 的电路图

2-3 试用叠加定理求图 2-10 所示电路的电流 i。

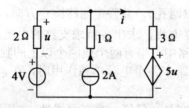

图 2-10 习题 2-3 的电路图

2-4 试求图 2-11 所示各二端网络的戴维南等效电路。

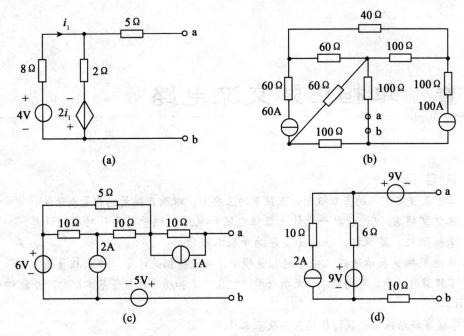

图 2-11 习题 2-4 的电路图

2-5 图 2-12 所示各电路中负载电阻 R_L 可变，问 R_L 为何值时它吸收的功率最大？此最大功率等于多少？

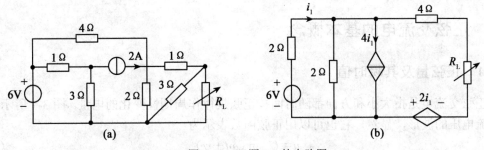

图 2-12 习题 2-5 的电路图

第3章 单相正弦交流电路

学 习 目 标

1. 掌握正弦交流电的基本概念、正弦量的三要素，以及正弦量的相量表示法。
2. 熟练掌握 R、L、C 单一元件上正弦电流和电压的相量关系及功率的计算。
3. 掌握阻抗、复阻抗、导纳及复导纳等基本概念。
4. 能运用相量表示法建立电路的相量模型，并进行相关计算，作出相量图。
5. 了解瞬时功率、有功功率、无功功率、视在功率和功率因数等基本概念，并能对电路功率进行计算。
6. 掌握串联谐振与并联谐振的条件及基本特点。

正弦交流电广泛应用于工业生产和日常生活中。学习和掌握正弦交流电路的基本概念、基本规律和分析方法，具有重要的理论意义和实用价值。本章主要讨论单相正弦交流电路的基本概念，相量表示法，R、L、C 元件的相量模型、RLC 串联、并联电路的分析计算等，最后讨论电路的谐振问题。

3.1 正弦交流电的基本概念

3.1.1 正弦量及其瞬时值

正弦交流电是指大小和方向都随时间按正弦规律作周期性变化的电量。图 3-1 所示为正弦交流电压的波形，显然，它也可以用正弦函数表示为

$$u = U_m \sin(\omega t + \psi) \tag{3-1}$$

式（3-1）又称为正弦交流电压的瞬时值表达式。

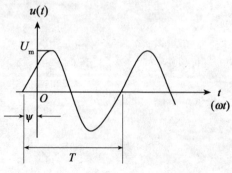

图 3-1 正弦交流电压的波形

除正弦交流电压外，像正弦交流电流、电动势等都是随时间按照正弦规律变化的物理量，我们把它称为正弦量，正弦量在某时刻的值称为瞬时值。正弦量的瞬时值一般用小写英文字母表示，如正弦交流电压用字母 u（或 $u(t)$）表示；正弦交流电流用字母 i（或 $i(t)$）表示。正弦交流电具有两个重要的特性：一是相同频率的正弦交流电压（或电流）之和（或差）仍然是同频率的正弦交流电压（或电流）；二是正弦交流电压（或电流）的微分（或积分），仍然是同频率的正弦交流电压（或电流）。高等数学中的级数理论指出：任意波形的周期函数都可以分解为一系列不同频率的正弦函数的叠加。这样，利用线性叠加的原理，在研究正弦交流电的基础上，去研究任意周期性非正弦交流电压（或电流）的规律，对于正弦交流电路的研究，仍有着十分重要的意义。

3.1.2 正弦交流电的三要素

要准确地描述一个正弦量，仅仅说明其某一时刻的量值大小是不够的。仔细观察图 3-1 所示的正弦交流电压波形，可以发现，表征一个正弦量需要用到最大值 A（如图 3-1 中的 U_m）、角频率 ω 和初相位 ψ 三个参数。当 A、ω 和 ψ 确定时，正弦量也就惟一地确定了。因此，把 A、ω 和 ψ 称为确定一个正弦量的三要素。

1. 最大值（振幅）

正弦量瞬时值中的最大值，叫振幅，也叫峰值。用大写字母加下标"m"表示，如 U_m、I_m 等。

2. 频率、周期和角频率

交流电在单位时间内完成周期性变化的次数，称为频率。它反映了正弦交流电变化的快慢。频率用 f 表示，单位是赫兹（Hz）。频率常用的单位还有 kHz 和 MHz，它们的关系是

$$1MHz=10^3kHz=10^6Hz$$

我国规定的电力工业标准频率为 50Hz，习惯上称为"工频"。

另外，还可用周期来反映交流电变化的快慢。周期是指交流电变化一次所需要的时间，用 T 表示，它和频率的关系是

$$f=\frac{1}{T} \tag{3-2}$$

周期的单位为秒（s），此外还有毫秒（ms）和微秒（μs），它们的关系是

$$1s=10^3ms=10^6\mu s$$

反映正弦交流电变化的快慢还经常用到角频率 ω。从数学的角度观察，正弦量变化一周相当于变化了 2π 弧度角，每秒钟变化 f 次，也就是变化了 $2\pi f$ 弧度，所以角频率 ω 表示正弦量在单位时间内变化的弧度数，单位是弧度每秒（rad/s）。它与频率、周期的关系如下：

$$\omega=\frac{2\pi}{T}=2\pi f \tag{3-3}$$

频率、周期、角频率是三种从不同角度反映正弦量变化快慢的物理量，使用时应注意它们各自不同的意义、单位及三个量之间的换算关系。

3. 初相位

从三角知识可知：在正弦电流 $i=I_m\sin(\omega t+\psi_i)$ 的解析式中，$\omega t+\psi_i$ 是反映正弦量变化

进程的电角度，根据 $\omega t + \psi_i$ 可以确定任一时刻交流电流的瞬时值，我们把这个电角度称为正弦量的"相位"或"相位角"。把 $t=0$ 时刻的相位角称为"初相位"，简称为"初位"，用字母"ψ_i"表示。一般规定 $|\psi_i|$ 不超过π弧度。

图 3-2 给出了周期相同、最大值相同，但初相位不同的几种电流波形。

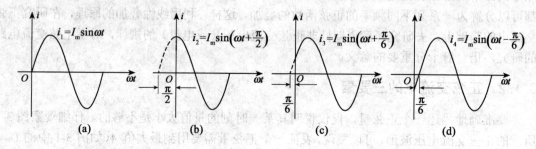

图 3-2 正弦交流电流在不同相位时的波形

3.1.3 相位差

两个同频率正弦量的相位之差，称为相位差。例如

$$u_1 = U_{m1} \sin(\omega t + \psi_1)$$
$$u_2 = U_{m2} \sin(\omega t + \psi_2)$$

它们的相位差为

$$\varphi_{12} = (\omega t + \psi_1) - (\omega t + \psi_2) = \psi_1 - \psi_2 \qquad (3-4)$$

u_1 和 u_2 的相位关系可分为以下 4 种情况讨论：

（1）若 $\varphi_{12}=\psi_1-\psi_2>0$ 且 $|\varphi_{12}| \leq \pi$ 弧度，称 u_1 超前 u_2 一个 φ_{12} 角，或称 u_2 滞后 u_1 一个 φ_{12} 角，如图 3-3（a）所示；

（2）若 $\varphi_{12}=\psi_1-\psi_2=0$，则称 u_1 与 u_2 同相，如图 3-3（b）所示；

（3）若 $\varphi_{12}=\psi_1-\psi_2=\pi$，则称 u_1 与 u_2 反相，如图 3-3（c）所示；

（4）若 $\varphi_{12}=\psi_1-\psi_2=\pi/2$，则称 u_1 与 u_2 正交，如图 3-3（d）所示。

u_1 超前 u_2 一个 φ_{12} 角，意指在波形图中，由坐标原点向右看，电压 u_1 先到达其第一个正的最大值，经过 φ_{12}，电压 u_2 才到达其第一个正的最大值。反过来也可以说电压 u_2 滞后电压 u_1 一个 φ_{12} 角。

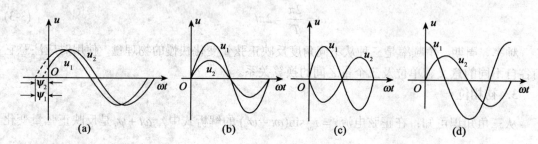

图 3-3 两正弦交流电压在不同相位差时的波形

高等院校计算机系列教材

例 3-1 已知我国的交流电的频率 $f = 50$ Hz，试求 T 和 ω。

解：

$$T = \frac{1}{f} = \frac{1}{50} \text{s} = 0.02 \text{s}$$

$$\omega = 2\pi f = 2 \times 3.14 \times 50 \text{ rad/s} = 314 \text{rad/s}$$

例 3-2 在选定的参考方向下，已知两正弦量的解析式为 $u = 200\sin(1000t + 200°)$ V，$i = -5\sin(314t + 30°)$ A，试求两个正弦量的三要素。

解：

（1）$u = 200\sin(1000t + 200°) = 200\sin(1000t - 160°)$ V

所以，电压的振幅 $U_m = 200$V；角频率 $\omega = 1000$rad/s；初相位 $\varphi_u = -160°$。

（2）$i = -5\sin(314t + 30°) = 5\sin(314t + 30° - 180°) = 5\sin(314t - 150°)$ A

所以，电流的振幅值 $I_m = 5$A；角频率 $\omega = 314$rad/s；初相 $\varphi_i = -150°$。

例 3-3 已知 $u = 220\sqrt{2}\sin(\omega t + 235°)$V, $i = 10\sqrt{2}\sin(\omega t + 45°)$A，求 u 和 i 的初相，并说明它们之间的相位关系。

解： $u = 220\sqrt{2}\sin(\omega t + 235°)$V $= 220\sqrt{2}\sin(\omega t - 125°)$V

所以，电压 u 的初相角为 $-125°$；电流 i 的初相角为 $45°$。

从解析式可以看出，u 和 i 为同频率的两个正弦量，所以

$$\varphi_{ui} = \psi_u - \psi_i = -125° - 45° = -170° < 0$$

上式表明电压 u 滞后于电流 i 170°。

3.1.4 正弦量的有效值

由于正弦信号的瞬时值是随时间变化的，不便于测量和计算，所以在工程中常用正弦信号的有效值来度量周期性信号的大小。交流电的有效值是根据它的热效应确定的。以正弦电流为例，如果电流 i 通过电阻 R 在一个周期内所产生的热量和直流电流 I 通过同一电阻 R 在相同时间内所产生的热量相等，则这个直流电流 I 的数值就叫做交流电流 i 的有效值，同样用大写字母 I 表示。据此定义有

$$I^2 RT = \int_0^T i^2 R \, \mathrm{d}t \tag{3-5}$$

上式中 I 为直流电流，T 为正弦电流的周期。如果正弦电流 i 的解析式为 $i = I_m \sin(\omega t + \psi_i)$，则其有效值 I 为

$$I = \sqrt{\frac{1}{T}\int_0^T i^2 \mathrm{d}t} = \sqrt{\frac{1}{T}\int_0^T [I_m \sin(\omega t + \psi_i)]^2 \, \mathrm{d}t}$$

$$= \sqrt{\frac{1}{T}\int_0^T \frac{1}{2} I_m^2 [1 - \cos(2\omega t + \psi_i)]\mathrm{d}t} \tag{3-6}$$

$$= \frac{I_m}{\sqrt{2}} \approx 0.707 I_m$$

同理，可得正弦电压、正弦电动势的有效值分别为

$$U = \frac{U_\mathrm{m}}{\sqrt{2}} \approx 0.707 U_\mathrm{m} \qquad\qquad (3\text{-}7)$$

$$E = \frac{E_\mathrm{m}}{\sqrt{2}} \approx 0.707 E_\mathrm{m} \qquad\qquad (3\text{-}8)$$

在工程上，一般所说的正弦电压、电流的大小都是指有效值。例如交流测量仪表所指示的读数、交流电气设备铭牌上的额定值都是指有效值。我国所使用的单相正弦电源的电压 $U=220\mathrm{V}$，就是指的正弦交流电压的有效值，它的最大值为 $U_\mathrm{m} = \sqrt{2}\, U = 1.414 \times 220 = 311\mathrm{V}$。

应当指出，并非在一切场合都用有效值来表征正弦量的大小。例如，在确定各种交流电气设备的耐压值时，就应按电压的最大值来考虑。

例 3-4　电容器的耐压值为 250V，问能否用在 220V 的单相交流电源上？

解：因为 220V 的单相交流电源为正弦电压，其振幅值为 311V，大于电容器的耐压值 250V，电容可能被击穿，所以不能接在 220 V 的单相电源上。各种电子器件或电气设备的绝缘水平（耐压值）都要按最大值予以考虑。

3.2　正弦量的相量表示法

3.2.1　复数的表达形式

一个正弦量可以用三角函数式表示，也可以用波形图表示。前者能直观地反映正弦量的三要素，后者则形象地反映了正弦量随时间的变化规律。但是用这两种方法都不便于正弦量的计算。由于在正弦交流电路中，所有的电压、电流都是同频率的正弦量，所以要确定这些正弦量，只要确定它们的有效值和初相就可以了。相量法就是用复数来表示正弦量,使正弦交流电路的稳态分析与计算转化为复数运算的一种方法。复数可用复平面中的有向线段表示，如图 3-4 所示。在数学中常用 $A=a+bi$ 表示复数。其中 a 为实部，b 为虚部。在电工技术中，为区别于电流的符号 i，虚单位常用 j 表示。图 3-4 中是在复平面内用有向线段 P 表示复数 $P=a+bj=r\cos\theta+jr\sin\theta$ 的情况。

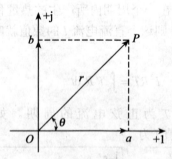

图 3-4　用有向线段表示复数

有向线段的长度，称为复数的模。用 r 表示，则

$$r = |P| = \sqrt{a^2 + b^2} \qquad\qquad (3\text{-}9)$$

有向线段与实轴正方向的夹角，称为复数幅角。用 θ 表示，则

$$\theta = \arctan\frac{b}{a}(\theta \leqslant 2\pi) \tag{3-10}$$

根据欧拉公式 $e^{j\theta} = \cos\theta + j\sin\theta$，复数 P 可以写成以下几种形式：

$$P = a+jb = r\cos\theta + jr\sin\theta = re^{j\theta} = r\angle\theta \tag{3-11}$$

可见，复数 P 有代数形式、三角形式、指数形式和极坐标形式 4 种。

3.2.2　正弦量的相量表示

用复数表示正弦量，复数的模即为正弦量的幅值或有效值，复数的幅角即为正弦量的初相位，这种表示法称为正弦量的相量表示法。相量用大写字母上打"·"表示，所以表示正弦电压 $u = U_m\sin(\omega t + \psi_u)$ 的相量式为

$$\dot{U}_m = U_m(\cos\psi_u + j\sin\psi_u) = U_m e^{j\psi_u} = U_m\angle\psi_u \tag{3-12}$$

上式称为正弦电压的最大值相量，也可以用有效值相量表示，为

$$\dot{U} = U(\cos\psi + j\sin\psi) = Ue^{j\psi} = U\angle\psi \tag{3-13}$$

其中，U_m 为正弦交电压的最大值，U 为有效值。

所以，根据正弦量的瞬时值表达式，可以用其幅值（或有效值）与初相位很方便地写出它的相量，但在已知相量的情况下，还必须了解该正弦量的频率，才能转换成正弦量的瞬时值表达式。

例 3-5　已知 $i_1 = 100\sqrt{2}\sin(\omega t + 45°)$A，$i_2 = 60\sqrt{2}\sin(\omega t - 30°)$A。试求总电流 $i = i_1 + i_2$，并画出相量图。

解：　由于两正弦电流 i_1 和 i_2 频率相同，可用相量法求解。

（1）先写出两电流的最大值相量

$$\dot{I}_{1m} = 100\sqrt{2}\angle 45° \text{A}$$

$$\dot{I}_{2m} = 60\sqrt{2}\angle -30° \text{A}$$

（2）用相量法求和，得电流 $i = i_1 + i_2$ 的最大值相量为

$$\dot{I}_m = \dot{I}_{1m} + \dot{I}_{2m} = 100\sqrt{2}\angle 45° \text{A} + 60\sqrt{2}\angle -30° \text{A} = 129\sqrt{2}\angle 18.4° \text{A}$$

（3）将电流 i 的最大值相量变换成电流的瞬时值表达式，即

$$i = 129\sqrt{2}\sin(\omega t + 18.4°)\text{A}$$

（4）画出相量图，如图 3-5 所示。

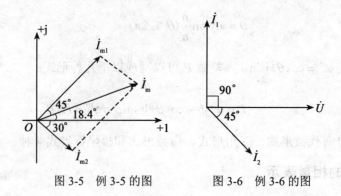

图 3-5　例 3-5 的图　　　　图 3-6　例 3-6 的图

例 3-6　如图 3-6 所示是时间 $t=0$ 时电压和电流的相量图，已知 $U=220\text{V}$，$I_1=10\text{A}$，$I_2=5\sqrt{2}\text{A}$，试分别用三角函数式及相量式表示各正弦量。

解：由图 3-6 可知：

$$\psi_{i1}=90°,\psi_{i2}=-45°,\psi_u=0°$$

根据题中已知条件，可写出 $i_1(t)$、$i_2(t)$ 和 $u(t)$ 的三角函数式及相量式分别为

$i_1(t)=10\sqrt{2}\sin(\omega t+90°)\text{A}$，　　$\dot{I}_1=10\angle 90°\text{A}$；

$i_2(t)=10\sin(\omega t-45°)\text{A}$，　　$\dot{I}_2=5\sqrt{2}\angle -45°\text{A}$；

$u(t)=220\sqrt{2}\sin(\omega t)\text{V}$，　　$\dot{U}=220\angle 0°\text{V}$。

3.3　单一参数的正弦交流电路

电阻 R、电感 L 和电容 C 是交流电路中的基本电路元件。这一节着重讨论这三个元件上的电压与电流的关系、能量的转换及功率问题。通过这一节的学习，我们将发现，R、L、C 元件上电压和电流之间的关系都是同频率正弦电压和正弦电流之间的关系，所涉及的运算都可以通过相量方法进行计算，因此这些关系的时域形式都可以转换为相量形式。直流电路中的某些定律、定理，如欧姆定律、基尔霍夫定律对交流电路同样适应，并可以用相量形式进行表达。

3.3.1　正弦交流电路中的电阻元件

1. 电压和电流的关系

设有一个纯电阻元件 R，在其两端加上交流电压 u_R，电阻中就会有交流电流 i_R 通过，如图 3-7 所示。

从每一瞬间看，电压和电流的瞬时值仍然服从欧姆定律。选择电流 i_R 与电压 u_R 的参考方向为关联方向，根据欧姆定律，有

$$i_R=\frac{u_R}{R} \tag{3-14}$$

设电阻两端的电压为

$$u_R=U_{Rm}\sin(\omega t+\psi_u)$$

则电阻中的电流为

$$i_R = \frac{u_R}{R} = \frac{U_{Rm}}{R} \sin(\omega t + \psi_u) = I_{Rm} \sin(\omega t + \psi_i) \quad (3\text{-}15)$$

显然，电阻上的电压与电流都是同一频率的正弦量，而且它们的相位相同。

比较式（3-15）两边得

$$I_{Rm} = \frac{U_{Rm}}{R} \text{ 或 } U_{Rm} = RI_{Rm} \quad (3\text{-}16)$$

$$\psi_i = \psi_u \text{ 或 } \varphi = \psi_u - \psi_i = 0 \quad (3\text{-}17)$$

把式（3-16）中电流及电压的振幅值各除以 $\sqrt{2}$，得

$$I_R = \frac{U_R}{R} \text{ 或 } U_R = RI_R \quad (3\text{-}18)$$

式（3-16）、式（3-18）是 i_R 与 u_R 的数量关系式，式（3-17）是它们的相位关系。

将 i_R 与 u_R 分别用相量表示，得

$$i_R = I_{Rm} \sin(\omega t + \psi_i) \Rightarrow \dot{I}_R = I_R \angle \psi_i$$

$$u_R = U_{Rm} \sin(\omega t + \psi_u) \Rightarrow \dot{U}_R = U_R \angle \psi_u$$

所以

$$\dot{U}_R = U_R \angle \psi_u = RI_R \angle \psi_i = R \cdot I_R \angle \psi_i = R\dot{I} \quad (3\text{-}19)$$

这就是电阻元件上电压与电流的相量关系。图 3-8 给出了电阻上电压和电流的波形及相量图。

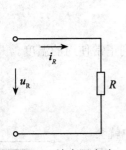

图 3-7 纯电阻电路

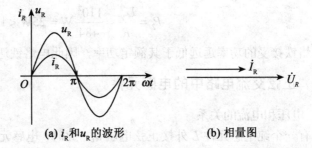

(a) i_R 和 u_R 的波形　　(b) 相量图

图 3-8 电阻上的电压与电流的波形及相量图

2. 功率与能量转换关系

在交流电路中，任一瞬间，元件上电压的瞬时值与电流的瞬时值的乘积叫做该元件的瞬时功率，用小写字母 p 表示，即

$$p = ui \quad (3\text{-}20)$$

令 $\psi_i = \psi_u = \psi$，则电阻上的瞬时功率为

$$\begin{aligned} p &= u_R i_R = [\sqrt{2} U_R \sin(\omega t + \psi_u)][\sqrt{2} I_R \sin(\omega t + \psi_i)] \\ &= U_R I_R [1 - \cos 2(\omega t + \psi)] \end{aligned} \quad (3\text{-}21)$$

高等院校计算机系列教材

它的变化波形如图 3-9 所示。由于电压与电流同相，即电压和电流同时为正，又同时为负，所以瞬时功率总是为正值，即 $p \geqslant 0$，说明电阻是耗能元件，它从电源吸取电能并不断地将电能转换为热能。

由于瞬时功率是随时间变化的，因此，工程上都采用瞬时功率的平均值，即平均功率。平均功率又叫有功功率，是指瞬时功率在一个周期内的平均值，用大写字母 P 表示。所以电阻上的平均功率为

$$P_{\mathrm{R}} = \frac{1}{T}\int_0^T p_{\mathrm{R}}\mathrm{d}t = \frac{1}{T}\int_0^T U_{\mathrm{R}}I_{\mathrm{R}}[1-\cos 2(\omega t+\psi)]\mathrm{d}t$$

$$= \frac{U_{\mathrm{R}}I_{\mathrm{R}}}{T}\left[\int_0^T 1\mathrm{d}t - \int_0^T \cos 2(\omega t+\psi)\mathrm{d}t\right] = U_{\mathrm{R}}I_{\mathrm{R}} \qquad (3\text{-}22)$$

根据欧姆定律，平均功率 P 还可以表示为

$$P = U_{\mathrm{R}}I_{\mathrm{R}} = I_{\mathrm{R}}^2 R = \frac{U_{\mathrm{R}}^2}{R} \qquad (3\text{-}23)$$

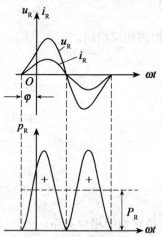

图 3-9 电阻元件上的功率

例 3-7   一只额定电压为 220V，功率为 100W 的电烙铁，误接在 380V 的交流电源上，问此时它接受的功率为多少？是否安全？若接到 110V 的交流电源上，它的功率又为多少？

解：由电烙铁的额定值可得

$$R = \frac{U_{\mathrm{R}}^2}{P} = \frac{220^2}{100}\Omega = 484\Omega$$

（1）当接至电压为 380V 的电源时，电烙铁的功率为 $P_1 = \dfrac{U_{\mathrm{R}}^2}{R} = \dfrac{380^2}{484}\mathrm{W} = 298\mathrm{W} > 100\mathrm{W}$ 电烙铁接受的功率高于其额定功率，电烙铁将被烧坏。

（2）当接到 110 V 的交流电源时，电烙铁的功率为

$$P_2 = \frac{U_{\mathrm{R}}^2}{R} = \frac{110^2}{484}\mathrm{W} = 25\mathrm{W} < 100\mathrm{W}$$

此时电烙铁接受的功率远远低于其额定功率，因此电烙铁达不到正常使用的温度。

3.3.2 正弦交流电路中的电感元件

1. 电压和电流的关系

设有一个纯电感元件 L 外接正弦电压 u_L，此时，电感元件中就会有电流 i_L 通过。选择电流 i_L 与电压 u_L 的参考方向为关联方向，如图 3-10 所示。由于任意时刻电感元件上的电压与该时刻电流的变化率成正比，因此有

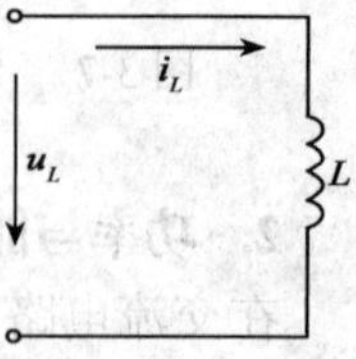

$$u_{\mathrm{L}} = L\frac{\mathrm{d}i}{\mathrm{d}t} \qquad (3\text{-}24)$$

图 3-10 纯电感电路

设电感上的电流为

$$i_{\mathrm{L}} = I_{\mathrm{Lm}}\sin(\omega t+\psi_i) \qquad (3\text{-}25)$$

则电感上的电压为

$$u_L = L\frac{\mathrm{d}i}{\mathrm{d}t} = L\frac{\mathrm{d}(I_{Lm}\sin(\omega t + \psi_i))}{\mathrm{d}t}$$

$$= I_{Lm}\omega L\cos(\omega t + \psi_i)$$

$$= I_{Lm}\omega L\sin\left(\omega t + \frac{\pi}{2} + \psi_i\right) \qquad (3\text{-}26)$$

$$= U_{Lm}\sin(\omega t + \psi_u)$$

由式（3-26）可知

$$U_{Lm} = I_{Lm}\omega L \qquad (3\text{-}27)$$

$$\psi_u = \psi_i + \frac{\pi}{2} \text{ 或 } \varphi = \psi_u - \psi_i = \frac{\pi}{2} \qquad (3\text{-}28)$$

式（3-28）说明，电感元件上电压 u_L 比电流 i_L 超前 $\frac{\pi}{2}$。把式（3-27）中电流及电压的振幅值各除以 $\sqrt{2}$，得

$$U_L = I_L\omega L \text{ 或 } I_L = \frac{U_L}{\omega L} = \frac{U_L}{X_L} \qquad (3\text{-}29)$$

式（3-29）在形式上与欧姆定律相似，它表明了电感元件上电压与电流的有效值关系。当电压 U 一定时，ωL 值越大，电流 I 越小，即 ωL 有限制电流的作用，相当于直流电路中电阻对电流的阻碍作用，称其为感抗，用 X_L 表示

$$X_L = \omega L = 2\pi fL \qquad (3\text{-}30)$$

当 f 的单位为 Hz、L 的单位为亨利（H）时，X_L 的单位为欧姆（Ω）。

感抗 X_L 是表示电感对电流阻碍作用大小的物理量。从式（3-30）可知，感抗 X_L 的大小除了与电感 L 的本身有关外，还和频率成正比。频率越高，X_L 越大。当 $f\to\infty$ 时，$X_L\to\infty$，电感相当于开路。对于直流，由于 $f=0$，所以感抗 $X_L=0$，即电感相当于短路。这就是我们常说的电感有"通直流，阻交流"或"通低频，阻高频"的特点。

感抗 X_L 随电源频率而变化，这一点是感抗与电阻的不同之处。当 U_L 和 L 一定时，X_L、I 与频率 f 之间的关系，称为频率响应特性，如图 3-11 所示。

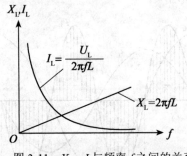

图 3-11　X_L、I 与频率 f 之间的关系

将 i_L 与 u_L 分别用相量表示，得

$$i_L = I_{Lm} \sin(\omega t + \psi_i) \Rightarrow \dot{I}_L = I_L \angle \psi_i$$

$$u_L = U_{Lm} \sin(\omega t + \psi_u) \Rightarrow \dot{U}_L = U_L \angle \psi_u$$

所以

$$\dot{U}_L = U_L \angle \psi_u = X_L I_L \angle \psi_i + \frac{\pi}{2} = X_L \cdot I_L \angle \psi_i \cdot \angle \frac{\pi}{2} = jX_L \cdot \dot{I}_L \qquad (3\text{-}31)$$

这就是电感元件上电压与电流的相量关系，式中 jX_L 称为复感抗。电感元件上电压和电流的变化波形及相量图如图 3-12 所示。

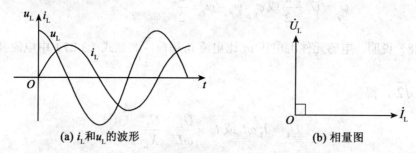

(a) i_L 和 u_L 的波形   (b) 相量图

图 3-12　电感元件上电流和电压的波形及相量图

2. 功率与能量转换关系

令 $\psi_i = \psi$，根据功率的计算公式，可得出电感元件上的瞬时功率为

$$\begin{aligned}
p_L &= u_L \cdot i_L = [U_{Lm} \sin(\omega t + \psi_u)][I_{Lm} \sin(\omega t + \psi_i)] \\
&= \left[\sqrt{2} U_L \sin\left(\omega t + \psi + \frac{\pi}{2}\right) \right]\left[\sqrt{2} I_L \sin(\omega t + \psi) \right] \\
&= 2 U_L I_L \cos(\omega t + \psi) \sin(\omega t + \psi) \\
&= U_L I_L \sin 2(\omega t + \psi)
\end{aligned} \qquad (3\text{-}32)$$

瞬时功率变化曲线如图 3-13 所示。

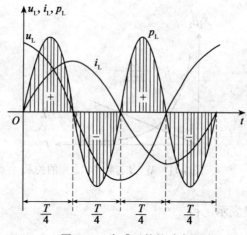

图 3-13　电感元件的功率曲线

电感上的平均功率为

$$P_L = \frac{1}{T}\int_0^T p_L dt = \frac{1}{T}\int_0^T U_L I_L \sin 2(\omega t + \psi) dt = 0 \qquad (3\text{-}33)$$

电感与电源之间存在能量的交换，能量交换的规模用瞬时功率的最大值来衡量，由于这部分功率没有消耗掉，故称为无功功率。无功功率大小等于电感元件上电压的有效值和电流的有效值的乘积，用 Q_L 表示，即

$$Q_L = U_L I_L = I_L^2 X_L = \frac{U_L^2}{X_L} \qquad (3\text{-}34)$$

无功功率的单位为"乏"（var），工程中也常用到"千乏"（kvar）和毫乏（mvar），它们的关系为

$$1\ kvar=1\times10^3 var=1\times10^6 mvar$$

例 3-8 在功放机的电路中，有一个高频扼流线圈，用来阻挡高频干扰。已知扼流圈的电感 $L=10mH$，求它对电压为 5V，频率为 $f_1=500kHz$ 的高频信号和频率为 $f_2=1kHz$ 的音频信号的感抗及线圈上的无功功率分别是多少？

解：

（1）对于频率为 $f_1=500kHz$ 的高频信号，扼流圈的感抗为

$X_{L1}=2\pi f_1 L=2\times3.14\times500\times10^3\times10\times10^{-3}\Omega=31.4k\Omega$

$Q_{L1}=\dfrac{U^2}{X_{L1}}=\dfrac{5^2}{31.4}\ var=0.0008var=0.8\ mvar$

（2）对于频率为 $f_2=1kHz$ 的音频信号，扼流圈的感抗为

$X_{L2}=2\pi f_2 L=2\times3.14\times1\times10^3\times10\times10^{-3}\Omega=62.8\Omega$

$Q_2=\dfrac{U^2}{X_{L2}}=\dfrac{5^2}{62.8}\ var=0.398var=398\ mvar$

3.3.3 正弦交流电路中的电容元件

1. 电压和电流的关系

设有一个纯电容元件 C 外接正弦电压 u_C，此时，电容元件中就会有电流 i_C 通过。选择电流 i_C 与电压 u_C 的参考方向为关联方向，如图 3-14 所示。

$$i_C = C\frac{du_C}{dt} \qquad (3\text{-}35)$$

设电容上的电压为

$$u_C = U_{Cm}\sin(\omega t + \psi_u) \qquad (3\text{-}36)$$

则电容上的电流为

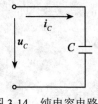

图 3-14 纯电容电路

$$i_C = C\frac{\mathrm{d}u_C}{\mathrm{d}t} = \omega C U_{Cm}\cos(\omega t + \psi_u)$$

$$= \omega C U_{Cm}\sin(\omega t + \psi_u + \frac{\pi}{2}) \qquad (3\text{-}37)$$

$$= I_{Cm}\sin(\omega t + \psi_i)$$

由式（3-37）可知

$$I_{Cm} = \omega C U_{Cm} \qquad (3\text{-}38)$$

$$\psi_i = \psi_u + \frac{\pi}{2} \text{ 或 } \varphi = \psi_u - \psi_i = -\frac{\pi}{2} \qquad (3\text{-}39)$$

式（3-39）说明，电容元件上电流 i_C 比电压 u_C 超前 $\frac{\pi}{2}$。把式（3-39）中电流及电压的振幅值各除以 $\sqrt{2}$，得

$$I_C = \omega C U_C = \frac{U_C}{\dfrac{1}{\omega C}} = \frac{U_C}{X_C} \qquad (3\text{-}40)$$

式（3-40）在形式上与欧姆定律相似，它表明了电容元件上电压与电流的有效值关系。当电压 U 一定时，$1/\omega C$ 值越大，电流 I 越小，即 $1/\omega C$ 有限制电流的作用，相当于直流电路中电阻对电流的阻碍作用，称其为容抗，用 X_C 表示

$$X_C = \frac{1}{\omega C} = \frac{1}{2\pi f C} \qquad (3\text{-}41)$$

X_C 的单位与电阻相同，也是欧姆（Ω）。

容抗 X_C 是表示电容对电流阻碍作用大小的物理量。从式（3-41）可知，容抗的大小除了与电容 C 本身有关外，还和频率成反比。频率越高，X_C 越小，即对于高频电流阻碍作用很小。而对于直流，$f=0$，$X_C \to \infty$，电容相当于开路，起隔直的作用。这就是我们常说的电容有"隔直流，通交流"或"通高频，阻低频"的特点。

容抗 X_C 随电源频率而变化，这一点是容抗与电阻的不同之处。当 U_C 和 C 一定时，X_C、I 与频率 f 之间的关系，亦称为频率响应特性，如图 3-15 所示。

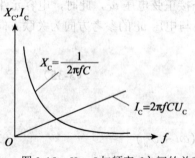

图 3-15　X_C、I 与频率 f 之间的关系

将 i_C 与 u_C 分别用相量表示，得

$$i_C = I_{Cm}\sin(\omega t + \psi_i) \Rightarrow \dot{I}_C = I_C \angle \psi_i$$

$$u_C = U_{Cm}\sin(\omega t + \psi_u) \Rightarrow \dot{U}_C = U_C \angle \psi_u$$

所以

$$\dot{U}_C = U_C \angle \varphi_u = X_C I_C \angle \psi_i - \frac{\pi}{2} = X_C \cdot I_C \angle \psi_i \cdot \angle -\frac{\pi}{2} = -jX_C \cdot \dot{I}_C \qquad (3\text{-}42)$$

这就是电容元件上电压与电流的相量关系，式中$-jX_C$称为复容抗。电容元件上电压和电流的变化波形及相量图如图 3-16 所示。

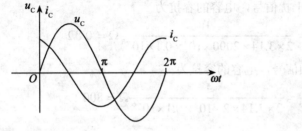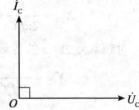

图 3-16　电容元件上电流和电压的波形图

2. 功率与能量转换关系

令 $\psi_i = \psi$ 根据功率的计算公式，可得出电容元件上的瞬时功率为

$$
\begin{aligned}
P_C = u_C \cdot i_C &= [U_{Cm}\sin(\omega t + \varphi_u)][I_{Cm}\sin(\omega t + \psi_i)] \\
&= [\sqrt{2}U_C\sin(\omega t + \psi - \frac{\pi}{2})][\sqrt{2}I_C\sin(\omega t + \psi)] \\
&= -2U_C I_C \cos(\omega t + \psi)\sin(\omega t + \psi) \\
&= -U_C I_C \sin 2(\omega t + \psi)
\end{aligned}
\qquad (3\text{-}43)
$$

瞬时功率变化曲线如图 3-17 所示。

$$P_C = \frac{1}{T}\int_0^T p_C \mathrm{d}t = \frac{1}{T}\int_0^T [-U_C I_C \sin 2(\omega t + \psi)]\mathrm{d}t = 0 \qquad (3\text{-}44)$$

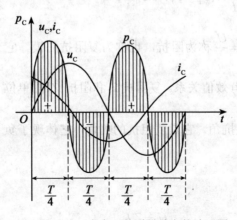

图 3-17　电容元件瞬时功率的波形图

其无功功率为

$$Q_{\mathrm{C}} = U_{\mathrm{C}}I_{\mathrm{C}} = I_{\mathrm{C}}^2 X_{\mathrm{C}} = \frac{U_{\mathrm{C}}^2}{X_{\mathrm{C}}} \tag{3-45}$$

Q_{C} 和 Q_{L} 一样,单位也是乏(var)。

例 3-9 在收录机的输出电路中,常利用电容来短路掉高频干扰信号,保留音频信号。如高频滤波电容为 0.1μF,干扰信号的频率 $f_1 = 2000\mathrm{kHz}$,音频信号的频率 $f_2 = 2\mathrm{kHz}$,求电容对干扰信号和音频信号的容抗分别为多少。

解:

(1)对频率为 2000kHz 的干扰信号,电容的容抗为

$$X_{\mathrm{C1}} = \frac{1}{2\pi f_1 C} = \frac{1}{2 \times 3.14 \times 2000 \times 10^3 \times 0.1 \times 10^{-6}}\Omega = 0.8\Omega$$

(2)对频率为 2kHz 的音频信号,电容的容抗为

$$X_{\mathrm{C2}} = \frac{1}{2\pi f_2 C} = \frac{1}{2 \times 3.14 \times 2 \times 10^3 \times 0.1 \times 10^{-6}}\Omega = 800\Omega$$

3.4 RLC 串联交流电路

RLC 串联电路是正弦交流电路的典型结构,由于实际元件不可能是理想化单一参数元件,所以,综合考虑 RLC 共同存在的交流电路更能反映电路的实际情况。当然实际电路中电路元件的连接关系可能是复杂的,但总可以最终分解为串联或并联关系。我们首先介绍复阻抗和阻抗等基本概念,然后再讨论 RLC 串联电路中电压与电流的相量关系,单一参数元件、RL 串联电路和 RC 串联电路都可以看成是 RLC 串联电路的特例。

3.4.1 复阻抗的概念

图 3-18 所示为一不含独立电源的二端网络(亦称单口网络),如果端口的电压相量为 $\dot{U}$,端口的电流相量为 $\dot{I}$,则该端口的复阻抗 Z 可定义为

$$Z = \frac{\dot{U}}{\dot{I}} = \frac{U\angle\psi_u}{I\angle\psi_i} = \frac{U}{I}\angle(\psi_u - \psi_i) = |Z|\angle\varphi \tag{3-46}$$

式中,Z 称为复阻抗,$|Z| = \dfrac{U}{I}$ 称为阻抗,也称为复阻抗的模,它体现了负载电压与电流的有效值关系。复阻抗 Z 和阻抗 $|Z|$ 的单位均为Ω。$\varphi = \psi_u - \psi_i$ 称为阻抗角,它是复阻抗的幅角,它体现了负载电压与电流的相位关系。

由变换式(3-46)得

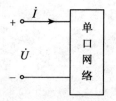

图 3-18 复阻抗的定义

$$\dot{U} = Z\dot{I} \tag{3-47}$$

式（3-47）为交流电路中欧姆定律的相量形式。

与电压、电流等正弦量的相量不同的是，复阻抗 Z 仅仅是一个复数计算量，因此 Z 上面不能打"·"。Z 既是一个复数，因此有如下四种形式：

$$Z = |Z| \angle \varphi = |Z| e^{j\varphi} = |Z|(\cos \varphi + j\sin \varphi) = R + jX \tag{3-48}$$

其中：$R = |Z|\cos \varphi$ 称为单口网络的等效电阻；$X = |Z|\sin \varphi$ 称为单口网络的等效电抗，电抗的单位也是Ω。由式（3-48）得

$$|Z| = \frac{U}{I} = \sqrt{R^2 + X^2} \tag{3-49}$$

$$\varphi = \arctan \frac{X}{R} \tag{3-50}$$

综合式（3-46）和式（3-50）得

$$\varphi = \arctan \frac{X}{R} = \psi_u - \psi_i \tag{3-51}$$

式（3-51）表明，φ 是由网络参数和电源频率共同决定的，它决定了单口网络中电压与电流的相位关系。显然，当 $\varphi > 0$ 时，$X>0$，复阻抗 Z 的虚部为正，有 $\psi_u > \psi_i$，端口电压 $\dot U$ 超前电流 $\dot I$ 一个 φ 角，表明该单口网络呈电感性。反之，当 $\varphi < 0$ 时，$X<0$，复阻抗 Z 虚部为负，有 $\psi_u < \psi_i$，端口电压 $\dot U$ 滞后电流 $\dot I$ 一个 $|\varphi|$ 角，表明该单口网络呈电容的性质，即为容性网络。而当 $\varphi = 0$ 时，$X=0$，复阻抗 Z 虚部为 0，有 $\psi_u = \psi_i$，端口电压 $\dot U$ 与电流 $\dot I$ 同相，表明该单口网络呈电阻性。

3.4.2　RLC 串联电路及分析

RLC 串联电路如图 3-19（a）所示。当在电路两端加入正弦交流电压 u 时，将会在电路中产生同频率的正弦电流 i。选择各元件上电压和电流的参考方向并用相量表示，同时，按照单一参数元件上电压和电流的相量关系，除电阻仍采用 R 表示外，电感和电容分别采用复感抗 jX_L 和复容抗 jX_C 来描述，则建立起如图 3-19（b）所示的相量模型。

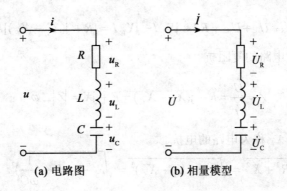

(a) 电路图　　　　　(b) 相量模型

图 3-19　RLC 串联电路

由于串联电路中各元件上流经的电流相同，故设电流为参考正弦量，则有

$$i = I_m \sin \omega t \qquad (3\text{-}52)$$

用相量表示为

$$\dot{I} = I\angle 0° \qquad (3\text{-}53)$$

根据单一参数元件上电压和电流的相量关系，分别写出 R、L 和 C 元件上电压与电流的相量关系，为

$$\dot{U}_R = R\dot{I} \qquad \dot{U}_L = jX_L\dot{I} \qquad \dot{U}_C = -jX_C\dot{I} \qquad (3\text{-}54)$$

根据基尔霍夫定律（相量形式），可列出电路的电压平衡方程

$$\dot{U} = \dot{U}_R + \dot{U}_L + \dot{U}_C \qquad (3\text{-}55)$$

根据单一参数元件上电压和电流的关系可知，电阻端电压与电流同相，电感两端电压超前电流 90º，电容两端电压滞后电流 90º，由此可画出如图 3-20（a）所示的相量图。由图可知，总电压与各元件两端电压之间的关系为一电压三角形，如图 3-20（b）所示。

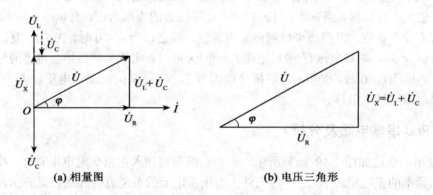

(a) 相量图   (b) 电压三角形

图 3-20   RLC 串联电路相量图及电压三角形

将式（3-54）代入式（3-55）得

$$\dot{U} = \dot{U}_R + \dot{U}_L + \dot{U}_C = R\dot{I} + jX_L\dot{I} - jX_C\dot{I} = [R + j(X_L - X_C)]\dot{I} \qquad (3\text{-}56)$$

所以，RLC 串联电路的复阻抗

$$Z = \frac{\dot{U}}{\dot{I}} = R + j(X_L - X_C) = R + jX = |Z|\angle\varphi \qquad (3\text{-}57)$$

式中，$X = X_L - X_C$ 称为电路的电抗。

阻抗 $$|Z| = \sqrt{R^2 + X^2} = \sqrt{R^2 + (X_L - X_C)^2} = \sqrt{R^2 + \left(\omega L - \frac{1}{\omega C}\right)^2} \qquad (3\text{-}58)$$

阻抗角 $$\varphi = \arctan\frac{X}{R} = \arctan\frac{X_L - X_C}{R} = \arctan\frac{\omega L - \dfrac{1}{\omega C}}{R} \qquad (3\text{-}59)$$

由此可知，当已知一串联电路的 R、L、C 时，由式（3-57）便可直接写出复阻抗 Z。当只有 R 与 L 或只有 R 与 C 串联时，可写出 $Z_{RL} = R + jX_L$ 或 $Z_{RC} = R - jX_C$。对于单一参数的 R、L、C 电路，它的复阻抗就是电阻或复感抗或复容抗，它们可以看成是 RLC 串联电路的特例。

$|Z|$、R、$X = X_L - X_C$ 三者之间的关系可用一个直角三角形表示，这一三角形称为阻抗三角形，如图 3-21 所示，它也可以由电压三角形的对应边除以电流得到。

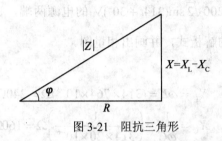

图 3-21 阻抗三角形

由以上分析可知，电抗 $X = X_L - X_C$ 是角频率 ω 的函数。

当 $\omega L > 1/\omega C$，即电抗 $X > 0$ 时，阻抗角 $\varphi > 0$，电压 $\dot{U}$ 超前电流 $\dot{I}$ 一个 φ 角，RLC 串联电路呈电感性，此时电路的相量图如图 3-22（a）所示。

当 $\omega L < 1/\omega C$，即电抗 $X < 0$ 时，阻抗角 $\varphi < 0$，电压 $\dot{U}$ 滞后电流 $\dot{I}$ 一个 $|\varphi|$ 角，RLC 串联电路呈电容性，此时电路的相量图如图 3-22（b）所示。

当 $\omega L = 1/\omega C$，即电抗 $X = 0$ 时，阻抗角 $\varphi = 0$，电压 $\dot{U}$ 与电流 $\dot{I}$ 同相，此时，电路发生串联谐振，RLC 串联电路呈电阻性，电路的相量图如图 3-22（c）所示。

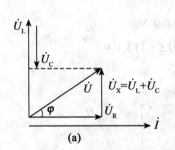 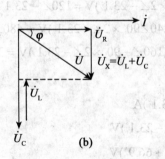 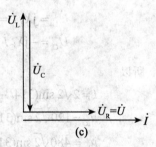

图 3-22 RLC 串联电路的相量图

在正弦稳态交流电路的分析与计算中，往往需要画出一种能反映电路中电压、电流关系的相量图。与反映电路中电压、电流相量关系的电路方程相比较，相量图更能直观地反映各相量之间的关系，特别是各相量的相位关系，因此，它是分析和计算正弦交流稳态电路的重要手段。通常在未求出各相量的具体表达式之前，不可能准确地画出电路的相量图，但可以依据元件伏安关系的相量形式和电路的 KCL、KVL 方程定性地画出电路的相量图。在画相量图时，可以选择电路中某一相量作为参考相量，电路中其他相量都可以根据参考相量进行确定。参考相量的初相位可任意假定，可取零值，也可取其他值。由于参考相量初相位的选择不同，只会使各相量的初相位改变同一数值，而不会影响各相量之间的相位关系，所以，通常选定参考相量的初相为零。例如，在画串联电路的相量图时，由于各元件上的电流相同，一般取电流相量为参考相量，各元件上的电压相量都可按元件上电压与电流的伏安关系一一标出；在画并联电路的相量图时，由于各元件上的电压相同，所以，一般取电压相量为参考相量，同样可以按元件上电压与电流的伏安关系一一标出其他各电流相量。

例 3-10 已知一电感线圈电阻 $R=60\Omega$，电感 $L=764\text{mH}$，和一容量为 $C=20\mu\text{F}$ 的电容器串联后接入电源电压为 $u = 200\sqrt{2}\sin(314t + 30°)\text{V}$ 的电源两端，试求电路的等效复阻抗 Z、电流 i 及电压 u_R、u_L 和 u_C 的解析式，并画出相量图。

解:

$$X_\text{L} = \omega L = (314\times 764\times 10^{-3})\Omega = 240\Omega$$

$$X_\text{C} = \frac{1}{\omega C} = \left(\frac{1}{314\times 20\times 10^{-6}}\right)\Omega = 160\Omega$$

$$Z = R + \text{j}(X_\text{L} - X_\text{C}) = [60 + \text{j}(240-160)]\Omega = (60 + \text{j}80)\Omega$$
$$= 100\angle 53.1°\Omega$$

选定 i、u_R、u_L 和 u_C 参考方向一致，同时选定电流 $\dot{I}$ 为参考相量。已知 $\dot{U} = 200\angle 30°\text{V}$，所以

$$\dot{I} = \frac{\dot{U}}{Z} = \left(\frac{200\angle 30°}{100\angle 53.1°}\right)\text{A} = 2\angle -23.1°\text{A}$$

$$\dot{U}_\text{R} = R\dot{I} = (60\times 2\angle -23.1°)\text{V} = 120\angle -23.1°\text{V}$$
$$\dot{U}_\text{L} = \text{j}X_\text{L}\dot{I} = (240\angle 90°\times 2\angle -23.1°)\text{V} = 480\angle 66.9°\text{V}$$
$$\dot{U}_\text{C} = -\text{j}X_\text{C}\dot{I} = (160\angle -90°\times 2\angle -23.1°)\text{V} = 320\angle -113.1°\text{V}$$

所以

$$i = 2\sqrt{2}\sin(314t - 23.1°)\text{A}$$
$$u_\text{R} = 120\sqrt{2}\sin(314t - 23.1°)\text{V}$$
$$u_\text{L} = 480\sqrt{2}\sin(314t + 66.9°)\text{V}$$
$$u_\text{C} = 320\sqrt{2}\sin(314t - 113.1°)\text{V}$$

画出相量图如图 3-23 所示。

3.5 复阻抗的串联和并联

在交流电路中，复阻抗的连接形式是多种多样的，而最简单最常用的是串联与并联两种形式。

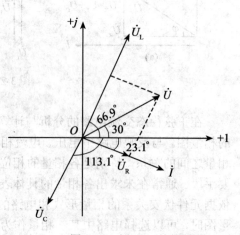

图 3-23 例 3-10 的相量图

3.5.1 复阻抗的串联

如图 3-24 所示为一由 n 个复阻抗串联组成的单口网络。由于串联电路中流过各个复阻抗的电流相同，根据 KVL 得出总电压的相量表达式

$$\dot{U} = \dot{U}_1 + \dot{U}_2 + \dot{U}_3 + \cdots + \dot{U}_n = (Z_1 + Z_2 + Z_3 + \cdots + Z_n)\dot{I} = \left(\sum_{k=1}^{n} Z_k\right)\dot{I} = Z\dot{I} \tag{3-60}$$

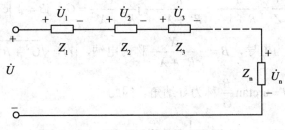

图 3-24 阻抗的串联

式（3-59）表明，n 个复阻抗串联组成的单口网络，就端口特性而言，可以等效成一个复阻抗 Z。其等效复阻抗 Z 等于各串联复阻抗之和。即

$$Z = \frac{\dot{U}}{\dot{I}} = Z_1 + Z_2 + Z_3 + \cdots + Z_n = \sum_{k=1}^{n} Z_k \tag{3-61}$$

3.5.2 复阻抗的并联

如图 3-25 所示为一由 n 个复阻抗并联组成的单口网络。由于并联电路各个复阻抗上所加电压相等，根据 KCL，有

$$\dot{I} = \frac{\dot{U}}{Z_1} + \frac{\dot{U}}{Z_2} + \frac{\dot{U}}{Z_3} + \cdots + \frac{\dot{U}}{Z_n} = \left(\frac{1}{Z_1} + \frac{1}{Z_2} + \frac{1}{Z_3} + \cdots + \frac{1}{Z_n}\right)\dot{U} = \left(\sum_{k=1}^{n} \frac{1}{Z_k}\right)\dot{U} \tag{3-62}$$

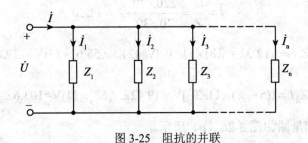

图 3-25 阻抗的并联

所以，n 个复阻抗并联的等效复阻抗等于各支路复阻抗的倒数之和。即

$$Z = \frac{1}{Z_1} + \frac{1}{Z_2} + \frac{1}{Z_3} + \cdots + \frac{1}{Z_n} = \sum_{k=1}^{n} \frac{1}{Z_k} \tag{3-63}$$

为了分析正弦交流电路，有时常用复阻抗的倒数进行计算，通常称为复导纳，用 Y 表示。复导纳的模称为导纳，其幅角称为导纳角。复导纳和导纳具有和电导相同的单位西门子（S）。引入复导纳的概念后，上式可表达为

$$Y = Y_1 + Y_2 + Y_3 + \cdots + Y_n = \sum_{k=1}^{n} Y_k \qquad (3\text{-}64)$$

由于等效复阻抗可写成 $Z = R + \mathrm{j}X$ 形式，所以

$$Y = \frac{1}{Z} = \frac{1}{R + \mathrm{j}X} = \frac{R}{R^2 + X^2} - \mathrm{j}\frac{X}{R^2 + X^2} = G + \mathrm{j}B = |Y|\,\mathrm{e}^{\mathrm{j}\theta} \qquad (3\text{-}65)$$

式中：$G = \dfrac{R}{R^2 + X^2}$ 称为电导，$B = -\dfrac{X}{R^2 + X^2}$ 称为电纳，$|Y| = \sqrt{G^2 + B^2}$ 称为导纳，它们的单位都是西门子（S）。$\theta = \arctan\dfrac{B}{G}$ 称为导纳角。因此

$$\dot{I} = \frac{1}{Z}\dot{U} = Y\dot{U} \qquad (3\text{-}66)$$

此式也称欧姆定律的相量形式。

例 3-11 设有两个负载 $Z_1 = (12.32 + \mathrm{j}18)\Omega$ 和 $Z_2 = (5 - \mathrm{j}8)\Omega$，如图 3-26（a）所示，串联接在 $u = 220\sqrt{2}\sin(\omega t + 30°)\mathrm{V}$ 的电源上，试用相量计算电路中的电流 $\dot{I}$ 和各个阻抗上的电压，并画出相量图。

解：

$$Z = Z_1 + Z_2 = (12.32 + \mathrm{j}18)\Omega + (5 - \mathrm{j}8)\Omega = [(12.32 + 5) + \mathrm{j}(18 - 8)]\Omega$$
$$= (17.32 + \mathrm{j}10)\Omega = 20\angle 30°\,\Omega$$

选定电流 i 和各阻抗上电压参考方向一致，同时选定电流 $\dot{I}$ 为参考相量。已知 $\dot{U} = 220\angle 30°\mathrm{V}$，所以

$$\dot{I} = \frac{\dot{U}}{Z} = \frac{220\angle 30°}{20\angle 30°}\mathrm{A} = 11\angle 0°\,\mathrm{A}$$

$$\dot{U}_1 = Z_1\dot{I} = [(12.32 + \mathrm{j}18) \times 11\angle 0°]\mathrm{V} = (21.8\angle 55.6° \times 11)\mathrm{V} = 239.8\angle 55.6°\,\mathrm{V}$$

$$\dot{U}_2 = Z_2\dot{I} = [(5 - \mathrm{j}8) \times 11\angle 0°]\mathrm{V} = (9.42\angle -58° \times 11)\mathrm{V} = 103.6\angle -58°\,\mathrm{V}$$

画出电流与电压的相量图如图 3-26（b）所示。

例 3-12 设有两个负载 $Z_1 = (3 + \mathrm{j}4)\Omega$ 和 $Z_2 = (0.8 - \mathrm{j}0.6)\Omega$，如图 3-27（a）所示，并联接在 $u = 22\sqrt{2}\sin\omega t\,\mathrm{V}$ 的电源上，试求该电路的支路电流 I_1、I_2 和总电流 I，并画出相量图。

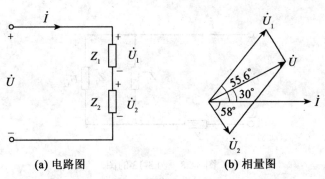

(a) 电路图　　　　　　　(b) 相量图

图 3-26　例 3-11 的图

解：已知：$Z_1 = (3 + j4)\Omega = 5\angle 53.1°\,\Omega$

$$Z_2 = (0.8 - j0.6)\Omega = 1\angle -36.9°\,\Omega$$

选定电压 u 和各阻抗上电流参考方向一致，同时选定电流 $\dot{U}$ 为参考相量。已知 $\dot{U} = 22\angle 0°\,\mathrm{V}$，所以

$$\dot{I}_1 = \frac{\dot{U}}{Z_1} = \frac{22\angle 0°}{5\angle 53.1°}\mathrm{A} = 4.4\angle -53.1°\mathrm{A}$$

$$\dot{I}_2 = \frac{\dot{U}}{Z_2} = \frac{22\angle 0°}{1\angle -36.9°}\mathrm{A} = 22\angle 36.9°\mathrm{A}$$

第一支路电流 $I_1 = 4.4\mathrm{A}$，第二支路电流 $I_2 = 22\mathrm{A}$。总电流相量为

$$\dot{I} = \dot{I}_1 + \dot{I}_2 = 4.4\angle -53.1°\mathrm{A} + 22\angle 36.9°\mathrm{A} = (2.64 - j3.52 + 17.6 + j13.2)\mathrm{A}$$

$$= (20.24 + j9.68)\mathrm{A} = 22.5\angle 25.6°\mathrm{A}$$

所以，总电流 $I = 22.5\mathrm{A}$，画出它们的相量如图 3-27（b）所示。

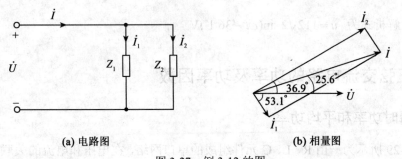

(a) 电路图　　　　　　　(b) 相量图

图 3-27　例 3-12 的图

例 3-13　在如图 3-28（a）所示电路中，已知 $Z_1 = (20 + j60)\Omega$，$Z_2 = j6\Omega$，$Z_3 = 8.5\angle 30°\,\Omega$，并联部分电压为 $u_{12} = 50\sqrt{2}\sin\omega t\,\mathrm{V}$，求总电压 u 的解析式。

高等院校计算机系列教材

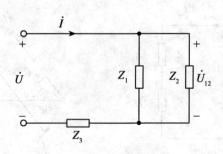

图 3-28　例 3-13 的图

解： 已知：$Z_1 = (20 + j60)\Omega = 63.2\angle71.6°\Omega$

$$Z_2 = j6\Omega = 6\angle90°\Omega$$

由于 Z_1、Z_2 并联，故等效阻抗为

$$Z_{12} = \frac{Z_1Z_2}{Z_1+Z_2} = \frac{63.2\angle71.6°\times6\angle90°}{20+j60+j6}\Omega = \frac{379.2\angle161.6°}{69\angle73.1°}\Omega = 5.5\angle88.5°\Omega$$

已知 $\dot{U}_{12} = 50\angle0°V$

所以　$\dot{I} = \frac{\dot{U}_{12}}{Z_{12}} = \frac{50\angle0°}{5.5\angle88.5°}A = 9.09\angle-88.5°A$

整个电路的等效阻抗

$$Z = Z_{12} + Z_3 = 8.5\angle30°\Omega + 5.5\angle88.5°\Omega$$
$$= (7.36 + j4.25 + 0.14 + j5.5)\Omega = (7.5 + j9.75)\Omega$$
$$= 12.3\angle52.4°\Omega$$

所以　$\dot{U} = Z\dot{I} = 12.3\angle52.4°\times9.09\angle-88.5° = 112\angle-36.1°V$

故 u 的解析式为　$u = 112\sqrt{2}\sin(\omega t - 36.1°)V$

3.6　正弦交流电路的功率及功率因数

3.6.1　瞬时功率和平均功率

如图 3-29 所示为一由 R、L、C 元件组成的单口网络，在电压和电流的关联参考方向下，它从电路中吸收的瞬时功率为

$$p = ui$$

设端口所加交流电压为 u，端口上流过的电流为 i，在正弦稳态的情况下，端口电压与电流是同频率的正弦量。设 $\psi_i = 0, \psi_u = \varphi$，则电压与电流的相位差为 $\varphi = \psi_u - \psi_i$。写出 u 和 i 的解析式

图 3-29　正弦单口网络的功率

$$i = \sqrt{2}I \sin \omega t$$

$$u = \sqrt{2}U \sin(\omega t + \varphi)$$

则单口网络的瞬时功率为

$$
\begin{aligned}
p = ui &= \sqrt{2}U \sin(\omega t + \varphi) \cdot \sqrt{2}I \sin \omega t \\
&= 2UI \sin(\omega t + \varphi) \cdot \sin \omega t \\
&= 2UI \times \frac{1}{2}[\cos(\omega t - \omega t - \varphi) - \cos(\omega t + \omega t + \varphi)] \\
&= UI \cos \varphi - UI \cos(2\omega t + \varphi)
\end{aligned}
\tag{3-67}
$$

瞬时功率的波形如图 3-30 所示。可见,瞬时功率 p 作周期性变化,且有正有负,正值表示单口网络从电源吸收功率,其中一部分被网络中的电阻消耗掉,另一部分被储存在电感的磁场中或电容的电场中;负值表示单口网络把储存的能量送回电源。对于一般的单口网络,功率波形的正、负面积不相等,负载吸收功率的时间大于释放功率的时间,表明单口网络中含有电阻元件,电路总的来说是在消耗功率。一般用平均功率表征单口网络的能量消耗情况。

平均功率就是指是瞬时功率在一个周期内的平均值。平均功率也称为有功功率,用字母"P"表示,即

$$
P = \frac{1}{T}\int_0^T p\,\mathrm{d}t = \frac{1}{T}\int_0^T [UI \cos \varphi - UI \cos(2\omega t + \varphi)]\mathrm{d}t = UI \cos \varphi
\tag{3-68}
$$

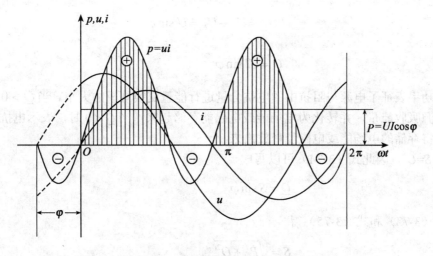

图 3-30 瞬时功率和有功功率的波形图

由于电感和电容元件不消耗功率,故电阻元件上消耗的有功功率应等于单口网络从电源获取的有功功率。

由电压三角形(如图 3-20(b))可以得出

$$U \cos \varphi = U_R = RI \tag{3-69}$$

因此

$$P = UI \cos \varphi = U_R I = I^2 R = P_R \tag{3-70}$$

电路与电子技术

从式（3-70）可知，在正弦稳态电路中，电压和电流采用有效值后，计算电阻消耗的有功功率公式与直流电路中有相同的形式。

3.6.2 视在功率和无功功率

我们把电压有效值 U 和电流有效值 I 的乘积称为视在功率 S。视在功率用于表示电源向负载提供的最大功率，或称电源的功率容量，即

$$S=UI \tag{3-71}$$

显然，有功功率可以这样表示

$$P=S\cos\varphi \tag{3-72}$$

由于 $\cos\varphi \leqslant 1$，所以有功功率 P 总是小于视在功率 S。为了区别，视在功率的单位用伏安（V·A）或千伏安（kV·A）表示，它们的关系是

$$1\text{kV·A}=1\times10^3\text{V·A}$$

电源设备如发电机、变压器等通常用视在功率表示其额定功率容量（额定功率容量=额定电压×额定电流）。

观察瞬时功率表达式（3-67）式发现：表达式中的第二项以角频率 2ω 在横轴上上下波动，它实际上是单口网络与电源之间往返交换能量的瞬时功率，其平均值为零。根据前面无功功率的定义，它们之间交换能量的规模为电路的无功功率，其大小应等于单口网络的等效电抗上电压和电流的有效值的乘积。

由电压三角形得

$$U_X = U_L - U_C = U\sin\varphi \tag{3-73}$$

所以

$$Q = UI\sin\varphi \tag{3-74}$$

无功功率表征了电源与阻抗中的电抗分量进行能量交换规模的大小。当 $Q>0$ 时，表示电抗从电源吸收能量，并转化为电场能或电磁能存储起来；当 $Q<0$ 时，表示电抗向电源发出能量，将存储的电场能或电磁能释放出来。

由于 $S=UI$，因此式（3-74）可以写成

$$Q = S\sin\varphi \tag{3-75}$$

由式（3-72）和式（3-75）得

$$S = \sqrt{P^2 + Q^2} \tag{3-76}$$

可以看出，有功功率 P、无功功率 Q 和视在功率 S 构成了一个直角三角形，且有一个锐角为阻抗角 φ，称此三角形为功率三角形。显然，它与电压三角形、阻抗三角形极为相似。它们之间的关系如图 3-31 所示。

例 3-14 在 RLC 串联电路中，已知电阻 $R=40\Omega$，电感 $L=233\text{mH}$，电容 $C=80\mu\text{F}$，电路两端的电压 $u = 220\sqrt{2}\sin314t\text{V}$，试求（1）电路的阻抗。（2）电流的有效值。（3）各元件两端电压的有效值。（4）电路的有功功率、无功功率和视在功率。（5）电路的性质。

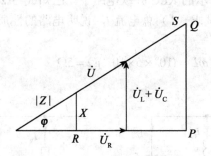

图 3-31　阻抗、电压和功率三角形

解：由 $u = 220\sqrt{2}\sin 314t\,\text{V}$ 得

$$U = 220\text{V}，\quad \omega = 314\text{rad}/\text{s}$$

（1）电路的感抗和容抗分别为

$$X_{\text{L}} = \omega L = 314 \times 233 \times 10^{-3}\Omega \approx 70\Omega$$

$$X_{\text{C}} = \frac{1}{\omega C} = \frac{1}{314 \times 80 \times 10^{-6}}\Omega \approx 40\Omega$$

所以，电路的阻抗为

$$|Z| = \sqrt{R^2 + (X_{\text{L}} - X_{\text{C}})^2} = \sqrt{40^2 + (70-40)^2}\,\Omega = 50\Omega$$

（2）电路中电流的有效值为

$$I = \frac{U}{|Z|} = \frac{220}{50}\text{A} = 4.4\text{A}$$

（3）各元件元件两端电压的有效值分别为

$$U_{\text{R}} = RI = 40 \times 4.4\text{V} = 176\text{V}$$

$$U_{\text{L}} = X_{\text{L}}I = 70 \times 4.4\text{V} = 308\text{V}$$

$$U_{\text{C}} = X_{\text{C}}I = 40 \times 4.4\text{V} = 176\text{V}$$

（4）电路的有功功率、无功功率和视在功率分别为

$$P = I^2 R = 4.4^2 \times 40\text{W} = 774.4\text{W}$$

$$Q = I^2 X = I^2 (X_{\text{L}} - X_{\text{C}}) = 4.4^2 \times (70-40)\text{var} = 580.8\text{var}$$

$$S = IU = 4.4 \times 220\text{V}\cdot\text{A} = 968\text{V}\cdot\text{A}$$

（5）阻抗角为

$$\varphi = \arctan\frac{X_{\text{L}} - X_{\text{C}}}{R} = \arctan\frac{70\text{-}40}{40} = \arctan 0.75 \approx 36.9°$$

由于阻抗角 φ 大于零，所以电压超前于电流，电路呈电感性。

例3-15 在如图 3-32 所示的 RLC 并联电路中。已知 $R=5\Omega$，$L=5\mu H$，$C=0.4\mu F$，电压有效值 $U=10V$，$\omega=10^6 rad/s$，试求（1）总电流 i，说明电路的性质。（2）P，Q，S。

解：

（1）
$$X_L = \omega L = (10^6 \times 5 \times 10^{-6})\Omega = 5\Omega$$

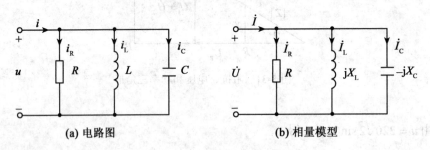

(a) 电路图　　　　　　　　　**(b) 相量模型**

图 3-32　例 3-15 的电路图

$$X_C = \frac{1}{\omega C} = \frac{1}{10^6 \times 0.4 \times 10^{-6}}\Omega = 2.5\Omega$$

设电压 $\dot{U} = 10\angle 0°V$，则各支路电流为

$$\dot{I}_R = \frac{\dot{U}}{R} = \frac{10\angle 0°}{5}A = 2A$$

$$\dot{I}_L = \frac{\dot{U}}{jX_L} = \frac{10\angle 0°}{j5}A = -j2A$$

$$\dot{I}_C = \frac{\dot{U}}{-jX_C} = \frac{10\angle 0°}{-j2.5}A = j4A$$

所以

$$\dot{I} = \dot{I}_R + \dot{I}_L + \dot{I}_C = (2 - j2 + j4)A = (2 + j2)A = 2\sqrt{2}\angle 45°A$$

电路总电流的解析式为 $i = 4\sin(10^6 t + 45°)A$

因为电流的相位超前电压 45°，所以电路呈容性。

（2）
$$P = UI\cos\varphi = (10 \times 2\sqrt{2} \times \cos 45°)W = 20W$$

$$Q = UI\sin\varphi = (10 \times 2\sqrt{2} \times \sin 45°)var = 20var$$

$$S = UI = (10 \times 2\sqrt{2})V\cdot A \approx 28.3V\cdot A$$

3.6.3　功率因数

从 $P = UI\cos\varphi$ 可以看出，有功功率不仅与单口网络的端电压有效值 U、电流有效值 I

有关，还与 $\cos\varphi$ 有关。$\cos\varphi$ 称为功率因数，用λ表示，其中 φ 称为功率因数角。实际上，功率因数角也就是电压与电流的相位差角，亦即单口网络的阻抗角，是反映负载特性的重要参数。由前面的分析可知，单口网络中电阻成分 R 越大，φ 越小，功率因数 $\cos\varphi$ 越大，有功功率越大。所以在有感性负载的电路中，要提高电路的有功功率，就必须提高电路的功率因数，其意义在于：

（1）能充分利用能源。由于 $P=S\cos\varphi$，其中 S 为发电设备可以提供的最大有功功率，但是供电系统中的感性负载（发电机、变压器、镇流器、电动机等）常常会使得 $\cos\varphi$ 减小，从而造成 P 下降，能量得不到充分利用。所以，在同样的有功功率的情况下，如果功率因数 $\cos\varphi$ 高，则所需的视在功率 S 就可以减小。

（2）能减少线路与发电机绕组的功率损耗。由于 $P=UI\cos\varphi$，所以 $I=\dfrac{P}{U\cos\varphi}$，即在输电功率与输电电压一定的情况下，$\cos\varphi$ 越小，输电电流越大，而当输电线路电阻为 r 时，输电损耗 $\Delta p=I^2 r$，因此提高 $\cos\varphi$，可以成平方倍地降低输电线路损耗。这对于节能及保护用电设备来讲具有重要的意义。

对于感性负载，提高功率因数的简便方法是在感性负载两端并联适当容量的电容器。这样，就可以使电感中的磁场能量与电容器的电场能量进行交换，从而减少电源与负载间能量的交换，使得有更多的电源能量消耗在负载上，并转化为其他形式的能，如机械能、光能和热能等。理论推导可以得出，并联电容的大小与 $\cos\varphi$ 的关系为

$$C=\frac{P}{\omega U^2}(\tan\varphi_{Ld}-\tan\varphi)=\frac{I\cos\varphi}{\omega U}(\tan\varphi_{Ld}-\tan\varphi) \tag{3-77}$$

式中 φ_{Ld} 为未并电容之前的功率因素角，φ 为并联接入电容后的功率因素角。

例3-16 在 RLC 串联电路，已知 R=5kΩ，L=6mH，C=0.001μF，$u=5\sqrt{2}\sin10^6 t$V。试求：（1）电流 i 和各元件上的电压，画出相量图。（2）功率因数λ。（3）电路的有功功率、无功功率和视在功率。（4）当角频率变为 2×10^5rad/s 时，电路的性质有无改变。

解：

（1）电路的感抗、容抗和阻抗分别为

$$X_L=\omega L=10^6\times6\times10^{-3}\Omega=6\text{k}\Omega$$

$$X_C=\frac{1}{\omega C}=\frac{1}{10^6\times0.001\times10^{-6}}\Omega=1\text{k}\Omega$$

所以，电路的复阻抗为

$$Z=R+\text{j}(X_L-X_C)=[5+\text{j}(6-1)]\text{k}\Omega=5\sqrt{2}\angle45°\text{k}\Omega$$

可以看出 φ=45°>0，所以电路呈电感性。

选择电路中各电压和电流的参考方向为关联方向。因为 $\dot{U}_m=5\sqrt{2}\angle0°$V，所以

$$\dot{I}_m=\frac{\dot{U}_m}{Z}=\frac{5\sqrt{2}\angle0°}{5\sqrt{2}\angle45°}\text{mA}=1\angle-45°\text{mA}$$

高等院校计算机系列教材

$$\dot{U}_{Rm} = R\dot{I}_m = (5 \times 1\angle -45°)\text{V} = 5\angle -45°\text{V}$$

$$\dot{U}_{Lm} = jX_L\dot{I}_m = (j6 \times 1\angle -45°)\text{V} = 6\angle 45°\text{V}$$

$$\dot{U}_{Cm} = -jX_C\dot{I}_m = (-j1 \times 1\angle -45°)\text{V} = 1\angle -135°\text{V}$$

分别写出电流 i 和电压 u_R、u_L、u_C 的解析式为

$$i = \sin(10^6 t - 45°)\text{mA}$$

$$u_R = 5\sin(10^6 t - 45°)\text{V}$$

$$u_L = 6\sin(10^6 t + 45°)\text{V}$$

$$u_C = \sin(10^6 t - 135°)\text{V}$$

画出相量图如图 3-33 所示。

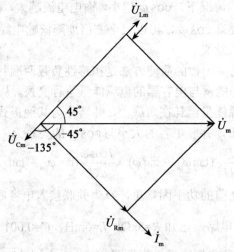

图 3-33　例题 3-16 相量图

（2）电路的功率因数为

$$\lambda = \cos\varphi = \cos 45° = 0.71$$

（3）电路的有功功率、无功功率和视在功率分别为

$$P = UI\cos\varphi = (5 \times \frac{1}{\sqrt{2}} \times \cos 45°)\text{mW} = 2.5\text{mW}$$

$$Q = UI\sin\varphi = (5 \times \frac{1}{\sqrt{2}} \times \sin 45°)\text{mvar} = 2.5\text{mvar}$$

$$S = UI = (5 \times \frac{1}{\sqrt{2}})\text{ mV·A} = 3.54\text{mV·A}$$

（4）当角频率变为 $2 \times 10^5\text{rad/s}$ 时，电路阻抗为

$$Z = R + j(X_L - X_C) = [5 + j(2 \times 10^5 \times 6 \times 10^{-3} - \frac{1}{2 \times 10^5 \times 0.001 \times 10^{-6}})]\Omega$$

$$= (5 - j8.8)\text{k}\Omega = 10.12\angle -60.4°\text{k}\Omega$$

可以看出 $\varphi = -60.4° < 0$，所以电路呈电容性。

例 3-17 某供电设备额定输出电压为 220V、额定视在功率为 220kV·A，如果向额定功率为 33kW、功率因数为 0.8 的工厂供电，能供几个工厂？若把功率因数提高到 0.95，又能供几个工厂？此时，每个工厂应并接多大的电容？

解：供电设备输出的额定电流为

$$I_N = \frac{S}{U} = \frac{220}{220} \text{kA} = 1000\text{A}$$

（1）当 $\lambda = 0.8$ 时，每个工厂取用的电流为

$$I_1 = \frac{P}{U\lambda} = \frac{33}{220 \times 0.8} \text{kA} = 187.5\text{A}$$

可供给的工厂数为

$$\frac{I_N}{I_1} = \frac{1000}{187.5} \approx 5$$

（2）当 $\lambda = 0.95$ 时，每个工厂取用的电流为

$$I_2 = \frac{P}{U\lambda} = \frac{33}{220 \times 0.95} \text{kA} = 157.9\text{A}$$

可供给的工厂数为 $\frac{I_N}{I} = \frac{1000}{157.9} \approx 6$

（3）已知 $\varphi_{Ld} = \arccos 0.8 = 36.9^\circ$，$\varphi = \arccos 0.95 = 18.2^\circ$，所以，应并联的电容器容量为

$$C = \frac{P}{\omega U^2}(\tan\varphi_{Ld} - \tan\varphi) = \frac{33 \times 1000}{2 \times 3.14 \times 50 \times 220^2}(\tan 36.9^\circ - \tan 18.2^\circ)\,\mu\text{F} = 916\mu\text{F}$$

3.7 电路的谐振

在由 R、L、C 元件所组成的正弦交流电路中，当阻抗角 $\varphi = 0$ 时，电路中感抗和容抗相等，电路呈现纯电阻性，其总电压与总电流同相，这种现象称为谐振。谐振分为串联谐振和并联谐振，下面分别进行讨论。

3.7.1 串联谐振

谐振发生在 R、L、C 串联电路中，称之为串联谐振。

1. 串联谐振条件

在如图 3-34（a）所示电路中，R、L、C 组成串联电路，电路的等效复阻抗为

$$Z = R + \text{j}(X_L - X_C) = R + \text{j}\left(\omega L - \frac{1}{\omega C}\right) = |Z|\angle\varphi \tag{3-78}$$

其中，

$$|Z| = \sqrt{R^2 + (X_L - X_C)^2} = \sqrt{R^2 + \left(\omega L - \frac{1}{\omega C}\right)^2} \tag{3-79}$$

$$\varphi = \arctan\frac{X_L - X_C}{R} = \arctan\frac{\omega L - \dfrac{1}{\omega C}}{R} \tag{3-80}$$

高等院校计算机系列教材

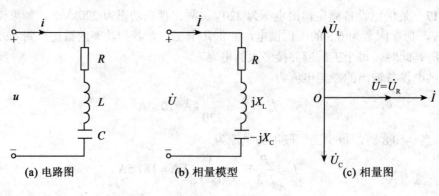

(a) 电路图　　　　(b) 相量模型　　　　(c) 相量图

图 3-34　串联谐振

由式（3-79）和式（3-80）可知，当正弦电压的角频率 ω 变化时，电路总的阻抗 Z 随之变化。当 $\omega L = \dfrac{1}{\omega C}$ 时，阻抗 $Z=R$，串联电路变成了纯电阻，$\varphi =0$，端电压 $\dot{U}$ 与端电流 $\dot{I}$ 同相，这时电路发生了串联谐振。由此可得谐振角频率为

$$\omega = \omega_0 = \frac{1}{\sqrt{LC}} \tag{3-81}$$

式中 ω_0 称为电路的固有谐振角频率，简称谐振角频率，它与电路参数 L、C 有关。由 $\omega=2\pi f$ 的关系得

$$f = f_0 = \frac{1}{2\pi\sqrt{LC}} \tag{3-82}$$

式中 f_0 同样取决于电路中的 L、C 参数，称为电路的固有谐振频率，简称谐振频率。显然当电源频率 f 等于电路的固有谐振频率 f_0 时，电路发生谐振。因此：

（1）当 L、C 固定时，可以改变电源频率达到谐振。

（2）当电源的角频率 ω 一定时，可改变电容 C 和电感 L 使电路谐振。电路发生串联谐振时的相量图如图 3-36（c）所示。

2. 串联谐振的特点

（1）谐振时阻抗最小，且为纯阻性。由式（3-79）可知，阻抗 $|Z|$ 是频率的函数，其变化曲线如图 3-35（a）所示，称为阻抗谐振曲线。可见，当电压 u 及电路参数 R、L、C 不变时，X_L 随电源频率 f 正比例增加，X_C 随 f 反比例减小，而 R 则不随 f 变化，当发生谐振时，$f=f_0$，$X_L=X_C$，$|Z|=R$ 达到最小值。

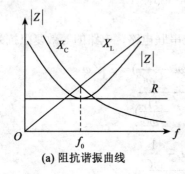

(a) 阻抗谐振曲线

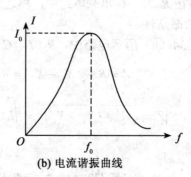

(b) 电流谐振曲线

图 3-35　串联谐振曲线

（2）谐振时电路中的电流最大，且与外加电源电压同相。由于

$$I = \frac{U}{|Z|} = \frac{U}{\sqrt{R^2 + (X_L - X_C)^2}} = \frac{U}{\sqrt{R^2 + (\omega L - \frac{1}{\omega C})^2}}$$

因此当电源频率变化时，$|Z|$ 随之改变，I 也随之改变，因此 I 是频率的函数，其关系曲线称为电流谐振曲线，如图 3-35（b）所示。

（3）谐振时电路的电抗为零，即 $X=0$。谐振时感抗 X_L 和容抗 X_C 相等，其值称为电路的特性阻抗，用 ρ 表示。

由于谐振时

$$X_{L0} = \omega_0 L = \frac{1}{\sqrt{LC}} L = \sqrt{\frac{L}{C}} = \rho \tag{3-83}$$

$$X_{C0} = \frac{1}{\omega_0 C} = \frac{1}{\frac{1}{\sqrt{LC}} C} = \sqrt{\frac{L}{C}} = \rho \tag{3-84}$$

所以

$$\rho = \omega_0 L = \frac{1}{\omega_0 C} = \sqrt{\frac{L}{C}} \tag{3-85}$$

（4）谐振时，电感和电容上的电压大小相等，相位相反，且其大小为电源电压 U 的 Q 倍，其中 Q 称为电路的品质因数。即

$$Q = \frac{U_L}{U} = \frac{I \cdot \omega_0 L}{I \cdot R} = \frac{\omega_0 L}{R} = \frac{\rho}{R} \tag{3-86}$$

$$U_L = U_C = QU \tag{3-87}$$

在电路发生谐振时，电感或电容上的电压是电源电压的 Q 倍。这种情况若出现在电力系统，就会使电感性或电容性在电器上出现远大于额定电压的过电压，造成电器设备损坏，所以在电力系统中要加以克服。但在无线电电子设备中，由于所接收的信号电压非常微弱，谐振发生时的电压并不会使设备损坏，而在电感和电容上的谐振电压可使特定频率的信号远大于其他频率的信号，给特定信号的接收和选择带来方便，所以在这些场合要积极地利用谐振现象。

例 3-18　在 RLC 串联电路中，已知 $R=10\Omega$，$L=500\mu H$，C 为可变电容，变化范围为 $12\sim 290pF$。若外接信号源频率为 800kHz，则电容应为何值才能使电路发生谐振。

解：由式（3-81）得

$$C = \frac{1}{\omega^2 L} = \frac{1}{(2\pi f)^2 L} = \frac{1}{(2\times\pi\times 800\times 10^3)^2 \times 500\times 10^{-6}} F = 79.2 pF$$

所以，当电容为 79.2PF 时电路能发生谐振。

3.7.2　并联谐振

谐振发生在 R、L、C 并联电路中，称为并联谐振。

1. 并联谐振条件

如图 3-36（a）所示电路为由电感 L（含串联电阻 R，可以理解为电感的直流损耗电阻，其值很小）和电容 C 所组成的并联电路，图 3-36（b）为其相量模型。

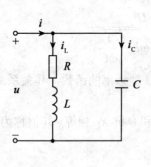 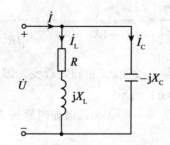 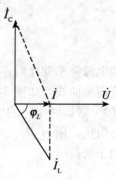

(a) 电路图   (b) 相量模型   (c) 相量图

图 3-36　并联谐振

电感支路的复导纳 Y_L 为

$$Y_L = \frac{1}{R + j\omega L} = \frac{R - j\omega L}{R^2 + (\omega L)^2} = \frac{R}{R^2 + (\omega L)^2} - \frac{j\omega L}{R^2 + (\omega L)^2}$$

电容支路的复导纳 Y_C 为

$$Y_C = \frac{1}{-jX_C} = j\omega C$$

电路总的复导纳为

$$Y = Y_L + Y_C = \frac{R}{R^2 + (\omega L)^2} + j[\omega C - \frac{\omega L}{R^2 + (\omega L)^2}] \tag{3-88}$$

当电源角频率满足

$$\omega C = \frac{\omega L}{R^2 + (\omega L)^2} \tag{3-89}$$

时，式（3-88）中的电纳为零，电路呈纯阻性，发生了谐振。由此得谐振角频率为

$$\omega = \omega_0 = \frac{1}{\sqrt{LC}} \sqrt{1 - \frac{CR^2}{L}} \tag{3-90}$$

若电感内阻 R 很小，$\dfrac{CR^2}{L} \ll 1$，则

$$\omega = \omega_0 \approx \frac{1}{\sqrt{LC}} \text{ 或 } f = f_0 \approx \frac{1}{2\pi\sqrt{LC}} \tag{3-91}$$

可见，在电阻 R 可忽略的情况下，L、C 并联谐振频率的公式与它们的串联谐振频率公式相同。电路发生并联谐振时的相量图如图 3-36（c）所示。

2. 并联谐振的特征

（1）谐振时导纳最小，阻抗最大，且为纯电阻性。由式（3-88）可以看出，复阻抗 Z（或复导纳 Y）是频率的函数，其阻抗谐振曲线如图 3-37（a）所示。当 $f = f_0$ 时，复阻抗

$$Z = \frac{1}{Y} = \frac{R^2 + (\omega_0 L)^2}{R} \tag{3-92}$$

若 $\omega_0 L \gg R$，则

$$Z \approx \frac{(\omega_0 L)^2}{R} = \frac{L}{RC} = \frac{\rho^2}{R} = Q\rho = Q\omega_0 L \qquad (3\text{-}93)$$

是最大值。

（2）谐振时总电流最小，端电压 $\dot{U}$ 与端电流 $\dot{I}$ 同相。由于 $\dot{I} = \frac{\dot{U}}{Z}$，而谐振时 Z 最大，所以总电流达最小值，$I = I_0$。其电流谐振曲线如图 3-37（b）所示。

（3）谐振时电感支路与电容支路的电流大小近似相等，为总电流的 Q 倍。总电压与总电流，以及各支路上电流的相量关系如下：

$$\dot{U} = \dot{I}_0 Z_0 \approx \dot{I}_0 Q\omega_0 L \approx \dot{I}_0 Q \frac{1}{\omega_0 C} \qquad (3\text{-}94)$$

$$\dot{I}_{L0} = \frac{\dot{U}}{R + j\omega_0 L} \approx \frac{\dot{U}}{j\omega_0 L} = -jQ\dot{I}_0 \qquad (3\text{-}95)$$

$$\dot{I}_{C0} = \frac{\dot{U}}{-j\dfrac{1}{\omega_0 C}} = j\omega_0 C\dot{U} = jQ\dot{I}_0 \qquad (3\text{-}96)$$

所以

$$I_{L0} = I_{C0} = QI_0 \qquad (3\text{-}97)$$

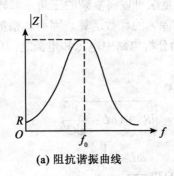
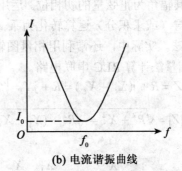

(a) 阻抗谐振曲线　　　　　　　　**(b)** 电流谐振曲线

图 3-37　并联谐振曲线

本 章 小 结

（1）正弦量的三要素是最大值、角频率和初相位。瞬时值中的最大值叫振幅值；交流电在单位时间内完成周期性变化的次数，称为频率。周期、频率和角频率是三种从不同角度反映正弦量变化快慢的物理量，它们的关系是

$$f = \frac{1}{T} \quad , \quad \omega = \frac{2\pi}{T} = 2\pi f$$

把 t=0 时刻正弦量的相位称为"初相位"，简称为"初相"。两个同频率正弦量的相位之差，称为相位差，可表示为 $\varphi_{12} = \psi_1 - \psi_2$。

（2）正弦量的表示法有三角函数表示法、正弦曲线表示法（波形图）和相量表示法。

（3）如果电流 i 通过电阻 R 在一个周期内所产生的热量和直流电流 I 通过同一电阻 R 在相同时间内所产生的热量相等，则这个直流电流 I 的数值就叫做交流电流 i 的有效值，即

$$I = \sqrt{\frac{1}{T} \int_0^T i^2 \mathrm{d}t} = \frac{I_\mathrm{m}}{\sqrt{2}} \approx 0.707 I_\mathrm{m}$$

同理，$U = \frac{U_\mathrm{m}}{\sqrt{2}} \approx 0.707 U_\mathrm{m}$，$E = \frac{E_\mathrm{m}}{\sqrt{2}} \approx 0.707 E_\mathrm{m}$。

（4）① 电阻元件上电压与电流的相量关系为 $\dot{U}_R = R\dot{I}$，有功功率为

$P = U_\mathrm{R} I_\mathrm{R} = I_\mathrm{R}^2 R = \frac{U_\mathrm{R}^2}{R}$；无功功率为 $Q_\mathrm{R} = 0$；电阻元件上 $\dot{U}_\mathrm{R}$ 与 $\dot{I}_\mathrm{R}$ 同相。

② 电感元件上电压与电流的相量关系为 $\dot{U}_\mathrm{L} = \mathrm{j} X_\mathrm{L} \cdot \dot{I}_\mathrm{L}$；有功功率为 P_L=0；无功功率为

$Q_\mathrm{L} = U_\mathrm{L} I_\mathrm{L} = I_\mathrm{L}^2 X_\mathrm{L} = \frac{U_\mathrm{L}^2}{X_\mathrm{L}}$；电感元件上 $\dot{U}_\mathrm{L}$ 比 $\dot{I}_\mathrm{L}$ 超前 $\frac{\pi}{2}$。

③ 电容元件上电压与电流的相量关系为 $\dot{U}_\mathrm{C} = -\mathrm{j} X_\mathrm{C} \cdot \dot{I}_\mathrm{C}$；有功功率为 P_C=0；无功功率为

$Q_\mathrm{C} = U_\mathrm{C} I_\mathrm{C} = I_\mathrm{C}^2 X_\mathrm{C} = \frac{U_\mathrm{C}^2}{X_\mathrm{C}}$；电容元件上 $\dot{U}_\mathrm{C}$ 比 $\dot{I}_\mathrm{C}$ 滞后 $\frac{\pi}{2}$。

（5）分析正弦交流电路时，常用相量法。相量是与正弦量对应的复数，其模为该正弦量的有效值，其辐角为正弦量的初相位。运用相量法可以将复杂的三角运算转化为简单的代数运算，将求导（或求积分）运算转化为乘（或除）的代数运算。因而，相量法是交流电路的实用计算方法。实际中，还常利用相量图辅助分析电路中电压和电流之间的相位关系。

（6）用相量法计算 RLC 串联电路。

复阻抗 $\quad Z = R + \mathrm{j}(X_L - X_C) = R + \mathrm{j}X = |Z| \angle \varphi$

阻抗 $\quad |Z| = \sqrt{R^2 + X^2} = \sqrt{R^2 + (X_L - X_C)^2} = \sqrt{R^2 + \left(\omega L - \frac{1}{\omega C}\right)^2}$

阻抗角 $\quad \varphi = \arctan \frac{X}{R} = \arctan \frac{X_\mathrm{L} - X_\mathrm{C}}{R} = \arctan \frac{\omega L - \dfrac{1}{\omega C}}{R}$

电压与电流的关系为 $\quad \dot{U} = Z\dot{I}$

（7）复阻抗的串联和并联。

复阻抗的串联，其等效复阻抗

$$Z = Z_1 + Z_2 + Z_3 + \cdots + Z_n = \sum_{k=1}^{n} Z_k$$

复阻抗的并联，其等效复导纳

$$Y = Y_1 + Y_2 + Y_3 + \cdots + Y_n = \sum_{k=1}^{n} Y_k = G + jB = |Y| e^{j\theta}$$

式中：$G = \dfrac{R}{R^2 + X^2}$ 称为电导；$B = -\dfrac{X}{R^2 + X^2}$ 称为电纳；$|Y| = \sqrt{G^2 + B^2}$ 称为导纳；

$\theta = \arctan \dfrac{B}{G}$ 称为导纳角。

（8）功率及功率因数。

有功功率　　$P = UI\cos\varphi = U_R I = I^2 R$

无功功率　　$Q = UI\sin\varphi = U_X I = I^2 X$

视在功率　　$S = UI$

功率因数　　$\lambda = \cos\varphi$

（9）在 RLC 正弦交流电路中，当阻抗角 $\varphi = 0$ 时，电路中感抗和容抗相等，电路呈现纯电阻性，其总电压与总电流同相，这种现象称为谐振。谐振现象发生在 RLC 串联电路中的，称为串联谐振；发生在电感与电容的并联电路中的，称为并联谐振。发生谐振时，电路中将出现较大的电压或电流。串、并联谐振条件为

$$\omega = \omega_0 = \frac{1}{\sqrt{LC}} \text{ 或 } f = f_0 = \frac{1}{2\pi\sqrt{LC}}$$

习　题　3

3-1　已知电压 $u_1 = 220\sqrt{2}\cos(314t + 120°)\text{V}$，$u_2 = 220\sqrt{2}\sin(314t - 30°)\text{V}$

（1）确定它们的有效值、频率和周期，并画出其波形；

（2）写出它们的相位和初相位，求出它们的相位差，并画出相量图。

3-2　已知某一支路的电压和电流在关联参考方向下分别为

$$u(t) = 311.1\sin(314t + 30°)\text{ V}$$
$$i(t) = 14.1\cos(314t - 120°)\text{ A}$$

（1）确定它们的周期、频率与有效值；

（2）画出它们的波形，求其相位差，并说明超前与滞后关系。

3-3　已知两个正弦电压分别为

$$u_1 = 220\sqrt{2}\sin(314t + 120°)\text{V}$$

$$u_2 = 220\sqrt{2}\sin(\omega t + 150°)\text{V}$$

试分别用相量作图法和复数计算法求 $\dot{U}_1 + \dot{U}_2$ 和 $\dot{U}_1 - \dot{U}_2$。

3-4　并联正弦交流电路如图 3-38 所示，已知电流表 A_1 的读数为 5A，A_2 为 20A，A_3 为 25A。

（1）图中 A 的读数是多少？

（2）如果维持第一只表 A_1 读数不变，而把电路的频率提高一倍，再求其他表的读数。

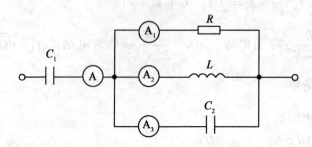

图 3-38 习题 3-4 的电路图

3-5 如图 3-39 所示电路，已知电流表 A_1、A_2 的读数均为 20A，求电路中电流表 A 的读数。

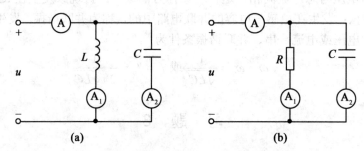

(a)   (b)

图 3-39 习题 3-5 的电路图

3-6 在 R、L、C 串联电路中，已知 $R = 30\Omega$，$L = 40\text{mH}$，$C = 100\mu\text{F}$，$\omega = 1000\text{rad/s}$，

$\dot{U}_L = 10\angle 0° \text{V}$，试求：

（1）电路的阻抗 Z；

（2）电流 $\dot{I}$ 和电压 $\dot{U}_R$、$\dot{U}_L$、$\dot{U}_C$ 及 $\dot{U}$；

（3）画出电压和电流相量图。

3-7 在 R、L、C 串联电路中，已知 $R = 10\Omega$，$X_L = 15\Omega$，$X_C = 5\Omega$，电流 $I = 2\angle 30° \text{A}$，

试求：

（1）总电压 $\dot{U}$；

（2）功率因数 $\cos\varphi$；

（3）该电路的功率 P、Q、S。

3-8 在一个电压为 380V，频率为 50Hz 的电源上，接有一个 $P=300\text{kW}$、$\cos\varphi = 0.65$ 的感性负载，现需将功率因数提高到 0.9，试问应并联多大的电容？

3-9 一个串联谐振电路的特性阻抗 $\rho = 100\Omega$，谐振时 $\omega_0 = 1000\text{rad/s}$，试求电路元件的参数 L 和 C。

3-10 如图 3-40 所示电路为测量线圈参数常用的实验线路，已知电源频率为 50Hz，电压表读数为 100V，电流表读数为 5A，功率表读数为 400W，根据上述数据计算线圈的电阻和电感。

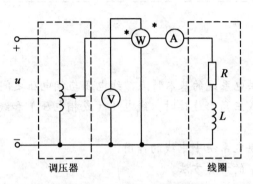

图 3-40 习题 3-10 的电路图

3-11 电路如图 3-41 所示，已知阻抗 Z_1 的吸收功率 $P_1 = 200\text{W}$，功率因数 $\cos\varphi_1 = 0.83$（容性）；Z_2 的吸收功率 $P_2 = 180\text{W}$，功率因数 $\cos\varphi_2 = 0.5$（感性）；Z_3 的吸收功率 $P_3 = 200\text{W}$，功率因数 $\cos\varphi_3 = 0.7$（感性），电源电压 $U = 200\text{V}$，频率 $f = 50\text{Hz}$。求：

（1）总电流 I。

（2）电路总功率因数 $\cos\varphi$。

（3）欲使整个电路功率因数提高到 0.95，应该采用什么办法？并联电容是否可以？如果可以，试求该电容 C 的值。

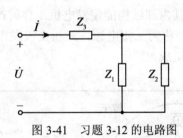

图 3-41 习题 3-12 的电路图

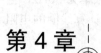

第4章 三相正弦交流电路

学习目标

1. 掌握三相四线制供电系统的基本特点，线电压与相电压之间的关系。

2. 掌握负载作星形或三角形连接时，线电压（或相电压）和线电流（或相电流）等的计算方法。

3. 了解三相四线制供电系统中中线的作用。

4. 了解三相电路功率的计算方法。

三相制供电在很多方面比单相供电优越，相同体积的三相发电机的容量要比单相发电机大，输送相同大小的功率，三相输电比单相输电节省材料，而且，三相交流电动机比单相电动机结构简单，体积小，运行特性好。所以，三相制是目前世界上最主要的发电、输电和供电方式。

4.1 三相电源

4.1.1 三相发电机的结构原理

三相发电机有三个绕组，其内部结构能使发电机工作时产生三个幅值相等、频率相同、相位彼此相差 120° 的电动势，称为三相电源。三相交流发电机的结构原理如图 4-1 所示，它主要由电枢和磁极两大部分组成。

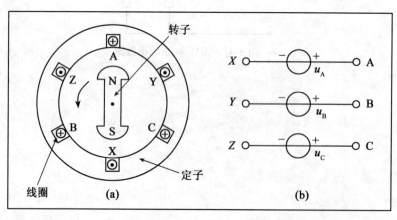

图 4-1 三相交流发电机的原理

电枢是固定的，亦称定子。定子铁芯的内圆周表面冲有槽，用以放置三相电枢绕组。每相绕组结构相同，它们的始端（头）标以 A、B、C，末端（尾）标以 X、Y、Z。每个绕组的两边放置在相应的定子铁芯的槽内，但要求绕组的始端之间或末端之间都彼此相隔 120°。

磁极是转动的，亦称转子。转子的励磁绕组通入直流电流，产生接近于正弦分布的磁场（称转子磁场），其有效励磁磁通与静止的电枢绕组相交链。当转子匀速旋转时，转子磁场随同一起旋转，每转一周，磁力线顺序切割定子的每相绕组，在其中感应出频率相同、幅值相等的三相正弦交流电动势 e_A、e_B 和 e_C。选定电动势的参考方向为自绕组的末端指向始端。

由图 4-1 可见，当 N 极的轴线正转到 A 处时，A 相的电动势达到正的幅值；经过 120°后 N 极轴线转到 B 处，B 相的电动势达到正的幅值；同理，再由此经过 120°后，C 相的电动势达到正的幅值，就这样周而复始。所以 e_A 比 e_B 在相位上超前 120°，e_B 比 e_C 在相位上超前 120°，而 e_C 又比 e_A 在相位上超前 120°，在三相定子绕组内感应出频率相同、幅值相等的三相正弦交流电动势 e_A、e_B 和 e_C。

4.1.2　三相电源电压

如果将三相定子绕组的端子接出，即可得到幅值相等、角频率相同，而初相位彼此相差120°的三个正弦电压，这三个正弦电压称为对称三相电压。若以 u_A 为参考正弦量，则它们的瞬时值表达式分别为

$$\left.\begin{array}{l} u_A = U_m \sin\omega t \\ u_B = U_m \sin(\omega t -120°) \\ u_C = U_m \sin(\omega t -240°) = U_m \sin(\omega t +120°) \end{array}\right\} \qquad (4\text{-}1)$$

式中 ω 为正弦交流电压变化的角频率，U_m 为相电压的幅值。它们的波形如图 4-2（a）所示。将三相电压用有效值相量表示为

$$\left.\begin{array}{l} \dot{U}_A = U\angle 0° \\ \dot{U}_B = U\angle -120° \\ \dot{U}_C = U\angle -240° = U\angle 120° \end{array}\right\} \qquad (4\text{-}2)$$

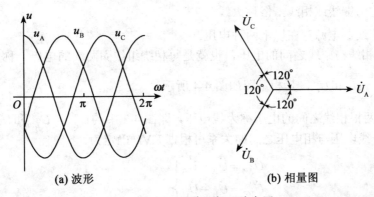

(a) 波形　　　(b) 相量图

图 4-2　对称三相正弦电压

它们的相量图如图 4-2（b）所示。从相量图容易看出

$$\dot{U}_A + \dot{U}_B + \dot{U}_C = 0 \qquad (4\text{-}3)$$

所以，三相对称电压的瞬时值之和为零，即

$$u_A + u_B + u_C = 0 \qquad\qquad (4\text{-}4)$$

相电压到达同一数值的先后顺序是决定三相电压属性的一个重要特性，称为相序。图 4-2 中，三相电压到达最大值的先后次序为 $A \rightarrow B \rightarrow C \rightarrow A$。这样的相序称为正序，否则为逆序。在电力系统中一般用黄、绿、红三种颜色区别 A、B、C 三相。

4.1.3 三相电源的连接方式

三相电源的连接方式有星形接法和三角形接法两种。由于星形接法较为普遍，这里只介绍星形接法，如图 4-3 所示。图中忽略了定子绕组（线圈）的直流电阻，每个绕组线圈上感应的正弦交流电压用理想的交流电压源模型表示。星形接法的特点是将 3 个绕组线圈的末端连接在一起，成为一个公共端 N。从公共端和 3 个定子绕组线圈的首端各向外引出 4 根输电线的供电方式称为三相四线制。有时只从 3 个定子绕组线圈的首端引出 3 根输电线向外供电，这种供电方式称为三相三线制。

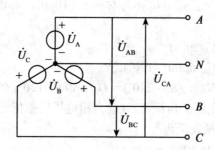

图 4-3　三相电源的星形接法

在星形接法中，从公共端 N 引出的一根导线，称为中线或零线。从各相绕组首端引出的 3 根输电线称为端线或相线，俗称火线。

这种三相四线制电源存在以下两种电压：

（1）每根相线与中线之间的电压，也就是每相绕组线圈两端的电压，称为相电压，即图 4-3 中的 $\dot{U}_A$、$\dot{U}_B$ 和 $\dot{U}_C$，其相量图如图 4-4 所示。

（2）任意两根相线之间的电压称为线电压，即图 4-3 中的 $\dot{U}_{AB}$、$\dot{U}_{BC}$ 和 $\dot{U}_{CA}$，其相量图如图 4-4 所示。线电压与相电压之间的关系可根据 KVL 确定为

$$\left.\begin{array}{l} \dot{U}_{AB} = \dot{U}_A - \dot{U}_B \\ \dot{U}_{BC} = \dot{U}_B - \dot{U}_C \\ \dot{U}_{CA} = \dot{U}_C - \dot{U}_A \end{array}\right\} \qquad\qquad (4\text{-}5)$$

根据图 4-4，可求出 3 个线电压分别为

$$\left.\begin{array}{l} \dot{U}_{AB} = 2\dot{U}_{A}\cos 30° \angle 30° \\ \qquad = \sqrt{3}\dot{U}_{A} \angle 30° \\ \dot{U}_{BC} = \sqrt{3}\dot{U}_{B} \angle 30° \\ \dot{U}_{CA} = \sqrt{3}\dot{U}_{C} \angle 30° \end{array}\right\} \qquad (4\text{-}6)$$

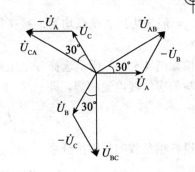

由式（4-4）可知三相电源进行星形连接时，线电压的大小是相电压的 $\sqrt{3}$ 倍，线电压的相位超前相应的相电压 30º。若用 U_l 表示线电压的有效值，用 U_p 表示相电压的有效值，则有

图 4-4　三相电源星形连接时的相量图

$$U_l = \sqrt{3}U_p \qquad (4\text{-}7)$$

工农业生产、生活中常用的线电压为 380V，相电压则为 220V。

4.2　三相负载的连接

三相电路中负载的连接方法有两种——星形连接和三角形连接。

4.2.1　三相负载的星形连接

在如图 4-5 所示的电路中，三相电源绕组和三相负载都采用星形连接。如果忽略相线和中线上的阻抗压降，每相负载所加电压等于电源相应的相电压，即

$$\dot{U}_{a} = \dot{U}_{A}，\ \dot{U}_{b} = \dot{U}_{B}，\dot{U}_{c} = \dot{U}_{C} \qquad (4\text{-}8)$$

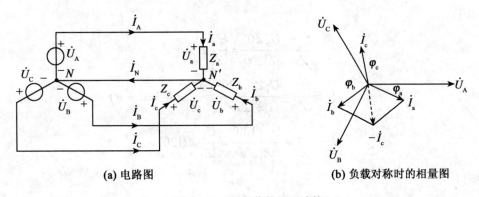

(a) 电路图　　　　　　　　　　　　**(b) 负载对称时的相量图**

图 4-5　三相负载的星形连接

我们把负载每相的电压称为相电压，如图 4-5（a）中的 $\dot{U}_a$、$\dot{U}_b$ 和 $\dot{U}_c$；每相的电流称为相电流，如图 4-5（a）中的 $\dot{I}_a$、$\dot{I}_b$ 和 $\dot{I}_c$；每根相线上的电流称为线电流，如图 4-5（a）中的 $\dot{I}_A$、$\dot{I}_B$ 和 $\dot{I}_C$。如果负载接在两条相线之间，这时负载所加电压称为线电压。在三相四线

制中,一般努力地将负载均衡地接在每相上,三相电路的计算可以等同单相电路,一相一相地进行计算。

按如图 4-5(a)所示选择各电压和电流的参考方向。显然,当负载采用星形连接时,相电流与相应的线电流相等,即

$$\dot{I}_a = \dot{I}_A , \quad \dot{I}_b = \dot{I}_B , \quad \dot{I}_c = \dot{I}_C \tag{4-9}$$

设各相负载的复阻抗分别为

$$\left.\begin{aligned} Z_a &= R_a + jX_a = |Z_a| \angle \varphi_a \\ Z_b &= R_b + jX_b = |Z_b| \angle \varphi_b \\ Z_c &= R_c + jX_c = |Z_c| \angle \varphi_c \end{aligned}\right\} \tag{4-10}$$

则每相负载中的电流根据相量形式的欧姆定律可分别求出,为

$$\dot{I}_a = \frac{\dot{U}_a}{Z_a} = \frac{\dot{U}_A}{Z_a} , \quad \dot{I}_b = \frac{\dot{U}_b}{Z_b} = \frac{\dot{U}_B}{Z_b} , \quad \dot{I}_a = \frac{\dot{U}_c}{Z_c} = \frac{\dot{U}_C}{Z_c} \tag{4-11}$$

根据 KCL,可求出中线电流,即

$$\dot{I}_N = \dot{I}_A + \dot{I}_B + \dot{I}_C = \dot{I}_a + \dot{I}_b + \dot{I}_c \tag{4-12}$$

若每相负载的复阻抗相同,则称为三相对称负载。这时

$$Z_a = Z_b = Z_c = Z = R + jX = |Z| \angle \varphi \tag{4-13}$$

式中 $|Z| = \sqrt{R^2 + X^2}$ 为每相负载的阻抗值,$\varphi = \arctan \dfrac{X}{R}$ 为其阻抗角。

由于

$$\dot{I}_a = \frac{\dot{U}_a}{Z} = \frac{U_p \angle 0°}{|Z| \angle \varphi} = \frac{U_p}{|Z|} \angle -\varphi$$

$$\dot{I}_b = \frac{\dot{U}_b}{Z} = \frac{U_p \angle -120°}{|Z| \angle \varphi} = \frac{U_p}{|Z|} \angle (-120° - \varphi)$$

$$\dot{I}_c = \frac{\dot{U}_c}{Z} = \frac{U_p \angle 120°}{|Z| \angle \varphi} = \frac{U_p}{|Z|} \angle (120° - \varphi)$$

所以

$$I_a = I_b = I_c = \frac{U_P}{|Z|} = \frac{U_l}{\sqrt{3}|Z|} \tag{4-14}$$

从以上分析可知,三相对称负载各相电流大小相等,各相电压与相应的相电流之间的相位差都等于阻抗角 φ。其相量图如图 4-5(b)所示。实际上

$$\dot{I}_A + \dot{I}_B + \dot{I}_C = \frac{U_p}{|Z|} \angle -\varphi + \frac{U_p}{|Z|} \angle (-120° - \varphi) + \frac{U_p}{|Z|} \angle (120° - \varphi) = 0$$

亦即

$$\dot{I}_A + \dot{I}_B + \dot{I}_C = 0 \tag{4-15}$$

所以，三相对称负载作星形连接时，中线上的电流为零，这时省去中线不用也不会影响电路的正常工作。去掉中线后的电路就是我们前面提到的三相三线制电路。

当然，如果三相负载不对称，则各相电流的大小不相等，相位差也不一定是120°，中线电流也不为零，此时就不能省去中线，则会影响电路的正常工作，甚至造成事故。所以三相四线制中除尽量使负载平衡运行之外，中线上不准安装保险熔丝和开关。

例 4-1　在如图 4-6 所示的电路中，已知电源为三相对称电源。设电源线电压 $u_{AB} = 380\sqrt{2}\sin(314t + 30°)\text{V}$，负载为电灯组。

（1）若 $R_A = R_B = R_C = 5\Omega$，求线电流及中性线电流 I_N。

（2）若 $R_A = 5\Omega$，$R_B = 10\Omega$，$R_C = 20\Omega$，求线电流及中性线电流 I_N。

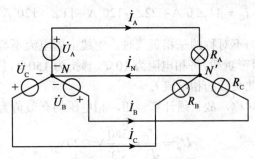

图 4-6　例 4-1 的电路图

解：　由于 $\dot{U}_{AB} = 380\angle30°\text{V}$，所以

$$\dot{U}_A = \frac{\dot{U}_{AB}}{\sqrt{3}\angle30°} = \frac{380\angle30°}{\sqrt{3}\angle30°} = 220\angle0°\text{V}$$

$$\dot{U}_B = 220\angle-120°\text{V}$$

$$\dot{U}_C = 220\angle120°\text{V}$$

（1）线电流

$$\dot{I}_A = \frac{\dot{U}_A}{R_A} = \frac{220\angle0°}{5}\text{A} = 44\angle0°\text{A}$$

$$\dot{I}_B = \frac{\dot{U}_B}{R_B} = \frac{220\angle-120°}{5}\text{A} = 44\angle-120°\text{A}$$

$$\dot{I}_C = \frac{\dot{U}_C}{R_C} = \frac{220\angle120°}{5}\text{A} = 44\angle120°\text{A}$$

所以，中性线电流

$$\dot{I}_N = \dot{I}_A + \dot{I}_B + \dot{I}_C = 44\angle 0°A + 44\angle -120°A + 44\angle 120°A = 0A$$

（2）线电流

$$\dot{I}_A = \frac{\dot{U}_A}{R_A} = \frac{220\angle 0°}{5}A = 44\angle 0°A$$

$$\dot{I}_B = \frac{\dot{U}_B}{R_B} = \frac{220\angle -120°}{10}A = 22\angle -120°A$$

$$\dot{I}_C = \frac{\dot{U}_C}{R_C} = \frac{220\angle 120°}{20}A = 11\angle 120°A$$

中性线电流

$$\dot{I}_N = \dot{I}_A + \dot{I}_B + \dot{I}_C = 44\angle 0°A + 22\angle -120°A + 11\angle +120°A = 29\angle -19°A$$

可见，当三相负载为不对称的三相负载时，中线上的电流不等于零。

例 4-2 一组对称星形负载，每相电阻为 10Ω，感抗为 150Ω，接入线电压有效值为 380V 的对称三相电源中，求此负载的相电流 I_p。

解： 由于三相负载对称，故只须计算一相，相电压的有效值为

$$U_p = \frac{U_l}{\sqrt{3}} = \frac{380}{\sqrt{3}}V = 220V$$

相电流的有效值为

$$I_p = \frac{U_p}{|Z|} = \frac{U_p}{\sqrt{R^2 + X_L^2}} = \frac{220}{\sqrt{10^2 + 150^2}}A = 1.46A$$

4.2.2 三相负载的三角形连接

当单相负载的额定电压等于线电压时，负载就应接于两相线之间。当三个单相负载分别接于 A、B 间，B、C 间和 C、A 间时就构成了三相三角形负载，如图 4-7（a）所示。

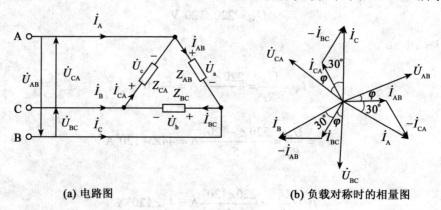

(a) 电路图　　　　　　　　　(b) 负载对称时的相量图

图 4-7　三相负载的三角形连接

从图 4-7（a）可以看出，各相负载实际上是接在电源的两相线之间，所以负载上所加电压等于电源的线电压。由于通常电源的线电压是对称的，所以，不论负载是否对称，负载上的电压 $\dot{U}_a$、$\dot{U}_b$ 和 $\dot{U}_c$ 总是对称的，它们应等于电源相应的线电压。按如图 4-7（a）所示选定各电压和电流的参考方向。有

$$\dot{U}_a = \dot{U}_{AB}, \ \dot{U}_b = \dot{U}_{BC}, \ \dot{U}_c = \dot{U}_{CA} \tag{4-16}$$

可见，负载三角形连接时，电路的计算也等同于单相电路，可一相一相地进行计算。

设各相负载的复阻抗分别为

$$\left.\begin{array}{l} Z_{AB} = R_{AB} + jX_{AB} = |Z_{AB}| \angle \varphi_{AB} \\ Z_{BC} = R_{BC} + jX_{BC} = |Z_{BC}| \angle \varphi_{BC} \\ Z_{CA} = R_{CA} + jX_{CA} = |Z_{CA}| \angle \varphi_{CA} \end{array}\right\} \tag{4-17}$$

则每相负载中的电流为

$$\dot{I}_{AB} = \frac{\dot{U}_{AB}}{Z_{AB}} = \frac{\dot{U}_a}{Z_{AB}}, \ \dot{I}_{BC} = \frac{\dot{U}_{BC}}{Z_{BC}} = \frac{\dot{U}_b}{Z_{AB}}, \ \dot{I}_{CA} = \frac{\dot{U}_{CA}}{Z_{CA}} = \frac{\dot{U}_c}{Z_{AB}} \tag{4-18}$$

根据 KCL，可求得线电流为

$$\left.\begin{array}{l} \dot{I}_A = \dot{I}_{AB} - \dot{I}_{CA} \\ \dot{I}_B = \dot{I}_{BC} - \dot{I}_{AB} \\ \dot{I}_C = \dot{I}_{CA} - \dot{I}_{BC} \end{array}\right\} \tag{4-19}$$

若三相负载对称，即

$$Z_{AB} = Z_{BC} = Z_{CA} = Z = R + jX = |Z| \angle \varphi \tag{4-20}$$

式中 $|Z| = \sqrt{R^2 + X^2}$ 为每相负载的阻抗值，$\varphi = \arctan\dfrac{X}{R}$ 为其阻抗角。

则

$$\left.\begin{array}{l} \dot{I}_{AB} = \dfrac{\dot{U}_{AB}}{Z} = \dfrac{U_l \angle 0°}{|Z| \angle \varphi} = \dfrac{U_l}{|Z|} \angle - \varphi \\[2mm] \dot{I}_{BC} = \dfrac{\dot{U}_{BC}}{Z} = \dfrac{U_l \angle -120°}{|Z| \angle \varphi} = \dfrac{U_l}{|Z|} \angle (-120° - \varphi) \\[2mm] \dot{I}_{CA} = \dfrac{\dot{U}_{CA}}{Z} = \dfrac{U_l \angle 120°}{|Z| \angle \varphi} = \dfrac{U_l}{|Z|} \angle (120° - \varphi) \end{array}\right\} \tag{4-21}$$

画出线电流和相电流的相量图如图 4-7（b）所示。从相量图可知

$$\left.\begin{array}{l} I_A = 2I_{AB} \cos 30° = \sqrt{3} I_{AB} \\ I_B = 2I_{BC} \cos 30° = \sqrt{3} I_{BC} \\ I_C = 2I_{CA} \cos 30° = \sqrt{3} I_{CA} \end{array}\right\} \tag{4-22}$$

一般可写成

高等院校计算机系列教材

$$I_l = \sqrt{3}I_p \qquad (4\text{-}23)$$

即负载对称时，线电流是相电流的 $\sqrt{3}$ 倍，且各线电流滞后于相应的相电流 30°，故 3 个线电流也是对称的。用相量表示为

$$\left.\begin{aligned}\dot{I}_A &= \dot{I}_{AB} - \dot{I}_{CA} = \sqrt{3}I_{AB}\angle -30° \\ \dot{I}_B &= \dot{I}_{BC} - \dot{I}_{AB} = \sqrt{3}I_{BC}\angle -30° \\ \dot{I}_C &= \dot{I}_{CA} - \dot{I}_{BC} = \sqrt{3}I_{CA}\angle -30°\end{aligned}\right\} \qquad (4\text{-}24)$$

如果三相负载作不对称连接，则相电流和线电流均不对称，此时 $I_l \neq \sqrt{3}I_p$。

例 4-3　一组对称三角形负载，每相复阻抗为 $Z = 9\mathrm{e}^{j30°}\,\Omega$。如果把它接入到线电压为 127V 的对称三相电源上去，求各线电流和相电流。

解：取 A、B 间线电压为参考相量，即

$$\dot{U}_{AB} = 127\mathrm{e}^{j0°}\,\mathrm{V}$$

则对应相负载的电流为

$$\dot{I}_{AB} = \frac{\dot{U}_{AB}}{Z} = \frac{127\mathrm{e}^{j0°}}{9\mathrm{e}^{j30°}}\,A = 14 \cdot 1\mathrm{e}^{-j30°}\,A$$

根据对称关系，可列出其他两相的相电流

$$\dot{I}_{BC} = \dot{I}_{AB}\mathrm{e}^{-j120°} = 14 \cdot 1\mathrm{e}^{-j150°}\,A$$

$$\dot{I}_{CA} = \dot{I}_{AB}\mathrm{e}^{j120°} = 14 \cdot 1\mathrm{e}^{j90°}\,A$$

根据三角形对称负载线电流与相电流之间的关系式，可得线电流

$$\dot{I}_A = \sqrt{3}\dot{I}_{AB}\mathrm{e}^{-j30°} = \sqrt{3}\,14 \cdot 1\mathrm{e}^{-j30°}\,\mathrm{e}^{-j30°}\,A = 24 \cdot 4\mathrm{e}^{-j60°}\,A$$

根据对称关系，可列出另外两个线电流为

$$\dot{I}_B = \sqrt{3}\dot{I}_{BC}\mathrm{e}^{-j30°} = 24 \cdot 4\mathrm{e}^{-j180°}\,A$$

$$\dot{I}_C = \sqrt{3}\dot{I}_{CA}\mathrm{e}^{-j30°} = 24 \cdot 4\mathrm{e}^{j60°}\,A$$

4.3　三相电路的功率

在三相电路中，三相负载在电源作用下分别做功或进行能量的转换。显然，三相负载转换的总能量应等于各相负载转换能量之和，三相总功率（包括有功功率、无功功率和视在功率）应等于各相负载功率之和，与负载的接法及负载是否对称无关。即

$$\left.\begin{aligned}P &= P_A + P_B + P_C \\ Q &= Q_A + Q_B + Q_C \\ S &= S_A + S_B + S_C\end{aligned}\right\} \qquad (4\text{-}25)$$

当三相负载对称时，各相负载功率相等，三相总功率应等于单相负载功率的 3 倍。假设

单相负载功率因数为 $\cos\varphi$，相电压为 U_P，相电流为 I_P，则三相总功率可表示为

$$\left.\begin{aligned} P &= 3P_\mathrm{p} = 3U_\mathrm{p}I_\mathrm{p}\cos\varphi \\ Q &= 3Q_\mathrm{p} = 3U_\mathrm{p}I_\mathrm{p}\sin\varphi \\ S &= 3S_\mathrm{p} = 3U_\mathrm{p}I_\mathrm{p} \text{或} S = \sqrt{P^2 + Q^2} \end{aligned}\right\} \tag{4-26}$$

由于相电压和相电流不便于测量，因此，三相电路总功率计算是通过测量线电压和线电流来实现的。当负载采用星形接法时

$$U_\mathrm{p} = \frac{U_l}{\sqrt{3}}, \quad I_\mathrm{p} = I_l$$

而作三角形连接时

$$U_\mathrm{p} = U_l, \quad I_\mathrm{p} = \frac{I_l}{\sqrt{3}}$$

因此，不论负载是作星形连接还是三角形连接，三相总功率可用统一的公式来进行计算，即

$$\left.\begin{aligned} P &= 3P_\mathrm{p} = 3U_\mathrm{p}I_\mathrm{p}\cos\varphi = \sqrt{3}U_l I_l\cos\varphi \\ Q &= 3Q_\mathrm{p} = 3U_\mathrm{p}I_\mathrm{p}\sin\varphi = \sqrt{3}U_l I_l\sin\varphi \\ S &= 3S_\mathrm{p} = 3U_\mathrm{p}I_\mathrm{p} = \sqrt{3}U_l I_l \end{aligned}\right\} \tag{4-27}$$

应该注意的是，若三相负载不对称，则各相功率不相同，每相功率应单独计算，然后将它们加起来得到三相总功率。

例 4-4 如图 4-8 所示的三相对称负载，每相负载的电阻 $R = 6\,\Omega$，感抗 $X_\mathrm{L} = 8\,\Omega$，接入 380V 的三相三线制电源。试比较 Y 形和三角形连接时三相负载总的有功功率。

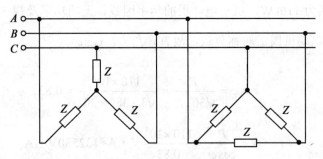

图 4-8 例 4-4 的电路图

解： 各相负载的阻抗为

$$|Z| = \sqrt{R^2 + X_\mathrm{L}} = \sqrt{6^2 + 8^2}\,\Omega = 10\,\Omega$$

（1）采用星形连接时，相电压为

$$U_\mathrm{p} = \frac{U_L}{\sqrt{3}} = \frac{380}{\sqrt{3}}\mathrm{V} = 220\mathrm{V}$$

由于线电流等于相电流，所以

$$I_L = I_\mathrm{p} = \frac{U_\mathrm{p}}{|Z|} = \frac{220}{10}\mathrm{A} = 22\mathrm{A}$$

负载的功率因数为

$$\cos\varphi = \frac{R}{|Z|} = \frac{6}{10} = 0.6$$

故星形连接时三相总有功功率为

$$P_Y = \sqrt{3}U_L I_L \cos\varphi = \sqrt{3} \times 380 \times 22 \times 0.6\mathrm{W} = 8700\mathrm{W} = 8.7\mathrm{kW}$$

（2）改为三角形连接时，相电压为

$$U_\mathrm{p} = U_L = 380\mathrm{V}$$

所以，负载上的相电流为

$$I_\mathrm{p} = \frac{U_\mathrm{p}}{|Z|} = \frac{380}{10}\mathrm{A} = 38\mathrm{A}$$

线电流

$$I_L = \sqrt{3}I_\mathrm{p} = \sqrt{3} \times 38\mathrm{A} = 66\mathrm{A}$$

所以，三角形连接时三相总有功功率为

$$P_\triangle = \sqrt{3}U_L I_L \cos\varphi = \sqrt{3} \times 380 \times 66 \times 0.6\mathrm{W} = 26.1\mathrm{kW}$$

可见 $P_\triangle = 3P_Y$。

例 4-5 一台三相异步电动机接于线电压为 380V 的对称三相电源上运行，测得线电流为 202A，输入功率为 110kW，试求电动机的功率因数、无功功率及视在功率。

解： 三相异步电动机属于对称负载，故 $P = \sqrt{3}U_L I_L \cos\varphi$。

$$\cos\varphi = \frac{P}{\sqrt{3}U_L I_L} = \frac{110 \times 10^3}{\sqrt{3} \times 380 \times 202} = 0.83$$

$$S = \frac{P}{\cos\varphi} = \frac{110 \times 10^3}{0.83}\mathrm{V\cdot A} = 132530\mathrm{V\cdot A}$$

$$Q = S\sin\varphi = 132530\sqrt{1 - 0.83^2}\mathrm{var} = 73920\mathrm{var}$$

例 4-6 一对称三相星形负载，已知每相阻抗为 $Z = 31+\mathrm{j}22\Omega$，电源线电压为 380V，求三相交流电路的有功功率、无功功率、视在功率和功率因数。

解： 已知 $U_l = 380\mathrm{V}$，$Z = 31+\mathrm{j}22\Omega$，所以

$$U_\mathrm{P} = 220\mathrm{V}, \quad |Z| = \sqrt{31^2 + 22^2}\,\Omega \approx 38\Omega$$

$$I_\mathrm{P} = \frac{U_\mathrm{P}}{|Z|} = \frac{220}{38}\mathrm{A} \approx 5.79\mathrm{A}$$

功率因数

$$\cos\varphi = \frac{R}{|Z|} = \frac{31}{38} \approx 0.816$$

有功功率

$$P = 3U_\mathrm{P}I_\mathrm{P}\cos\varphi = 3 \times 220 \times 5.79 \times 0.816\mathrm{W} \approx 3118\mathrm{W}$$

无功功率

$$Q = 3U_\mathrm{P}I_\mathrm{P}\sin\varphi = 3 \times 220 \times 5.79 \times \sqrt{1 - 0.816^2}\,\mathrm{var} \approx 2216\mathrm{var}$$

视在功率

$$S = 3U_\mathrm{P}I_\mathrm{P} = 3 \times 220 \times 5.79 = \mathrm{V \cdot A} = 3821\mathrm{V \cdot A}$$

本 章 小 结

（1）三相电源一般可提供两组对称的三相电压，一组为线电压，另一组为相电压。三相对称电压指的是频率相同，幅值相同，相位互差120°的三个正弦电压。

（2）三相负载应根据电源电压和负载的额定电压确定连接方式，分星形连接和三角形连接两种方式。负载采用星形接法可构成三相四线制（有中线）和三相三线制（无中线）电路。

①当对称负载作星形连接时，线电压（或线电流）与相电压（或相电流）的关系是：线电压的大小等于相电压的 $\sqrt{3}$ 倍，且线电压的相位超前相应的相电压30°；线电流与相电流相等。

②当对称负载作三角形连接时，线电压（或线电流）与相电压（或相电流）的关系是：线电流的大小等于相电流的 $\sqrt{3}$ 倍，且线电流在相位上滞后于相应相电流30°；线电压与相电压相等。

（3）不论三相负载是采用星形连接还是三角形连接，只要负载对称，三相功率的计算公式均相同，为

$$\left.\begin{aligned}P &= 3P_\mathrm{p} = 3U_\mathrm{p}I_\mathrm{p}\cos\varphi = \sqrt{3}U_lI_l\cos\varphi\\Q &= 3Q_\mathrm{p} = 3U_\mathrm{p}I_\mathrm{p}\sin\varphi = \sqrt{3}U_lI_l\sin\varphi\\S &= 3S_\mathrm{p} = 3U_\mathrm{p}I_\mathrm{p} = \sqrt{3}U_lI_l\end{aligned}\right\}$$

（4）在三相四线制供电系统中，只要电源的线电压是对称的，则无论负载是否对称，加在三相负载上的相电压也是对称的；

当三相负载作三角形连接时，只要电源的线电压对称，则不管负载是否对称，加在三相负载上的相电压也是对称的。

（5）无论负载是作星形连接还是三角形连接，电路的计算方法均等同于单相电路，可一相一相地进行计算。

习 题 4

4-1 填空题

1. 三个电动势的_____相等，_____相同，_____互差120°，就称为对称三相电动势。

2. 对称三相正弦量（包括对称三相电动势，对称三相电压、对称三相电流）的瞬时值

之和等于_____。

3. 二相电压到达振幅值（或零值）的先后次序称为_____。

4. 三相电压的相序为 A-B-C 的称为_____相序。

5. 对称三相电源，设 B 相的相电压$\dot{U}_B$=220∠90° V，则 A 相电压$\dot{U}_A$=_____，C 相电压$\dot{U}_C$=_____。

6. 对称三相电源，设 A 相电压为u_A=220$\sqrt{2}$ sin314tV，则 B 相电压为u_B=_____，C 相电压为u_C=_____。

7. 对称三相电源星形连接，若线电压u_{AB}=380$\sqrt{2}$ sin(ωt+30°)V，则线电压u_{BC}=_____，u_{CA}=_____；相电压u_A=_____，u_B=_____，u_C=_____，$\dot{U}_A$=_____，$\dot{U}_B$=_____，$\dot{U}_C$=_____。

8. 对称三相电源三角形连接，若 A 相电压$\dot{U}_A$=220∠0° V，则相电压$\dot{U}_B$=_____，$\dot{U}_C$=_____，线电压$\dot{U}_{AB}$=_____，$\dot{U}_{BC}$=_____，$\dot{U}_{CA}$=_____。

9. 三相电路中，对称三相电源一般连接成星形或_____两种特定的方式。

10. 三相四线制供电系统中可以获得两种电压，即_____和_____。

11. 三相电源端线间的电压叫_____，电源每相绕组两端的电压称为电源的_____。

12. 在三相电源中，流过端线的电流称为_____，流过电源每相的电流称为_____。

13. 流过三相发电机每相绕组内的电流叫电源的_____电流，它的参考方向为自绕组的相尾指向绕组的_____。

14. 对称三相电源为星形连接，端线与中性线之间的电压叫_____。

15. 对称三相电源为星形连接，线电压$\dot{U}_{AB}$与相电压$\dot{U}_A$之间的关系表达式为_____。

16. 对称三相电源为三角形连接，线电流$\dot{I}_A$与相电流$\dot{I}_{AB}$之间的关系表达式为_____。

17. 有一台三相发电机，其三相绕组接成星形时，测得各线电压均为 380V，则当其改接成三角形时，各线电压的值为_____。

18. 对称三相电源 A 相电压$u_A = U_m \sin\left(\omega t - \dfrac{\pi}{2}\right)$V，则星形连接时，线电压$u_{CA}$=_____。

19. 若在三角形接法的发电机中，相电流$\dot{I}_{BA}$=1A，$\dot{I}_{CB}$=1∠-120° A，$\dot{I}_{AC}$=1∠120° A，则线电流$\dot{I}_A$=_____，$\dot{I}_B$=_____，$\dot{I}_C$=_____。

20. 在对称三相电路中，φ 为每相负载的阻抗角。若已知相电压为U_P、相电流为I_P，则三相总的有功功率 P=_____；若已知负载的线电压为U_l、线电流 I_l，则 P 的表达式为P=_____。

4-2 已知一对称三相交流电源，其 A 相电压为u_A =220$\sqrt{2}$ sin(ωt+30°)V，根据习惯相序写出其他两相电压的瞬时值表达式及三相电源的相量式，并画出波形图及相量图。

4-3 某三相交流发电机频率 f=50Hz，相电动势有效值 E=220V，求其瞬时值表达式及相量表达式。

4-4 在三层楼房中单相照明电灯均接在三相四线制上，每一层为一相，每相装有 220V，40W 的电灯 20 只，电源为对称三层电源，其线电压为 380V，求：

（1）当灯泡全部点亮时的各相电流、线电流及中性线电流。

（2）当 A 相灯泡半数点亮而 B、C 两相灯泡全部点亮时，各相电流、线电流及中性线电流。

（3）当中性线断开时，在上述两种情况下个相负载的电压为多少？并由此说明中性线作用。

4-5 三个相等的复阻抗 $Z_D = (40+j30)$ Ω，连成三角形后接到三相电源上，求总的三相功率。

（1）电源为三角形连接，线电压为 220V；

（2）电源为星形连接，其相电压为 220V。

4-6 线电压为 380V，f=50Hz 的三相电源，其负载为一台三相电动机，每相绕组的额定电压为 380V，连成三角形运行时，额定线电流为 19A，额定输入功率为 10kW。求电动机在额定状态下运行时的功率因数及电动机每相绕组的复阻抗。

4-7 三相对称星形连接电源的线电压为 380V，三相对称负载三角形连接，每相的阻抗 $Z = 60 + j80$ Ω，求三相相电流及线电流。

4-8 对称纯电阻负载星形连接，其各相电阻为 R_P=10 Ω，接入线电压为 380V 的电源，求总的三相功率。

第5章 电路的暂态分析

学习目标

1. 掌握动态电路的基本概念。
2. 掌握换路定则及暂态过程初始值的确定方法。
3. 了解一阶电路的零输入响应、零状态响应和全响应过程及分析。
4. 熟悉微分电路和积分电路的工作原理及工作波形。
5. 掌握三要素法求解一阶电路的方法。

前面各章节我们所讨论的是线性电路的工作情况。由于电路结构和元件参数一定，电路工作状态一定，因此，当电路中电源电压为恒定值或作周期性变化时，电路中各部分的电压和电流也是恒定的或按周期性规律变化的，我们称电路这种工作状态为稳定状态，简称稳态。但对于含有储能元件电容或电感的动态电路来说，由于电容、电感元件上储存有能量，当电路发生从一种稳态向另一种稳态转变时，电路都需要经历一段短暂的中间过程，这个过程就称为过渡过程。电路在过渡过程中所处的状态称为过渡状态。由于过渡过程往往为时短暂，所以过渡状态常称为暂态，过渡过程又称为暂态过程。

过渡过程对电路的作用和影响都十分重要，人们常常利用过渡过程来实现电路延时，改善波形，提高生产效率等。但在电力系统中，过渡过程的出现可能产生比稳态时大得多的过电流或过电压，若不采取措施，就会造成电气设备损坏而产生不良后果。因此，研究过渡过程，掌握其相关规律，有着非常重要的意义。

5.1 换路定则及暂态过程初始值的确定

5.1.1 基本概念

电路的接通与断开、电源电压的变动、电路中元件参数的改变或电路结构的突然变化等称为换路。换路会使电路从一种稳态过渡到另一种稳态，这一转变的中间过程称为过渡过程。电路发生过渡过程离不开这样两个条件：一是电路中必须含有储能元件电容或电感（也称动态元件）；二是电路必须进行换路。

我们把当电源或信号源作用于电路时，称为对电路的激励。把电路在外部激励的作用下，或者由内部储能所引起的电流和电压（或它们的变化），统称为响应。

根据产生响应的原因不同，响应可分为：

（1）零输入响应：电路在无外部激励的情况下，仅由内部储能元件初始储能而引起的响应。

（2）零状态响应：储能元件没有初始储能，仅由外部激励所引起的响应。

（3）全响应：既有初始储能又有外部激励所产生的响应。

在线性电路中，全响应可看做是零输入响应和零状态响应的叠加。

5.1.2 换路定则

对于含有储能元件电容或电感的电路来说，当发生换路时，会使电路中的能量发生变化，但这种变化是不能突变的：在电容元件中，储存有 $W_C = \dfrac{1}{2}Cu_C{}^2$ 的电能，在换路瞬间，电能不能发生突变，表现为电容元件上的电压 u_C 不能发生突变。在电感元件中，储存有 $W_L = \dfrac{1}{2}Li_L{}^2$ 的磁场能，在换路瞬间，磁场能不能发生突变，表现为电感元件上的电流 i_L 不能发生突变。也就是说，电容元件上的电压 u_C 和电感元件上的电流 i_L 在换路后的初始值应等于换路前的终了值，这一规律，称为换路定则。设 $t=0$ 为换路瞬间，换路定则可用数学公式表达为

$$u_C(0_+) = u_C(0_-)$$
$$i_L(0_+) = i_L(0_-) \tag{5-1}$$

式中，$t=0_-$ 表示换路前的终了瞬间，$t=0_+$ 表示换路后的初始瞬间，0_- 和 0_+ 在数值上都等于 0，两者在时间轴上从不同方向趋近于 $t=0$ 的值。

换路定则仅适应于换路瞬间，可根据它来确定 $t=0_+$ 时电路中电压和电流之值，即过渡过程发生时的初始值。

5.1.3 电压、电流初始值的确定

在过渡过程期间，电路中电压和电流的变化开始于换路后瞬间的初始值，即 $t=0_+$ 时刻的值，终止于达到新稳定状态时的稳态值。根据这种关系，我们可以很方便地确定过渡过程发生时电路中各处电压或电流的初始值。具体步骤如下：

（1）先求换路前瞬间即 $t=0_-$ 时刻电容或电感元件上 $u_C(0_-)$ 或 $i_L(0_-)$ 的值。

为方便求解，可先画出 $t=0_-$ 时刻的等效电路图，再进行求解。由于换路前瞬间电路尚处于稳态，因此画等效电路图时可把电感视为短路，电容视为开路。

（2）根据换路定律确定 $u_C(0_+)$ 或 $i_L(0_+)$。

（3）以 $u_C(0_+)$ 或 $i_L(0_+)$ 为依据，利用欧姆定律和基尔霍夫定律以及直流电路的分析方法确定电路中其他电压或电流的初始值。在求解这一步时，要注意用 $t=0_+$ 时刻的等效电路求解。等效电路的画法是：把电容等效成电压值为 $u_C(0_+)$ 的电压源，电感等效成电流值为 $i_L(0_+)$ 的电流源，其他不变。

例 5-1 在如图 5-1（a）所示的电路中，已知 $U_S=6\text{V}$，$R_1=2\,\Omega$，$R_2=4\,\Omega$，开关 S 闭合前电路处于稳定状态。设在 $t=0$ 时，将开关 S 闭合，试求过渡过程的初始值 $i_L(0_+)$、$i(0_+)$、$i_S(0_+)$ 及 $u_L(0_+)$。

解：选取有关电压、电流的参考方向如图 5-1 所示。开关闭合前电路处于稳定状态，电感上电压为零，L 可视为短路，等效电路如图 5-1（b）所示。于是有

$$i_L(0_-) = \frac{U_S}{R_1 + R_2} = \frac{6}{2+4}\text{A} = 1\text{A}$$

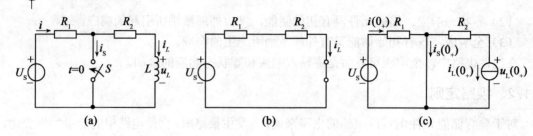

图 5-1　例 5-1 的电路图

$t=0$ 时，开关 S 闭合，根据换路定律，有

$$i_L(0_+) = i_L(0_-) = 1A$$

此时，电感 L 相当于 1A 的电流源，作 $t=0_+$时的等效电路图如图 5-1（c）所示。根据欧姆定律，得

$$i(0_+)= \frac{U_S}{R_1} = \frac{6}{2}A = 3A$$

所以　　　　　　　$$i_S(0_+) = i(0_+) - i_L(0_+) = (3-1)A = 2A$$

由 KVL 得

$$u_L(0_+) = -i_L(0_+) \times R_2 = -(1 \times 4)V = -4V$$

例 5-2　在如图 5-2（a）所示的电路中，已知 $U_S=300V$，$R_1=R_2=200\Omega$，$R_3=100\Omega$，开关 S 打在 1 位置时，电路处于稳定状态。设在 $t=0$ 时，将开关 S 从 1 位置打向 2 位置，试求此瞬间 $u_C(0_+)$、$i_C(0_+)$、$u_{R2}(0_+)$ 及 $u_{R3}(0_+)$ 各为多少。

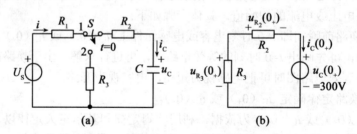

图 5-2　例 5-2 的电路图

解：选取有关电压、电流的参考方向如图 5-2（a）所示。开关 S 打在 1 位置时，电路处于稳定状态，电容 C 相当于开路，于是有

$$u_C(0_-) = U_S = 300V$$

$t=0$ 时，开关 S 由 1 位置打向 2 位置，根据换路定律，有

$$u_C(0_+) = u_C(0_-) = 300V$$

此时电容 C 相当于 300V 的电压源，作 $t=0_+$时的等效电路图如图 5-2（b）所示。由 KVL 得

$$u_{\text{C}}(0_+) + u_{\text{R}_2}(0_+) - u_{\text{R}_3}(0_+) = 0$$

亦即
$$u_{\text{C}}(0_+) + R_2 i_{\text{C}}(0_+) - [-R_3 i_{\text{C}}(0_+)] = 0$$

所以
$$i_{\text{C}}(0_+) = -\frac{u_{\text{C}}(0_+)}{R_2 + R_3} = -\frac{300}{200 + 100}\text{A} = -1\text{A}$$

$$u_{\text{R}_2}(0_+) = R_2 i_{\text{C}}(0_+) = [200 \times (-1)]\text{V} = -200\text{V}$$

$$u_{\text{R}_3}(0_+) = -R_3 i_{\text{C}}(0_+) = -[100 \times (-1)]\text{V} = 100\text{V}$$

5.2 一阶电路的零输入响应

凡是可以用一阶微分方程描述的电路称为一阶电路。一阶电路中独立的储能元件（L 或 C）只有一个。若在换路瞬间储能元件存储的能量不等于零，换路后，电路虽无外加激励却仍有响应产生，称为零输入响应。零输入响应是由储能元件存储的能量所引起的。

5.2.1 RC 电路的零输入响应

如图 5-3（a）所示的电路是一个简单的 RC 电路。原来开关 S 置于 a 位置，直流电源 U_{S} 给电容器充电，达到稳态后，电容器相当于开路，电容两端电压等于电源电压 U_{S}，电容器中已储存能量 $W_C = \frac{1}{2}CU_S^2$。在 $t=0$ 时刻，开关 S 由 a 位置打向 b 位置，电容器与电源断开，与电阻 R 构成闭合回路，电容器通过电阻 R 放电，直到释放其中的所有电能，电路即进入稳态。显然，开关 S 在由 a 位置打向 b 位置后，RC 串联回路的输入为零，电路中的电压 u_R、电流 i_R 是仅仅依靠电容器放电产生的，因此，这一过渡过程称为 RC 电路的零输入响应。

选取有关电压、电流的参考方向如图 5-3（a）所示。因换路前电容器已充电，即 $u_{\text{C}}(0_-) = U_{\text{S}}$，因此换路后电容器 C 两端电压的初始值为 $u_{\text{C}}(0_+) = u_{\text{C}}(0_-) = U_{\text{S}}$。下面我们来具体分析一下这一过程中电压和电流的变化规律。

换路后的电路如图 5-3（b）所示。由 KVL 得

$$Ri - u_{\text{C}} = 0$$

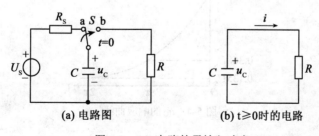

(a) 电路图　　　　　　　　　**(b) t≥0时的电路**

图 5-3　RC 电路的零输入响应

根据图 5-3（b）所示电压、电流的参考方向，可以写出电路中电流 i 的表达式为

$$i = -C\frac{du_C}{dt}$$

代入上式，得

$$RC\frac{du_C}{dt} + u_C = 0 \quad (t \geqslant 0) \tag{5-2}$$

即描述这个电路响应情况的是一阶线性齐次微分方程，其初始条件为 $u_C(0_+) = u_C(0_-) = U_S$。分离变量得

$$\frac{du_C}{u_C} = -\frac{1}{RC}dt$$

等式两边取不定积分，得

$$\int \frac{du_C}{u_C} = \int -\frac{1}{RC}dt$$

所以

$$\ln u_C = -\frac{1}{RC}t + C'$$

即

$$u_C(t) = e^{-\frac{1}{RC}t} \cdot e^{C'} = Ae^{-\frac{1}{RC}t}$$

式中 A 为待定的积分常数，将初始条件 $u_C(0_+) = u_C(0_-) = U_S$ 代入上式求得 $A = U_S$。
所以微分方程的解为

$$u_C(t) = U_S e^{-\frac{1}{RC}t} = u_C(0_+)e^{-\frac{1}{RC}t} \quad (t \geqslant 0) \tag{5-3}$$

令 $\tau = RC$，τ 称为电路的时间常数，则上式变为

$$u_C(t) = U_S e^{-\frac{t}{\tau}} = u_C(0_+)e^{-\frac{t}{\tau}} \quad (t \geqslant 0) \tag{5-4}$$

以上两式即为一阶 RC 串联电路零输入响应时电容两端电压 u_C 变化的通式。从式（5-3）、（5-4）可以看出，换路后，电容两端的电压 u_C 从初始值 U_S 开始按指数规律递减，直到 $u_C=0$，电路进入新的稳定状态。如图 5-4 所示。

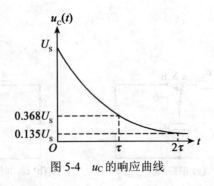

图 5-4 u_C 的响应曲线

根据图 5-3（b）还可以求出

$$i(t) = -C\frac{du_C}{dt} = -\frac{U_s}{R}e^{-\frac{t}{\tau}} \qquad (t \geq 0) \qquad (5\text{-}5)$$

$$u_R(t) = Ri = -U_s e^{-\frac{t}{\tau}} \qquad (t \geq 0) \qquad (5\text{-}6)$$

可见，换路后，电路中的电压和电流按照与 $u_C(t)$ 相同的规律指数衰减。

时间常数 τ 是用来表征动态电路暂态过程进行快慢的物理量，τ 值的大小仅由电路结构和元件参数决定，与激励无关，单位为秒（s）。τ 越大，电路放电时间越长，过渡过程进行得越缓慢；τ 越小，电路放电时间越短，过渡过程进行得越快。

表 5-1 列出了过渡过程在经历不同时间后电容器两端的电压值。从表 5-1 可以看出，当 $t=\tau$ 时，$u_C=0.368U_s$。这就说明时间常数 τ 等于电容上的电压衰减到初始值的 36.8% 所需要的时间。随着过渡过程的进行，u_C 在不断衰减。当 $t=2\tau$ 时，u_C 已衰减到初始值的 13.5%，即 $0.135U_s$。从理论上讲，当 $t=\infty$ 时，u_C 才衰减到零，过渡过程才算结束。但实际上，当 $t=3 \sim 5\tau$ 时，u_C 的值已衰减到初始值的 5% 以下，近似为零。因此，一般认为从换路开始，经过 $3 \sim 5\tau$ 的时间，过渡过程基本结束。

表 5-1　　　　　　　　　　　换路后不同时间的 u_c 值

t	0	τ	2τ	3τ	4τ	5τ	...	∞
$u_C(t)$	U_S	$0.368U_S$	$0.135U_S$	$0.050U_S$	$0.018U_S$	$0.007U_S$	...	0

例 5-3　　在如图 5-5（a）所示的电路中，已知 $U_S=36V$，$R_1=2\,\Omega$，$R_2=R_3=8\,\Omega$，$C=5F$ 开关闭合前，电路处于稳定状态。试求开关闭合后电容两端的电压 $u_C(t)$。

解：开关闭合前，电路处于稳定状态，电容 C 相当于开路，于是有

$$u_C(0_-) = \frac{R_3}{R_1 + R_2 + R_3} \times U_S = \left(\frac{8}{2+8+8} \times 36\right)V = 16V$$

t=0 时，开关 S 闭合，根据换路定律，有

$$u_C(0_+) = u_C(0_-) = 16V$$

此时电容 C 相当于 16V 的电压源，作 $t=0_+$ 时的等效电路图如图 5-5（b）所示。求得

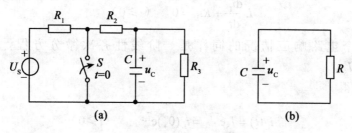

图 5-5　例 5-3 的电路图

等效电阻为
$$R = \frac{R_2 R_3}{R_2 + R_3} = \frac{8}{2}\Omega = 4\Omega$$

电路时间常数为
$$\tau = RC = (4 \times 5)s = 20s$$

电容 C 两端电压为
$$u_C(t) = u_C(0_+)e^{-\frac{t}{\tau}} = 16e^{-\frac{t}{20}}(V)$$

5.2.2 RL 电路的零输入响应

在如图 5-6（a）所示的电路中，开关 S 断开前，电路已达到稳态，电感中的电流等于电流源电流 I_S，电感中已储存能量 $W_L = \frac{1}{2}LI_S^2$。在 $t=0$ 时刻，开关断开，电感与 R 构成串联回路，电感通过电阻 R 释放其中的磁场能，直到全部释放完毕，电路达到新的稳态。显然，换路后电路发生的过渡过程属于 RL 电路的零输入响应。

选取有关电流的参考方向如图 5-6（a）所示。开关断开前电路处于稳定状态，电感上电压为零，L 可视为短路，其短路电流为
$$i_L(0_-) = I_S$$

$t=0$ 时，开关 S 断合，根据换路定律，得换路后电感上电流的初始值为
$$i_L(0_+) = i_L(0_-) = I_s$$

换路后的电路如图 5-6（b）所示。参考图中电压、电流的参考方向，由 KVL 得
$$u_L + u_R = 0$$

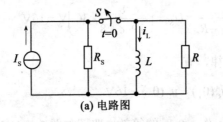
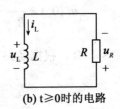

(a) 电路图　　　　　**(b) t≥0时的电路**

图 5-6　RL 电路的零输入响应

亦即
$$L\frac{di_L}{dt} + Ri_L = 0 \quad (t \geqslant 0) \tag{5-7}$$

即描述这个电路响应情况的同样是一阶线性齐次微分方程，其初始条件为 $i_L(0_+) = i_L(0_-) = I_S$。

解微分方程得
$$i_L(t) = I_S e^{-\frac{R}{L}t} = i_L(0_+)e^{-\frac{t}{\tau}} \quad (t \geqslant 0) \tag{5-8}$$

上式即为一阶 RL 串联电路零输入响应时电感电流 i_L 变化的通式。其中，$\tau = L/R$ 称为

RL 电路的时间常数，单位为欧·秒/欧=秒（s），具有时间的量纲。i_L 的变化曲线如图 5-7 所示。

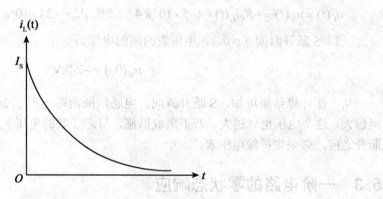

图 5-7　i_L 随时间的变化曲线

根据式（5-8）可以求出 u_L 的表达式为

$$u_L = L\frac{\mathrm{d}i_L}{\mathrm{d}t} = -RI_s\mathrm{e}^{-\frac{R}{L}} = -RI_s\mathrm{e}^{-\frac{t}{\tau}} \tag{5-9}$$

例 5-4　如图 5-8 所示为一 R-L 串联电路。已知电感线圈的电感 $L=0.5\mathrm{H}$，电阻 $R=5\Omega$，电源电压为 $U_S=24\mathrm{V}$。线圈两端接一内阻为 $R_V=5\mathrm{k}\Omega$、量程为 50V 的电压表，开关 S 闭合时电路处于稳态。$t=0$ 时开关 S 断开。求：

（1）S 断开后电感电流的初始值 $i_L(0_+)$ 和电路时间常数 τ。

（2）电感上的电流 i_L 和 u_L 的表达式。

（3）S 断开瞬间电压表两端的电压 $u_V(0_+)$。

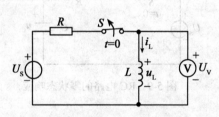

图 5-8　例 5-4 的电路图

解：选取电路中电压、电流的参考方向如图 5-8 所示。

（1）开关 S 闭合时，电路处于稳态，电感 L 相当于短路，由换路定则得

$$i_L(0_+) = i_L(0_-) = \frac{U_S}{R} = \frac{24}{5}\mathrm{A} = 4.8\mathrm{A}$$

（2）开关 S 断开后，电路的时间常数为

$$\tau = \frac{L}{R_V} = \frac{0.5}{5\times10^3} = 1\times10^{-4}\mathrm{s} = 100\mu s$$

所以

高等院校计算机系列教材

$$i_L(t) = i_L(0_+)e^{-\frac{t}{\tau}} = (4.8e^{-\frac{t}{1\times10^{-4}}})A = 4.8e^{-10000t}A$$

$$u_L(t) = u_V(t) = -R_V i_L(t) = (-5\times10^3 \times 4.8e^{-\frac{t}{1\times10^{-4}}})V = -24\times10^3 e^{-10000t}V = -24e^{-10000t}kV$$

（3）S 断开瞬间（$t=0_+$），电压表两端的电压为

$$u_V(0_+) = -24kV$$

从上面计算结果可知，S 断开瞬间，电感线圈两端出现了 24kV 的过电压，且电压表内阻越大，这个电压也就越大。若不采取措施，与之并联的电压表将会立即损坏，所以在开关断开之前，必须先拆除电压表。

5.3   一阶电路的零状态响应

电路的初始状态为零，即 $u_C(0_+) = 0$ 或 $i_L(0_+) = 0$，完全由外加激励所产生的响应称为零状态响应。这里我们只讨论在直流电源激励下 RC、RL 电路的零状态响应。

5.3.1   RC 电路的零状态响应

在如图 5-9 所示的电路中，开关闭合前电容器原来未充电，即电容器为零初始状态。在 t=0 时刻，开关闭合，RC 串联电路与电源连接，电源通过电阻 R 对电容 C 充电，直到最终充电完毕，电路达到新的稳态。显然，换路后电路仅仅依靠电源激励产生响应，属于 RC 电路的零状态响应。

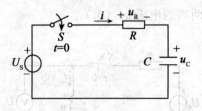

图 5-9   RC 电路的零状态响应

选取电压、电流的参考方向如图 5-9 所示。根据基尔霍夫定律，有

$$iR + u_C = U_s$$

亦即

$$RC\frac{du_C}{dt} + u_C = U_s \tag{5-10}$$

式（5-10）为一阶常系数线性非齐次微分方程。它的解可由特解 u_C'' 和相应的齐次微分方程的通解 u_C' 组成，即

$$u_C = u_C' + u_C''$$

代入式（5-10）得

$$RC\frac{d}{dt}(u_C' + u_C'') + (u_C' + u_C'') = U_s$$

其相应的齐次方程的通解应满足 $RC\dfrac{\mathrm{d}u_\mathrm{C}{}'}{\mathrm{d}t}+u_\mathrm{C}{}'=0$

解此方程得 $u_\mathrm{C}{}'=Ae^{-\frac{t}{RC}}=Ae^{-\frac{t}{\tau}}$

式中，$\tau=RC$ 为时间常数。

非齐次方程的特解应满足 $RC\dfrac{\mathrm{d}u_\mathrm{C}{}''}{\mathrm{d}t}+u_\mathrm{C}{}''=U_\mathrm{S}$

因 U_S 为常数，其特解应为常数。令 $u_\mathrm{C}{}''=K$，代入上式得

$$RC\times 0+K=U_\mathrm{S}$$

所以 $u_\mathrm{C}{}''=U_\mathrm{S}$

由此得到微分方程（5-10）式的全解为

$$u_\mathrm{C}=u_\mathrm{C}{}'+u_\mathrm{C}{}''=Ae^{-\frac{t}{\tau}}+U_\mathrm{S}\quad(t\geqslant 0) \tag{5-11}$$

因开关闭合时，电容没有充电，电压 $u_\mathrm{C}(0_-)=0$。根据换路定则，电容电压的初始值为 $u_\mathrm{C}(0_+)=u_\mathrm{C}(0_-)=0$。代入上式得

$$0=U_\mathrm{S}+A$$

所以 $A=-U_\mathrm{S}$

代入式（5-11）得微分方程（5-10）式的全解为

$$u_\mathrm{C}(t)=U_\mathrm{S}-U_\mathrm{S}e^{-\frac{t}{\tau}}=U_\mathrm{S}(1-e^{-\frac{t}{\tau}})=u_\mathrm{C}(\infty)(1-e^{-\frac{t}{\tau}})\quad(t\geqslant 0) \tag{5-12}$$

这就是充电过程中电容元件上的电压表达式。式（5-12）中的第一项为 $u_\mathrm{C}{}''=U_\mathrm{S}$ 是电容器上充电电压的稳态值，称为电压的稳态分量或称强制分量；第二项为 $u_\mathrm{C}{}'=-U_\mathrm{S}e^{-\frac{t}{\tau}}$，当 $t\to\infty$ 时，$u_\mathrm{C}{}'$ 将衰减到零，称为电容电压的暂态分量或自由分量。开关闭合瞬间，电容器极板上没有电荷，所以 $u_C=0$；然后电源对电容充电，电容极板上电荷逐渐增多，电容电压也逐渐增高；最后当 u_C 与电源电压相等时，就达到稳态值 U_S。

下面再来看电容器上的充电电流。将式（5-12）代入 $i=C\dfrac{\mathrm{d}u_\mathrm{C}}{\mathrm{d}t}$ 得电容器上的充电电流表达式，为

$$i(t)=\frac{U_\mathrm{S}}{R}e^{-\frac{t}{\tau}}\quad(t\geqslant 0) \tag{5-13}$$

在稳定状态下，电容器相当于开路，所以电流 i 的稳态分量为 $i''=0$，只有暂态分量 $i'=\dfrac{U_\mathrm{S}}{R}e^{-\frac{t}{\tau}}$。在电路开关闭合瞬间（$t=0$），$u_C=0$，这时外施电压全加在电阻 R 上，充电电流最大，为 U_S/R。随着 u_C 的增加，R 上的电压逐渐减小，充电电流也逐渐趋近于零。

将式（5-13）代入 $u_\mathrm{R}=Ri$，得电阻上的电压为

$$u_\mathrm{R}(t)=U_\mathrm{S}e^{-\frac{t}{\tau}}\quad(t\geqslant 0) \tag{5-14}$$

高等院校计算机系列教材

电流 i、电阻上的电压 u_R 随时间变化的曲线如图 5-10（a）所示，电容器上的电压 u_C 随时间变化的曲线如图 5-10（b）所示。

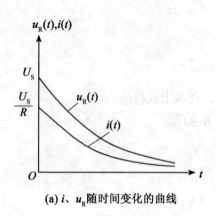

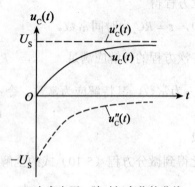

(a) i、u_R 随时间变化的曲线　　　　　　(b) 电容电压 u_C 随时间变化的曲线

图 5-10　i、u_R、u_C 的零状态响应变化曲线

可以看出，充电时电容器上的电压 u_C 由零按指数规律趋近于稳态值 U_S，而电流则从零跃变到 U_S/R 后，按同样的规律衰减到零。

例 5-5　在如图 5-9 所示的电路中，已知 U_S=250V，R= 5kΩ，C=8μF，电容器事先未充过电。问开关 S 闭合后，要经历多长时间，电容器上电压才能充到 180V？

解：设开关闭合后经过 t_1 的时间，电容器上电压充到 180V。则

$$u_C(t_1) = U_S\left(1 - e^{-\frac{t_1}{\tau}}\right)$$

已知 $u_C(t_1) = 180\text{V}$，$\quad U_S = 250\text{V}$

$$\tau = RC = 5 \times 10^3 \times 8 \times 10^{-6} = 4 \times 10^{-2}\text{s}$$

代入上式得

$$180 = 250\left(1 - e^{-\frac{t_1}{4 \times 10^{-2}}}\right)$$

$$250e^{-\frac{t_1}{4 \times 10^{-2}}} = 70$$

$$e^{\frac{t_1}{4 \times 10^{-2}}} = \frac{250}{70} = 3.57$$

所以　　　　　　　　$t_1 = 4 \times 10^{-2}\ln 3.57 = 5.09 \times 10^{-2}(\text{s}) = 50.9\text{ms}$

5.3.2　RL 电路的零状态响应

在如图 5-11 所示的电路中，开关 S 在闭合前，电感上电流为零，即 $i_L(0_-) = 0$，电感为零初始状态。在 t=0 时刻，开关闭合，电压源 U_S 与电感接通，电感内部开始储能，直到储能完毕，电路进入新的稳态，电感相当于短路。显然，换路后电路发生的过渡过程属于 RL 电路的零状态响应。

选取电压、电流的参考方向如图 5-11 所示。电路在开关闭合前处于零状态，$i_L(0_-) = 0$。开关闭合后，由 KVL 得

$$u_L + u_R - U_S = 0$$

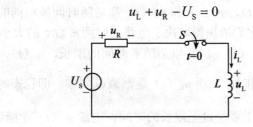

图 5-11 RL 电路的零状态响应

将 $u_L = L\dfrac{\mathrm{d}i_L}{\mathrm{d}t}$、$u_R = Ri_L$ 代入上式得

$$L\frac{\mathrm{d}i_L}{\mathrm{d}t} + Ri_L = U_S$$

即

$$\frac{L}{R}\frac{\mathrm{d}i_L}{\mathrm{d}t} + i_L = \frac{U_S}{R} \tag{5-15}$$

因此，描述这个电路的方程是一个一阶常系数线性非齐次微分方程。初始条件为 $i_L(0_+) = i_L(0_-) = 0$。按照 RC 电路类似的求解方法得微分方程（5-15）式的通解为

$$i_L(t) = A\mathrm{e}^{-\frac{t}{\tau}} + \frac{U_S}{R}$$

由初始条件 $i_L(0_+) = 0$，可确定积分常数 $A = -\dfrac{U_S}{R}$。这样，RL 电路的零状态响应为

$$i_L(t) = \frac{U_S}{R}\left(1 - \mathrm{e}^{-\frac{t}{\tau}}\right) = i_L(\infty)\left(1 - \mathrm{e}^{-\frac{t}{\tau}}\right) \qquad (t \geq 0) \tag{5-16}$$

式中 $\tau = L/R$，其单位为 欧·秒/欧=秒（s），具有时间的量纲，是 RL 电路的时间常数。根据式（5-16）可求得

$$u_L(t) = L\frac{\mathrm{d}i_L(t)}{\mathrm{d}t} = U_S\mathrm{e}^{-\frac{t}{\tau}} \qquad (t \geq 0) \tag{5-17}$$

$$u_R(t) = Ri_L(t) = U_S\left(1 - \mathrm{e}^{-\frac{t}{\tau}}\right) \qquad (t \geq 0) \tag{5-18}$$

由式（5-16）、（5-17）和式（5-18）可画出 i_L、u_L 和 u_R 随时间变化的曲线，如图 5-12 所示。

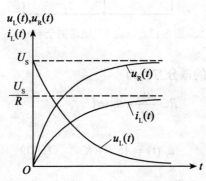

图 5-12 i_L、u_L 和 u_R 随时间变化的曲线

高等院校计算机系列教材

由图 5-12 可以看出，$i_L(t)$、$u_L(t)$ 和 $u_R(t)$ 都是随时间按相同的指数规律从初值开始逐渐向新的稳态值过渡，且它们的快慢取决于电路的时间常数 τ 的大小。当开关闭合($t=0_+$)时，$i_L(t)=0$，$u_R(t)=0$，$u_L(t)=U_S$。以后随着时间的增长，$i_L(t)$、$u_R(t)$ 逐渐向新的稳态值过渡，直至等于 U_S/R 和 U_S，而 $u_L(t)$ 逐渐衰减到零，即稳态时电感上电压为零。

从式（5-16）来看，理论上要经过无限长的时间，电流 $i_L(t)$ 才能达到稳态时的零值。但实际上：

当 $t=\tau$ 时，$i(\tau)=\dfrac{U_S}{R}(1-e^{-1})=0.632\dfrac{U_S}{R}$（电流从零上升至稳态值的 63.2%）

当 $t=3\tau$ 时，$i(3\tau)=\dfrac{U_S}{R}(1-e^{-3})=0.95\dfrac{U_S}{R}$（电流从零上升至稳态值的 95%）

当 $t=5\tau$ 时，$i(5\tau)=\dfrac{U_S}{R}(1-e^{-5})=0.993\dfrac{U_S}{R}$（电流从零上升至稳态值的 99.3%）

因此,工程上常认为经过 $3\sim5\tau$ 时间后，过渡过程便基本结束。

5.4 一阶电路的全响应

5.4.1 一阶电路的全响应

换路后由储能元件和独立电源共同引起的响应称为全响应。在如图 5-13 所示的电路中，换路前开关置于 a 位置，电路已处于稳定状态，电容上的电压为 $u_C(0_-)=U_O$。在 $t=0$ 时刻，将开关打向 b 位置进行换路。换路后电容的初始状态为 $u_C(0_+)=u_C(0_-)=U_O$，继续有电源 U_S 作为 RC 串联回路的激励。当 $t\to\infty$ 时，电路达到新的稳态，即 $u_c=(\infty)=U_S$，因此，$t\geqslant0$ 时电路发生的过渡过程就是全响应。

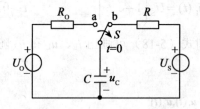

图 5-13　一阶 RC 电路的全响应

根据 KVL，可列出电路的微分方程为

$$RC\frac{du_C}{dt}+u_C=U_S \tag{5-19}$$

解此方程得

$$u_C(t)=Ae^{-\frac{t}{\tau}}+K \qquad (t\geqslant0) \tag{5-20}$$

由 $u_C(0_+)=U_0$、$u_C(\infty)=U_S$ 得

$$U_O = A + K$$

$$U_S = K$$

即

$$A = U_O - U_S$$

$$K = U_S$$

代入式（5-20）得电容电压的全响应为

$$u_C(t) = U_S + (U_O - U_S)e^{-\frac{t}{\tau}} \qquad (t \geq 0) \tag{5-21}$$

由上式可见，u_C 的全响应可看做是由稳态分量和暂态分量两部分构成的（如图 5-14 所示）。稳态分量 U_S 是不随时间变化的量，从式 $u_C(\infty) = U_S$ 可以看出，稳态分量就等于过渡过程结束后 u_C 的稳态值。而暂态分量 $(U_o - U_S)e^{-\frac{t}{\tau}}$ 是随时间变化的量，当 $t \to \infty$ 时，暂态分量变为零，同时过渡过程也就结束了。由 $u_C(0_+) = U_o$ 可知，式（5-21）中的 U_o 就是换路瞬间 u_C 的初始值。因此，式（5-21）又可写成

$$u_C(t) = U_S + (U_O - U_S)e^{-\frac{t}{\tau}} = u_C(\infty) + [u_C(0_+) - u_C(\infty)]e^{-\frac{t}{\tau}} \tag{5-22}$$

可以表示为

$$\underset{\text{全响应}}{u_C(t)} = \underset{\text{稳态分量}}{u_C(\infty)} + \underset{\text{暂态分量}}{[u_C(0_+) - u_C(\infty)]e^{-\frac{t}{\tau}}} \tag{5-23}$$

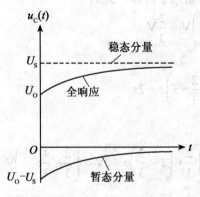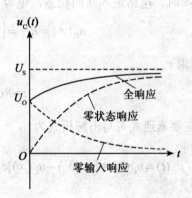

图 5-14　全响应 u_C 的变化曲线

变换式（5-22），可以写成

$$u_C(t) = U_o e^{-\frac{t}{\tau}} + U_S(1 - e^{-\frac{t}{\tau}}) = u_C(0_+)e^{-\frac{t}{\tau}} + u_C(\infty)(1 - e^{-\frac{t}{\tau}}) \qquad (t \geq 0) \tag{5-24}$$

又可表示为

$$\underset{\text{全响应}}{u_C(t)} = \underset{\text{零输入响应}}{u_C(0_+)e^{-\frac{t}{\tau}}} + \underset{\text{零状态响应}}{u_C(\infty)(1 - e^{-\frac{t}{\tau}})} \tag{5-25}$$

5.4.2 求解一阶电路的三要素法

通过前面对一阶动态电路过渡过程的分析可知，换路后，电路中的电压、电流都是从一个初始值 $f(0_+)$ 开始，按照指数规律递变到新的稳态值 $f(\infty)$，递变的快慢取决于电路的时间常数 τ。我们把 $f(0_+)$、$f(\infty)$ 和 τ 称为一阶动态电路的三要素，由其可以求出换路后电路中任意电压、电流的表达式 $f(t)$。参照式（5-23）可写出 $f(t)$ 的一般表达式为

$$f(t) = f(\infty) + [f(0_+) - f(\infty)]e^{-\frac{t}{\tau}} \tag{5-26}$$

下面通过几个例子来说明运用三要素求解一阶动态电路过渡过程的方法与技巧。

例 5-6 在如图 5-15（a）所示电路中，开关 S 打开已久。已知 $I_S=1A$，$R_1=2\,\Omega$，$R_2=1\,\Omega$，$C=3F$。在 $t=0$ 时，开关闭合。试求 u_C 的表达式并画出其变化曲线。

解：（1）求 $u_C(0_+)$

在开关 S 闭合之前电路处于稳态，电容相当于开路，所以

$$u_C(0_-) = R_1 I_S = (2 \times 1)\mathrm{V} = 2\mathrm{V}$$

根据换路定则，有

$$u_C(0_+) = u_C(0_-) = 2\mathrm{V}$$

（2）求 $u_C(\infty)$

开关闭合后，R_2 接入电路并与 R_1 并联，电容器两端等效电阻 R 为

$$R = \frac{R_1 R_2}{R_1 + R_2} = \left(\frac{2 \times 1}{2 + 1}\right)\Omega = \frac{2}{3}\Omega$$

当 $t \to \infty$ 时，电路进入新的稳态，电容 C 又相当于开路，此时

$$u_C(\infty) = R I_S = \left(\frac{2}{3} \times 1\right)\mathrm{V} = \frac{2}{3}\mathrm{V}$$

（3）求 τ

$$\tau = RC = \left(\frac{2}{3} \times 3\right)\mathrm{s} = 2\mathrm{s}$$

根据三要素通式可写出解析式为

$$u_C(t) = u_C(\infty) + [u_C(0_+) - u_C(\infty)]e^{-\frac{t}{\tau}} = \left[\frac{2}{3} + \left(2 - \frac{2}{3}\right)e^{-\frac{t}{2}}\right]\mathrm{V} = \left(\frac{2}{3} + \frac{4}{3}e^{-\frac{t}{2}}\right)\mathrm{V}$$

u_C 的变化曲线如图 5-15（b）所示。

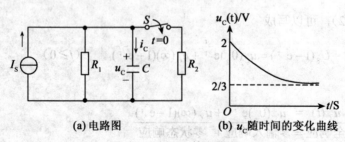

(a) 电路图　　　(b) u_C 随时间的变化曲线

图 5-15　例 5-6 的电路图

例 5-7 如图 5-16（a）所示电路，开关 S 置 a 位置已久。在 $t=0$ 时刻，S 由 a 位置打向 b 位置进行换路。试写出 $i(t)$、$i_L(t)$ 的表达式，并画出其变化曲线。已知 $U_{S1}=U_{S2}=3\text{V}$，$R_1=R_2=1\,\Omega$，$R_3=2\,\Omega$，$L=3\text{H}$。

解：（1）求 $i_L(0_+)$、$i(0_+)$

换路前电路原处于稳态，电感相当于短路，故得

$$i_L(0_-)=-\frac{U_{S1}}{R_1+\dfrac{R_2R_3}{R_2+R_3}}\times\frac{R_3}{R_2+R_3}=-\left(\frac{3}{1+\dfrac{1\times2}{1+2}}\times\frac{2}{1+2}\right)\text{A}=-\frac{6}{5}\text{A}$$

$t=0_+$ 时，S 由 a 位置打向 b 位置进行换路。根据换路定则，有

$$i_L(0_+)=i_L(0_-)=-\frac{6}{5}\text{A}$$

此时电路如图 5-16（b）所示。由 KCL 得 R_3 上的电流为

$$i_{R_3}(0_+)=i(0_+)-i_L(0_+)$$

由 KVL 得

$$R_1i(0_+)+R_3i_{R_3}(0_+)=U_{S2}$$

亦即

$$R_1i(0_+)+R_3[i(0_+)-i_L(0_+)]=U_{S2}$$

将 $i_L(0_+)=-\dfrac{6}{5}\text{A}$、$U_{S2}=3\text{V}$ 及 R_1、R_3 的阻值代入上式得

$$1\times i(0_+)+2\times[i(0_+)-i_L(0_+)]=3$$

解方程得

$$i(0_+)=\frac{1}{5}\text{A}$$

（2）求 $i_L(\infty)$、$i(\infty)$

当 $t=\infty$ 时，电感相当于短路，电路如图 5-16（c）所示。

$$i(\infty)=\frac{U_{S2}}{R_1+\dfrac{R_2R_3}{R_2+R_3}}=\left(\frac{3}{1+\dfrac{1\times2}{1+2}}\right)\text{A}=\frac{9}{5}\text{A}$$

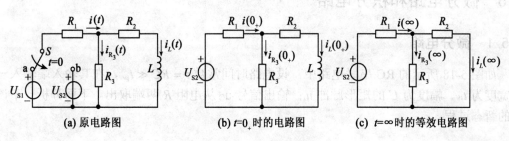

(a) 原电路图　　　　　　(b) $t=0_+$ 时的电路图　　　　　　(c) $t=\infty$ 时的等效电路图

图 5-16　例 5-7 的电路图

$$i_L(\infty) = \frac{R_3}{R_2 + R_3} \times i(\infty) = \left(\frac{2}{1+2} \times \frac{9}{5}\right)A = \frac{6}{5}A$$

（3）求时间常数 τ

图 5-16（c）电路总的等效电阻为

$$R = R_1 + \frac{R_2 R_3}{R_2 + R_3} = \left(1 + \frac{1 \times 2}{1+2}\right)\Omega = \frac{5}{3}\Omega$$

所以

$$\tau = \frac{L}{R} = \frac{3}{\frac{5}{3}} = \frac{9}{5}(s)$$

根据三要素通式可写出解析式为

$$i(t) = i(\infty) + [i(0_+) - i(\infty)]e^{-\frac{t}{\tau}} = \left[\frac{9}{5} + \left(\frac{1}{5} - \frac{9}{5}\right)e^{-\frac{5t}{9}}\right]A = \left(\frac{9}{5} - \frac{8}{5}e^{-\frac{5t}{9}}\right)A$$

$$i_L(t) = i_L(\infty) + [i_L(0_+) - i_L(\infty)]e^{-\frac{t}{\tau}} = \left[\frac{6}{5} + \left(-\frac{6}{5} - \frac{6}{5}\right)e^{-\frac{5t}{9}}\right]A = \left(\frac{6}{5} - \frac{12}{5}e^{-\frac{5t}{9}}\right)A$$

画出 $i（t）$、$i_L（t）$ 的变化曲线如图 5-17 所示。

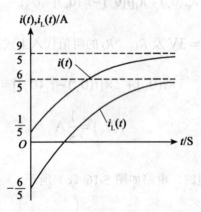

图 5-17 i_L、i 随时间的变化曲线

5.5 微分电路和积分电路

5.5.1 微分电路

如图 5-18 所示的 RC 串联电路中，设电路时间常数 $\tau = RC \ll t_w$，在其输入端输入一脉冲宽度为 t_w、幅度为 U 的矩形脉冲 u_i；输出信号 u_O 从电阻 R 两端取出。下面分析一下该电路的暂态过程。

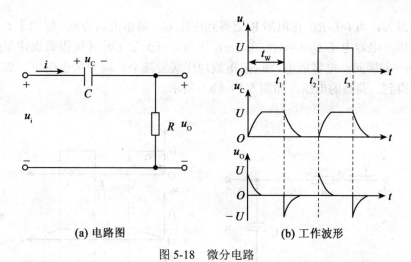

(a) 电路图   (b) 工作波形

图 5-18   微分电路

由于电路时间常数 $\tau \ll t_W$，因此 RC 电路充放电速度很快。设在 $t=0$ 时输入信号 u_i 从 0 跳变至 U，并持续一段时间 t_b，在此阶段相当于 RC 电路接一电压为 U 的电压源对电容 C 开始充电，充电电流如图 5-18（a）所示。开始时，由于 $u_C(0_+)=u_C(0_-)=0$，所以在 $t=0_+$ 瞬间充电电流最大，为 $i=U/R$，在电阻 R 上得到电压 U，输出电压为 U。但由于 τ 很小，电容充电很快，电压 u_C 迅速上升至 U，充电电流迅速衰减至 0，u_o 也很快下降至 0。在 $t=t_1$ 瞬间，u_i 由 U 跳变至 0，相当于输入端短路（零输入），此时，电容 C 开始沿与充电方向相反的方向放电，电容两端的电压按指数规律迅速减小至零。电压 u_C、u_o 的波形如图 5-18（b）所示。可以看出，u_o 为正、负尖项脉冲波形，也称微分波形，这种电路称为微分电路。

由于 $\tau \ll t_W$，RC 充放电速度很快，除了电容器刚开始充电一段极短时间外，可以认为

$$u_i = u_R + u_C \approx u_C$$

因此有
$$u_O = u_R = iR = RC\frac{du_C}{dt} \approx RC\frac{du_i}{dt}$$

即输出电压 u_O 近似地与输入电压的微分成正比；这就是微分电路的由来。在脉冲电路中，常利用微分电路将矩形脉冲变换为尖项脉冲，作为触发信号使用。

从以上分析可知，微分电路必须具备以下两个条件：

（1）时间常数 $\tau \ll t_W$；

（2）输出电压 u_O 取自电阻两端。

5.5.2 积分电路

将上面讨论的 RC 微分电路作如下变换：（1）电路时间常数 $\tau \gg t_W$；（2）输出电压 u_O 取自电容两端，则此电路就变成积分电路，如图 5-19（a）所示。

由于电路时间常数 $\tau \gg t_W$，因此 RC 电路充、放电速度很慢。设在 $t=0$ 时输入信号 u_i 从 0 跳变至 U，并持续一段时间 t_b，在此阶段相当于 RC 电路接一电压为 U 的电压源对电容 C 开始充电，充电电流如图 5-19（a）所示。开始时，由于 $u_C(0_+)=u_C(0_-)=0$，所以在 $t=0_+$ 瞬

间充电电流最大，为 $i=U/R$，在电阻 R 上得到电压 U，输出电压为 0。但由于 τ 很大，电容充电极其缓慢，电容电压 u_C（$=u_O$）在 0～t_1 期间只有少量上升（仅指数规律起始的直线部分），而在 t_1～t_2 期间，电容放电，u_O 按指数规律缓慢减小，减少量也很少。如此循环，于是在输出端得到三角波的电压，如图 5-19（b）所示。

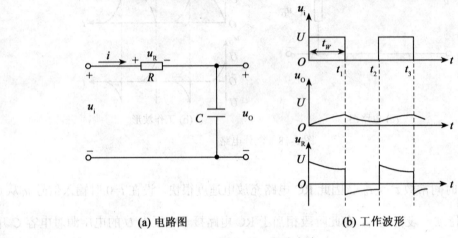

(a) 电路图　　　　　　　　**(b) 工作波形**

图 5-19　积分电路

由于 $\tau \gg t_W$，RC 充放电速度很慢，直到矩形脉冲下降时，电容两端的电压仍很低，因此可近似认为

$$u_i = u_R + u_C \approx u_R$$

而 $i = \dfrac{u_R}{R} = \dfrac{u_i}{R}$，所以

$$u_O = u_C = \frac{1}{C}\int i\,\mathrm{d}t = \frac{1}{RC}\int u_i\,\mathrm{d}t$$

即输出电压 u_O 近似地与输入电压 u_i 的积分成正比。

若此电路中，输出电压 u_O 取自电阻 R 两端，即 $u_O=u_R$，则 u_O 与 u_i 波形近似，如图 5-19 所示，则此电路变成耦合电路。

本 章 小 结

（1）电路的接通与断开、电源电压的变动、电路中元件参数的改变或电路结构的突然变化等称为换路。换路会使电路从一种稳态过渡到另一种稳态，这一转变的中间过程称为过渡过程，或称为暂态过程。电路发生过渡过程离不开这样两个条件：一是电路中必须含有储能元件电容或电感（也称动态元件）；二是电路必须进行换路。

（2）根据产生响应的原因不同，响应可分为零输入响应、零状态响应和全响应。零输入响应实质上是储能元件的放电过程；零状态响应实质上是储能元件的充电过程；在线性电路中，全响应可看做是零输入响应和零状态响应的叠加。

（3）换路定则

电容（或电感）元件上的电压（或电流）在换路后的初始值应等于换路前的终了值，这一规律称为换路定则。设 $t=0$ 为换路瞬间，则换路定则可表达为

$$u_C(0_+) = u_C(0_-)$$

$$i_L(0_+) = i_L(0_-)$$

式中，$t=0_-$ 表示换路前的终了瞬间，$t=0_+$ 表示换路后的初始瞬间。

（4）动态电路过渡（暂态）过程进行的快慢取决于电路的时间常数 τ。一阶 RC 电路的时间常数为 $\tau = RC$；一阶 RL 电路的时间常数为 $\tau = L/R$。表达式中的 R 分别指换路后电容或电感两端的等效电阻。

（5）设 $f(0_+)$ 表示电压或电流的初始值；$f(\infty)$ 表示电压或电流的新的稳态值；τ 表示电路的时间常数，则一阶电路过渡过程期间的电压或电流 $f(t)$ 的变化规律满足

$$f(t) = f(\infty) + [f(0_+) - f(\infty)]e^{-\frac{t}{\tau}}$$

上式即为一阶动态电路三要素法通式。

（6）由 RC 元件构成微分电路的条件是：① 时间常数 $\tau \ll t_W$；② 输出电压 u_O 取自电阻两端。由 RC 元件构成积分电路的条件是：① 电路时间常数 $\tau \gg t_W$；② 输出电压 u_O 取自电容两端。

习　题　5

5-1　在如图 5-20 所示的电路中，开关 S 断开前电路已处于稳态，试确定在开关 S 断开后初始瞬间的电压 u_C 和电流 i_C、i_1、i_2 之值。已知 $U_S = 6V$，$R_1 = 2\,\Omega$，$R_2 = 4\Omega$。

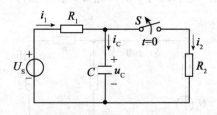

图 5-20　习题 5-1 的电路图

5-2　在如图 5-21 所示的电路中，开关 S 原先打在 a 位置，电路已处于稳态。在 $t=0$ 时，将开关从 a 位置扳到 b 位置，试求换路后电压 u_L 和电流 i_L、i_1、i_2 的初始值。已知 $U_S = 8V$，$R_1 = 2\,\Omega$，$R_2 = R_3 = 4\,\Omega$。

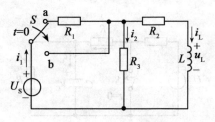

图 5-21　习题 5-2 的电路图

5-3 在如图 5-22 所示的电路中，开关 S 断开前电路已处于稳态，在 $t=0$ 时开关 S 断开，求 u_C。已知 $I_S=2A$，$R_1=100\Omega$，$R_2=300\Omega$，$C=6\mu F$。

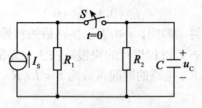

图 5-22 习题 5-3 的电路图

5-4 在如图 5-23 所示的电路中，开关 S 动作前电容电压为零，在 $t=0$ 时开关 S 从 a 位置扳到 b 位置，求 u_C 和 u_{R_2}，并画曲线。已知 $U_S=6V$，$R_1=R_2=1k\Omega$，$C=2\mu F$。

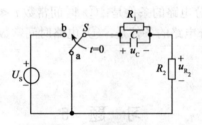

图 5-23 习题 5-4 的电路图

5-5 在如图 5-24 所示的电路中，开关 S 断开前电路已处于稳态，在 $t=0$ 时开关 S 断开，求 i_L 和 u_L。已知 $U_S=10V$，$R_1=2k\Omega$，$R_2=R_3=4k\Omega$，$L=0.2H$。

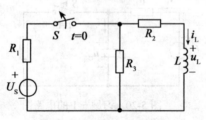

图 5-24 习题 5-5 的电路图

5-6 在如图 5-25 所示的电路中，开关 S 闭合前电路已处于稳态，在 $t=0$ 时开关闭合，试求 $t\geq0$ 时电压 u_C 和电流 i_C、i_2 和 i_3。已知 $U_S=6V$，$R_1=1\Omega$，$R_2=2\Omega$，$R_3=3\Omega$，$C=5\mu F$。

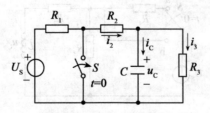

图 5-25 习题 5-6 的电路图

5-7 在如图 5-26 所示的电路中，开关 S 长期合在 a 位置，如在 $t=0$ 时刻从 a 位置扳到 b 位置，求电容上电压 u_C 和放电电流 i，并画曲线。已知 $I_S =3\text{mA}$，$R_1 = 1\text{k}\Omega$，$R_2=2\text{k}\Omega$，$R_3=3\text{k}\Omega$，$C=1\mu\text{F}$。

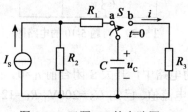

图 5-26 习题 5-7 的电路图

5-8 在如图 5-27 所示的电路中，开关 S 闭合前电路已处于稳态，在 $t=0$ 时开关闭合，试用三要素法求 $t\geqslant 0$ 时的电压 u_L 和电流 i_L、i_1 及 i_2。已知 $U_{S1}=12\text{V}$，$U_{S2}=9\text{V}$，$R_1=6\Omega$，$R_2=3\Omega$，$L=1\text{H}$。

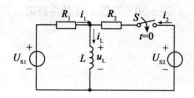

图 5-27 习题 5-8 的电路图

5-9 在如图 5-28 所示的电路中，开关 S 原先打在 a 位置，电路已处于稳态。在 $t=0$ 时将开关从 a 位置扳到 b 位置，试求换路后的电流 i_L 和 i，并画出它们的变化曲线，已知 $U_{S1}=3\text{V}$，$U_{S2}=3\text{V}$，$R_1 = R_2 =1\Omega$，$R_3=2\Omega$，$L=3\text{H}$。

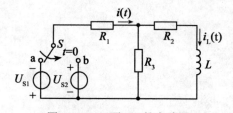

图 5-28 习题 5-9 的电路图

5-10 在如图 5-29 所示的电路中，开关 S 断开前电路已处于稳态，试用三要素法求开关断开后的电压 u_L 和电流 i_L。已知 $U_S =12\text{V}$，$I_S =4\text{A}$，$R_1=6\Omega$，$R_2=6\Omega$，$L=24\text{mH}$。

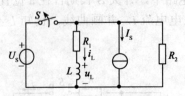

图 5-29 习题 5-10 的电路图

5-11 在如图 5-30 所示的电路中，开关 S 闭合前 i_L=0。在 t=0 时开关闭合，试求电路中的电流 i_L(t)和在 t=3mS 时的电流值。已知 U_S =200V，R_1 =12 Ω，R_2 =12Ω，R_3 =4Ω，L=20mH。

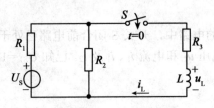

图 5-30 习题 5-11 的电路图

第二篇 ┊ 模拟电子技术基础

第6章 半导体器件基础

学习目标
1. 了解半导体的基本概念、分类及特点等。
2. 理解 PN 结的单向导电性。
3. 掌握晶体二极管的伏安特性及主要参数。
4. 掌握稳压二极管的伏安特性及主要参数。
5. 理解晶体三极管的电流放大原理。
6. 掌握晶体三极管的输入输出特性曲线及主要参数。
7. 了解场效应管的基本结构、工作原理、分类及特点。

半导体器件是构成各种电子电路的基础。本章首先介绍半导体的基本特性、半导体中载流子的运动规律，阐明 PN 结的单向导电性，然后介绍半导体二极管、稳压管、双极型晶体三极管以及场效应管的基本结构、工作原理、特性曲线和主要参数等。

6.1 半导体的基础知识

根据物体的导电能力划分，物体可分为导体、半导体和绝缘体。导体如金、铜、铝、铁等很容易导电，是因为导体内部存在着大量的自由电子。在外电场作用下，导体中的这些自由电子会逆电场方向运动，形成电流，这就是导体具有良好导电能力的主要原因。在外电场作用下，物体内部能形成电流的粒子称为载流子。在绝缘体中，由于其原子核外电子受原子核束缚很大，自由电子数目很少，因此，在一般情况下，能参与导电的电子载流子极少，故绝缘体几乎不能导电。半导体是导电能力介于导体和绝缘体之间的物质，其导电能力与它内部载流子的浓度有关。物体的导电能力通常用电阻率来表示，单位是Ω·cm。半导体的电阻率一般在 $10^{-3} \sim 10^9$ Ω·cm 之间。典型的半导体有硅（Si）和锗（Ge），以及砷化镓（GaAs）等。硅和锗是四价元素，砷化镓则属于半导体化合物。

6.1.1 本征半导体

目前用于制造半导体器件的材料主要有硅（Si）、锗（Ge）、砷化镓（GaAs）和磷化硅（SiC）等，其中以硅和锗最为常用。半导体在物理结构上有多晶体和单晶体两种形态，制造半导体器件必须使用单晶体，即整个一块半导体材料是由一个晶体组成的。制造半导体器件的半导体材料纯度要求很高，要达到 99.9999999%，常称为"九个9"。我们把化学成分纯净、物理结构完整的半导体称为本征半导体。

本征半导体是通过一定工艺过程形成的单晶体，其中每个硅（或锗）原子最外层的 4 个

高等院校计算机系列教材

117

价电子均与它们相邻的 4 个原子的价电子共用，从而形成共价键。如图 6-1（a）所示。

　　由于在本征半导体中有电子共价键的存在使得最外层电子具有较稳定的状态，只有在获得一定的能量后（如温度增高或光照等），共价键中的价电子才可能被激活，有些获得足够能量的价电子会挣脱原子核的束缚成为自由电子，与此同时，在共价键中留下一个空位，称为空穴，这种现象称为本征激发，如图 6-1（b）所示。由于电子带负电荷，所以空穴缺少一个负电荷而显示一个单位的正电荷特性。

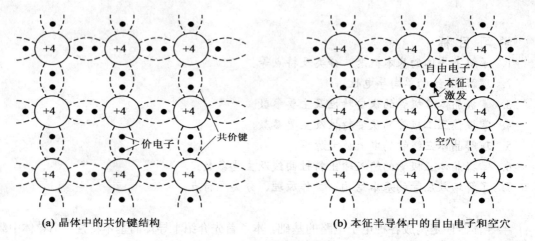

(a) 晶体中的共价键结构　　　　　　　　　　　　　(b) 本征半导体中的自由电子和空穴

图 6-1　本征半导体

　　在电子、空穴对产生的同时，运动中的自由电子也有可能去填补空穴，使电子和空穴对消失，这种现象称为复合。在外电场作用下，带负电荷的自由电子作定向移动形成电子电流，而价电子会按电场方向依次填补空穴，形成带正电的空穴移动而产生空穴电流，所以它们都被称为载流子。因此，在半导体中同时存在自由电子和空穴两种载流子，同时存在自由电子导电和空穴导电。在外加电场作用下，二者定向运动的方向相反，但由于它们所带电荷极性相反，所以，电子和空穴所产生的电流方向相同。

　　在一定温度下，电子、空穴对的产生和复合都在不停地进行，最终维持着一种动态平衡状态，从而使半导体中的载流子浓度一定。当温度升高时，由于本征激发，本征半导体中载流子浓度将增大。由于导电能力决定于载流子的数目，因此，半导体的导电能力将随温度升高而增强。所以，温度是影响半导体器件性能的一个非常重要的外部因素。

6.1.2　杂质半导体

　　在本征半导体中掺入微量的其他元素（称为杂质），可使半导体的导电性发生显著变化。通常掺入的杂质元素主要有三价元素或五价元素，这种掺入杂质后的半导体称为杂质半导体。根据掺入杂质的性质不同，可分为 N 型半导体和 P 型半导体两种。

1. N 型半导体

　　在本征半导体硅（或锗）中掺入五价杂质元素磷或砷等，就形成了 N 型半导体，也称为电子型半导体。因杂质原子中只有四个价电子能与周围四个硅原子中的价电子形成共价键，而多余的一个价电子因无共价键束缚很容易成为自由电子。在 N 型半导体中自由电子是多数载流子，简称"多子"，它主要由杂质原子提供；空穴是少数载流子，简称"少子"，由热激发形成。提供自由电子的杂质原子因失去了价电子而带正电荷，成为正离子，因此在这里杂质原子也称为施主杂质。N 型半导体的结构如图 6-2 所示。

2. P 型半导体

在本征半导体硅中掺入三价杂质元素，如硼、镓、铟等就形成了 P 型半导体，也称为空穴型半导体。因三价杂质原子在与硅原子形成共价键时，缺少一个价电子而在共价键中留下了一个空位。这个空位很容易从邻近的硅原子中俘获价电子，使杂质原子成为负离子，而失去价电子的硅原子则出现一个空穴。P 型半导体中空穴是多数载流子，其数量主要由掺杂的浓度确定；电子是少数载流子，由热激发形成。三价杂质也称为受主杂质。P 型半导体的结构如图 6-3 所示。

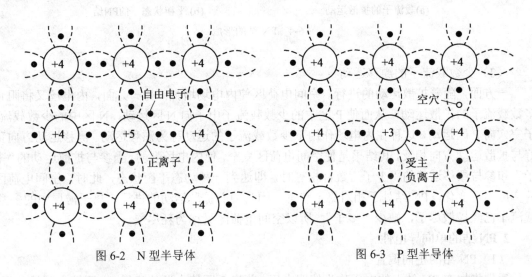

图 6-2　N 型半导体　　　　　　　图 6-3　P 型半导体

6.1.3　PN 结的形成及单向导电性

1. PN 结的形成

在一块完整的本征半导体硅（或锗）片上，用不同的掺杂工艺使其一边形成 N 型半导体，另一边形成 P 型半导体。于是，在这两种杂质半导体的交界面处就会形成一个具有特殊性质的薄层，这样一个薄层称为 PN 结。PN 结是构成半导体二极管、三极管、集成电路等许多半导体器件的基础。下面我们来分析一下 PN 结的形成过程。

（1）多数载流子的扩散运动

由于掺杂的不同，在 N 型半导体和 P 型半导体的交界处就出现了自由电子和空穴浓度的差异：其中，N 型半导体中的多数载流子电子的浓度远大于 P 型半导体中少数载流子电子的浓度；P 型半导体中多数载流子空穴的浓度远大于 N 型半导体中少数载流子空穴的浓度。这样，自由电子和空穴都要从浓度高的地方向浓度低的地方扩散，从而形成多数载流子的扩散运动，如图 6-4（a）所示。

随着扩散运动的进行，在交界面 N 区的一侧，随着电子向 P 区的扩散，施主杂质会变成正离子；在交界面 P 区的一侧，随着空穴向 N 区的扩散，受主杂质会变成负离子。施主杂质和受主杂质在晶格中是不能移动的，所以在 N 型和 P 型半导体交界面的 N 型区一侧会形成正离子薄层，在 P 型区一侧会形成负离子薄层。这种正负离子薄层称为空间电荷区，产生了内电场，方向是从 N 区指向 P 区。如图 6-4（b）所示。

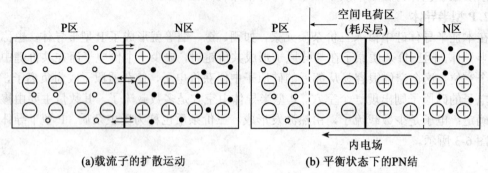

(a) 载流子的扩散运动　　　　　　　　　　(b) 平衡状态下的PN结

图 6-4　PN 结的形成

（2）少数载流子的漂移运动

一方面，随着扩散运动的进行，空间电荷区使内电场增强；另一方面，内电场又将阻止多数载流子的扩散运动，从而使 P 区中的少数载流子电子向 N 区运动，N 区中的少数载流子空穴向 P 区运动，这种在内电场作用下少数载流子的运动称为漂移运动。漂移运动方向正好与扩散运动方向相反，其结果是使空间电荷区变窄，使内电场削弱。当参与扩散运动的"多子"和参与漂移运动的"少子"数目相等时，即达到一种动态平衡状态，此时，空间电荷区的宽度不再变化，PN 结处于相对稳定状态。因为随着扩散运动的进行，离子薄层中的多数载流子已经扩散尽了，缺少"多子"，所以空间电荷区又称为耗尽层。

2. PN 结的单向导电性

（1）PN 结的正向偏置

通常将加在 PN 结上的电压称为偏置电压，若将 P 区接电源的正极，N 区接电源的负极，则称为给 PN 结加上了正向电压，或称为 PN 结正向偏置，简称正偏，如图 6-5（a）所示。这时外加电源电压 U_S 在 PN 结上形成外电场，其方向与内电场方向相反，使 PN 结空间电荷区变窄，于是多数载流子的扩散运动增强，形成较大的扩散电流 I_F，称为正向电流，其方向由 P 区流向 N 区。在一定范围内，外加电压越大，正向电流越大，PN 结呈低阻导通状态，相当于开关闭合。为了限制过大的正向电流，回路中应该串入限流电阻。

（2）PN 结的反向偏置

若将 P 区接电源的负极，N 区接电源的正极，则称为给 PN 结外加上了反向电压，或称为 PN 结反向偏置，简称反偏。这时外加电源电压 U_S 在 PN 结上形成外电场，其方向与内电场方向相同，使空间电荷区变宽，使得多数载流子的扩散运动受到阻碍。此时流过 PN 结的电流，主要是由少数载流子的漂移运动形成的电流，其方向由 N 区流向 P 区，称为反向电流 I_S。在常温下少数载流子的浓度很低，所以反向电流很小，一般可以忽略不计。因此，PN 结呈高阻截止状态，相当于开关断开，如图 6-5（b）所示。

综上所述，PN 结在正向偏置时呈导通状态，且正向电阻很小，正向电流很大；在反向偏置时呈截止状态，反向电阻很大，反向电流很小，这就是 PN 结的单向导电性。

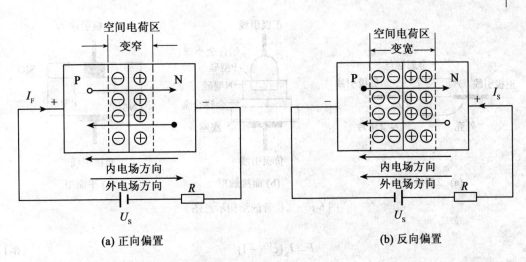

图 6-5 PN 结的单向导电性

6.2 晶体二极管

在 PN 结的两端各引出一个电极,并将其封装在金属或塑料壳内,就构成了一个二极管。其中,P 端引出的电极称为二极管的正极或阳极,N 端引出的电极称为负极或阴极。

6.2.1 二极管的分类

二极管从结构上分,可分为点接触型、面接触型和平面型三大类。

1. 点接触型二极管

点接触型二极管 PN 结面积小,结电容小,不能承受高的反向电压和大的正向电流。因此,只适宜用做高频检波、变频和脉冲数字电路中作为开关元件。其结构如图 6-6(a)所示。

2. 面接触型二极管

面接触型二极管的 PN 结面积大,可承受较大的电流,但极间电容也大,因此,适宜于工频大电流整流。其结构如图 6-6(b)所示。

3. 平面型二极管

平面型二极管的 PN 结面积可大可小,结面积大时,可用于大功率整流;结面积小时,适宜于高频整流和开关电路中。平面型二极管也常常用于集成电路制造工艺中。其结构如图 6-6(c)所示。

6.2.2 二极管的伏安特性

流过二极管的电流 I 与加在二极管两端的电压 U 之间的关系称做二极管的伏安特性。

二极管的伏安特性曲线如图 6-7 所示。其中,处在第一象限的称为正向伏安特性曲线,处在第三象限的称为反向伏安特性曲线。根据理论推导,二极管的伏安特性曲线可用式(6-1)表示。

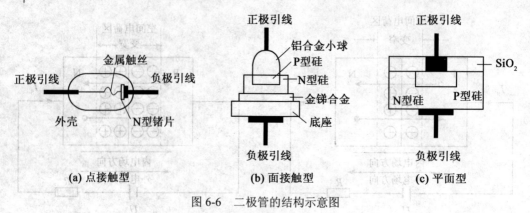

图 6-6 二极管的结构示意图

(a) 点接触型   (b) 面接触型   (c) 平面型

$$I = I_\text{S}(e^{\frac{U}{U_\text{T}}} - 1) \quad\quad\quad (6\text{-}1)$$

式中 I_S 为反向饱和电流，U 为二极管两端的电压降，k 为玻耳兹曼常数，q 为电子电荷量，T 为热力学温度。$U_\text{T} = kT/q$ 称为温度的电压当量，在室温（相当于 $T=300K$）条件下，则有 $U_\text{T} \approx 26\ mV$。

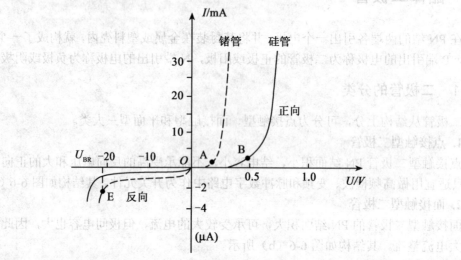

图 6-7 二极管的伏安特性曲线

1. 正向特性

由图可以看出，当外加正向电压很低时，因外电场还不足以克服内电场对多数载流子扩散运动的阻碍作用，故正向电流很小，这时二极管呈现较大的电阻，这一段称为二极管的死区。硅管的死区电压在 0～0.5 V 之间（图中的 OB 段），锗管在 0～0.2 V 之间（图中的 OA 段）。当外加正向电压超过二极管的死区电压以后，内电场被大大削弱，二极管的电阻变得很小，正向电流随电压的上升而迅速增长，二极管进入导通状态。二极管正向导通时的正向压降很小，硅管一般为 0.6～0.7V，锗管一般为 0.2～0.3V。

2. 反向特性

当外加反向电压时，外电场和内电场方向相同，扩散运动受到阻碍，二极管内只有少数载流子漂移运动所产生的反向电流。这种反向电流极其微弱，在一定的温度下，几乎没有多

高等院校计算机系列教材

大变化。这是因为二极管内的少数载流子浓度极低，当温度一定时，较小的反向电压就能使二极管内部所有的少数载流子都发生漂移运动形成反向电流。这样，即使反向电压增加，反向电流也不会明显增加，所以反向电流又称为反向饱和电流。通常，硅二极管的反向饱和电流约为 10^{-9}A 数量级，锗二极管的反向饱和电流约为 10^{-6}A，因此硅管的温度稳定性比锗管好。

当外加反向电压增大到一定值时（如锗管伏安特性曲线的 E 点，如图 6-7 所示），外电场强到足以把原子中的外层电子拉出来形成自由电子，这时载流子数量急剧增多，造成反向电流骤然猛增，这种现象称为二极管反向击穿。二极管反向击穿后一般不能恢复原来的性能，即二极管损坏。造成二极管反向击穿的电压称为反向击穿电压，记做 U_{BR}。二极管在正常工作时，所加反向电压不能超过其反向击穿电压。

6.2.3　二极管的主要参数

1. 最大整流电流 I_F

指二极管长期连续工作时，所允许通过的最大整流电流的平均值。当流过二极管的正向平均电流超过这个数值时，就会造成 PN 结的损坏。

2. 反向击穿电压 U_{BR} 和最大反向工作电压 U_{RM}

二极管反向电流急剧增加时对应的反向电压值称为反向击穿电压 U_{BR}。为安全起见，在实际工作时，最大反向工作电压 U_{RM} 一般只按反向击穿电压 U_{BR} 的一半计算（注：不同的厂家在此的规定有所不同）。

3. 反向电流 I_R

指在室温条件下，在二极管两端加上规定的反向电压（一般是最大反向工作电压）时，流过管子的反向电流。通常希望 I_R 越小越好，反向电流越小，说明二极管的单向导电性越好。一般功率硅二极管的反向电流为纳安（nA）级，锗二极管的反向电流为微安（μA）级。

4. 正向压降 U_F

指在规定的正向电流下，二极管两端所加的正向电压降。小电流硅二极管的正向压降在中等电流水平下的 0.6～0.8 V，锗二极管的 0.2～0.3 V。大功率的硅二极管的正向压降往往达到 1V 以上。

6.2.4　稳压二极管

1. 稳压二极管及其伏安特性

稳压二极管是一种特殊的面接触型硅二极管，由于它在电路中能起稳定电压的作用，故称为稳压管。它的伏安特性曲线及电路符号如图 6-8 所示。

稳压二极管的伏安特性曲线与普通二极管相似，但是它的反向击穿特性较陡，反向击穿电压较低（普通二极管为数百伏，一般硅稳压管为数伏至十几伏），允许通过的反向电流较大。正常工作时，稳压管通常工作在反向击穿区，当反向电流在较大范围内变化时，其两端电压变化很小，因而从它两端可以获得一个较为稳定的电压。只要反向电流不超过允许范围，稳压管就不会发生热击穿而损坏。因此，在工作时，稳压管必须串联一个适当的限流电阻。

2. 稳压管的主要参数

（1）稳定电压 U_Z

指稳压管通过规定测试电流时，稳压管两端的电压值。由于制造工艺的原因，同一型号管子的稳定电压有所不同。例如 2CW55 型稳压管的 U_z 为 4.2~7.5V（测试电流为 10mA）。

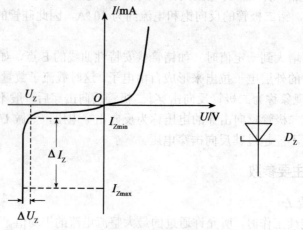

图 6-8　稳压二极管的伏安特性及符号

（2）稳定电流 I_z

指稳压管的工作电压等于稳定电压时通过管子的电流。它是一个参考电流值，当 I_z 低于 I_{zmin} 时，稳压效果变差；当 I_z 高于 I_{zmin} 时，只要 I_z 不大于最大工作电流 I_{zmax}，均可以正常工作，且电流越大，稳压效果越好，但此时稳压管的功耗增加。

3. 使用稳压管时应注意的问题

（1）稳压管必须工作在反向击穿状态（利用正向特性稳压除外）。

（2）稳压管工作时的电流应在稳定电流和最大允许工作电流之间。为了不使管子上的电流超过其反向击穿电流，稳压管在使用时必须串接限流电阻。

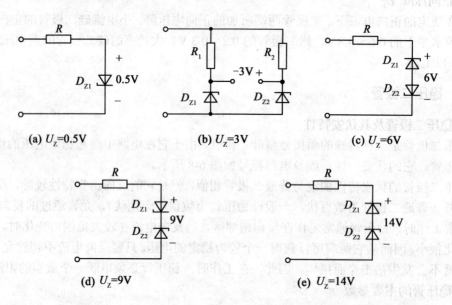

图 6-9　例 6-1 的电路图

124

（3）稳压管可以串联使用，串联后的稳压值为各个管子的稳压值之和。但稳压管不能并联使用，因为每个管子的稳压值都有差异，并联使用后，可能会造成某些管子上的电流分配不均匀而引起该管损坏。

例 6-1　有两个稳定电压分别为 5.5V 和 8.5V 的稳压管，正向压降都是 0.5V，如果要得到 0.5V、3V、6V、9V 和 14V 几种稳定电压，这两个稳压管应该如何连接？画出电路图。

分析：设两个管子的稳定电压分别为 U_{DZ1} 和 U_{DZ2}，稳压管工作在反向击穿区时，管子两端电压等于其稳定电压；稳压管工作在正向导通状态时，管子两端电压等于其正向压降。因此，可通过两个稳压管的不同连接来得到所需的不同稳定电压。

解：按如图 6-9（a）～（e）所示连接各电路，即能分别得到上述所需的几种不同稳定电压，图中电阻均为限流电阻。

6.3　晶体三极管

半导体三极管又称为双极型三极管（Bipolar Junction Transistor，BJT）、晶体三极管，简称为三极管，是一种最为常用的半导体器件。它是通过一定的工艺，将两个 PN 结巧妙地结合在一起，使三极管表现出不同于二极管单个 PN 结的特性，从而使 PN 结的应用发生了质的飞跃。三极管的最基本特性是具有电流放大作用。

6.3.1　基本结构及符号

三极管的种类很多，按照工作频率分，可分为高频管和低频管；按照功率大小分，可分为小功率管和大功率管；按制造三极管所使用的半导体材料不同分，可分为硅管和锗管等。另外，还可根据三极管结构的不同，把三极管分成 NPN 型和 PNP 型两大类。下面以 NPN 型三极管为例，介绍三极管的基本结构及原理。

NPN 型三极管的结构如图 6-10（a）、（b）所示。它由三层半导体组成：两边各为一层 N 型半导体，其中一边称为发射区，与之相连接的电极称为发射极，用 E 或 e 表示（Emitter）；另一边称为集电区，与之相连电极称为集电极，用 C 或 c 表示（Collector）。中间一层是很薄的 P 型半导体，称为基区，与之相连接的电极称为基极，用 B 或 b 表示（Base）。在基区和发射区之间、集电区和基区之间形成了两个 PN 结。其中，E-B 间的 PN 结称为发射结（Je），C-B 间的 PN 结称为集电结（Jc）。

NPN 型三极管的符号如图 6-10（c）所示，发射极的箭头代表发射极电流的实际方向。从外表上看，NPN 型三极管的两个 N 区（或 PNP 型三极管的两个 P 区）是对称的，发射极和集电极可以互换。实际上在制造时，发射区的掺杂浓度大，集电区掺杂浓度低，且集电结面积大，基区掺杂浓度低并要制造得很薄（其厚度一般为几个微米至几十个微米），所以发射极和集电极是不能互换的。

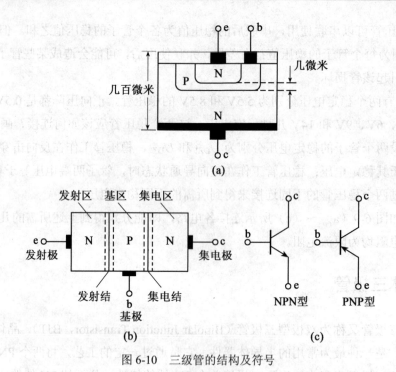

图 6-10　三级管的结构及符号

6.3.2　电流放大原理

基区很薄、发射区载流子浓度远大于基区的载流子浓度，是三极管实现放大功能的内部条件，而给三极管加上适当的直流偏置电压，保证其发射结正向偏置、集电结反向偏置，则是三级管实现放大功能的外部条件。现以 NPN 型三极管共发射极放大电路为例，来说明在放大状态下三极管内部的载流子的运动情况，如图 6-11 所示。

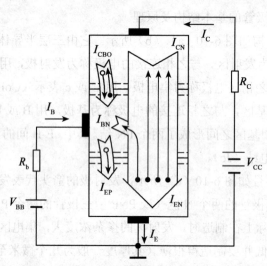

图 6-11　三极管内部载流子运动和各极电流

（1）当发射结加正向偏置电压时，从发射区将有大量的电子向基区扩散，形成电子的

扩散电流 I_{EN}，而基区掺杂浓度很低，因此从基区向发射区扩散的空穴电流 I_{EP} 却很小。

（2）从发射区向基区扩散的电子在经过基区时，与基区的载流子空穴产生复合，但因基区掺杂浓度很低，且做得很薄，所以从发射区扩散过来的电子被基区空穴复合的很少，只形成很小的基极电流 I_{BN}，而绝大多数电子继续向集电结方向扩散，并运动到集电区的边沿。

（3）由于集电结反偏，所以，当电子扩散到集电结附近时，就在电场力作用下越过集电结，到达集电区，形成集电极电流 I_{CN}。另外，集电结附近的"少子"也会在集电结电场力作用下发生漂移运动，形成集电结反向饱和电流 I_{CBO}。

根据以上分析，可以得到如下电流关系式：

$$I_E = I_{EN} + I_{EP} \qquad 且有 I_{EN} \gg I_{EP}$$

$$I_{EN} = I_{CN} + I_{BN} \qquad 且有 I_{EN} \gg I_{BN}, \quad I_{CN} \gg I_{BN}$$

$$I_C = I_{CN} + I_{CBO}$$

$$I_B = I_{EP} + I_{BN} - I_{CBO}$$

$$I_E = I_{EP} + I_{EN} = I_{EP} + I_{CN} + I_{BN} = (I_{CN} + I_{CBO}) + (I_{BN} + I_{EP} - I_{CBO}) = I_C + I_B$$

总之，发射区向基区注入电子，形成发射极电流 I_E，这些电子的绝大多数越过基区流向集电区，形成集电极电流 I_C，小部分与基区复合，形成基极电流 I_B。显然，集电极电流必须由发射区越过基区的电子流来形成，而不是集电区本身的"多子"运动所产生的，这充分体现了三极管内部基极电流对集电极电流的控制作用。

6.3.3　共射输入输出特性曲线

三极管各电极电压和电流之间的关系曲线，称为三极管的特性曲线，也称伏安特性。三极管的特性曲线实际上就是三极管内部特性的外部表现，它是我们分析放大电路的重要依据。从使用三极管的角度来看，了解三极管的外部特性比了解它的内部结构显得更为重要。三极管的共射特性曲线主要有共射输入特性曲线和共射输出特性曲线两种，它是指在采用共发射极接法时，三极管的输入、输出特性曲线。三极管的共射特性曲线可以采用特性图示仪在荧光屏上直观地显示出来，也可采用如图 6-12 所示的测试电路进行测试。

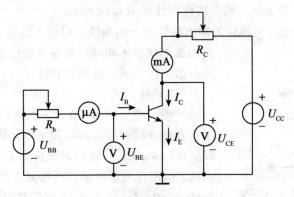

图 6-12　测试三极管特性的电路

1. 共射输入特性曲线

所谓共射输入特性是指三极管接成共射电路时，在输出回路中 U_{CE} 固定的情况下，加在三极管基极和发射极之间的电压 U_{BE} 与由它产生的基极电流 I_B 之间的关系曲线。用函数表

示为

$$I_B = f(U_{BE})\big|_{U_{CE}=常数} \qquad (6\text{-}2)$$

图 6-13 所示为 NPN 型三极管的输入特性曲线。通过分析可以得出该曲线具有以下特点：

（1）当 $U_{CE}=0$ 时，c、e 间相当于短接，这时的三极管相当于两个二极管并联，所以共射输入特性曲线和二极管的正向伏安特性相似。

（2）当 $U_{CE}>0V$ 时，随着 U_{CE} 的增大，曲线开始右移，这时集电结由正偏逐渐转为反偏，集电结电场对发射区流入基区的电子的吸引能力增强，因而使得基区内与空穴复合的电子减少，绝大部分电子流向集电区形成集电极电流 I_C。表现为在相同的 U_{BE} 下，流向基极的电流 I_B 减小，所以特性曲线右移。当 U_{CE} 大于某一数值（例如 1V）以后，由于集电结反偏电压已将流入基区的电子基本收集到集电极，即使 U_{CE} 再增大，I_B 也不会减小很多，所以，以后的曲线基本重合，因此，只需画出 $U_{CE}\geq 1V$ 的一条输入特性，就可以代表 U_{CE} 取值更高的情况。

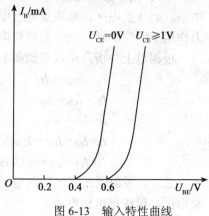

图 6-13　输入特性曲线

（3）三极管存在导通电压 U_{on}，即发射结开始导通时的基极电压。对于小功率硅管，该电压约 0.5V，锗管约 0.1V。

（4）三极管正常工作时发射结正向压降变化不大，硅管为 0.6~0.7V，锗管为 0.2~0.3V。

（5）三极管共射输入特性具有非线性的特性。U_{BE} 在 0.7V（硅管）附近稍有变化，I_B 就有较大变化。

2. 共射输出特性曲线

所谓共射输出特性是指三极管接成共射电路时，在基极电流 I_B 一定的情况下，三极管输出回路中集电极与发射极之间的电压 U_{CE} 与集电极电流 I_C 之间的关系曲线。用函数可表示为

$$I_C = f(U_{CE})\big|_{I_B=常数} \qquad (6\text{-}3)$$

以硅 NPN 型三极管为例，输出特性曲线如图 6-14 所示。

从图 6-14 可以看出，三级管的输出特性为一组曲线，对应不同的 I_B，输出特性不同，但曲线形状基本相同。在输出特性曲线上可划分为三个区：放大区、截止区和饱和区。

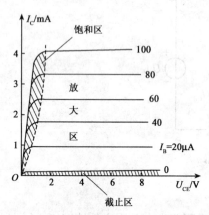

图 6-14　共射输出特性曲线

（1）截止区

一般习惯于把 $I_B \leq 0$ 以下的区域称为截止区。三极管工作在截止区时，发射结和集电结均处于反向偏置，即 $U_{BE}<0$，$U_{CB}>0$。三极管内既没有大量电子由发射区注入基区，也没有大量电子越过基区进入集电区，所以，$I_B=0$，$I_C=I_{CEO}\approx 0$，$U_{CE}\approx V_{CC}$。三极管基极与发射极之间、集电极与发射极之间均呈现高阻状态，相当于开关断开。

（2）饱和区

U_{CE} 很小（$U_{CE}<0.7V$），输出特性曲线陡直上升的区域称为饱和区。三极管在应用时，输出回路中总接有集电

极电阻 R_C，$U_{CE}=V_{CC}-I_CR_C$，在 V_{CC} 一定时，当 I_B 增加时 I_C 必然增加，因此，U_{CE} 减小。当 U_{CE} 减小到一定程度后，必然会削弱集电结吸引电子的能力，这时即使再增加 I_B，I_C 也增加很小或不再增加，I_B 对 I_C 失去控制作用。当 U_{CE} 减小到使 $U_{CB}=0$ 时（即 $U_{CE}=U_{BE}$），三极管开始进入饱和区。如果进一步减小 U_{CE}，就会使 U_{CB}（$U_{CB}=U_{CE}-U_{BE}$）<0，集电结转为正偏，因此在饱和区集电结和发射结均处于正向偏置，$U_{CB}<0$，$U_{BE}>0$。三极管饱和时的 U_{CE} 称为饱和压降，用 U_{CES} 表示。

（3）放大区

当 $U_{CE}>1V$ 以后，三极管的集电极电流 $I_C=\beta I_B+I_{CEO}$，在忽略 I_{CEO} 的情况下，I_C 与 I_B 成正比，而与 U_{CE} 关系不大，所以输出特性曲线几乎与横轴平行。当 I_B 一定时，I_C 的值基本不随 U_{CE} 变化，具有恒流特性。I_B 等量增加时，输出特性曲线等间隔地平行上移。这个区域的工作特点是发射结正向偏置，集电结反向偏置，$I_C\approx\beta I_B$。由于工作在这一区域的三极管具有电流放大作用，所以把该区域称为放大区。

三极管工作在放大区时，输出特性曲线具有以下重要特点：

（1）受控特性。在放大区内，$I_C=\beta I_B+I_{CEO}\approx\beta I_B$，三极管有电流放大作用（控制作用）。此时的集电极电流 I_C 受 I_B 的控制，这时，可把三极管视为一个受基极电流 I_B 控制的受控电流源，这就是三极管的受控特性。

（2）恒流特性。对应于一定的 I_B，I_C 受 U_{CE} 的影响很小，即 U_{CE} 变化 I_C 基本不变，呈现出较好的恒流特性。

6.3.4 主要参数

三极管的参数是表征管子各方面性能和安全运用的重要物理量，它是设计电路时选择管子、调整、计算电子电路的基本依据。三极管的参数较多，这里只介绍几个主要的参数。

1. 电流放大系数

电流放大系数的大小反映了三极管放大能力的强弱。根据工作状态的不同，它分为直流放大系数和交流放大系数。

（1）共发射极交流电流放大系数 β。指三极管工作在动态（有交流信号输入）时，集电极电流变化量 ΔI_C 与基极电流变化量 ΔI_B 之比，其大小体现了共射接法时三极管的交流放大能力。即

$$\beta=\frac{\Delta I_C}{\Delta I_B}\bigg|_{U_{CE}=常数} \tag{6-4}$$

（2）共发射极直流电流放大系数 $\bar{\beta}$。指三极管在静态（无输入信号）时，集电极电流 I_C 与基极电流 I_B 之比。即

$$\bar{\beta}=\frac{I_C}{I_B} \tag{6-5}$$

$\bar{\beta}$ 与 β 的意义不同，但其值几乎相等，故在应用中不再区分，均用 β 表示。

2. 极间反向电流

（1）集电极—基间的反向电流 I_{CBO}。I_{CBO} 是指发射极开路时，集电极—基极间的反向电流，也称集电结反向饱和电流。一般 I_{CBO} 的值很小，常温下小功率硅管约为 $1\mu A$，锗管约为 $10\mu A$。I_{CBO} 是一个受温度影响很大的参数，它随温度的增加而增加。三极管的参数 I_{CBO} 越小，则管子受温度的影响就越小，所以选择管子时应选用 I_{CBO} 小的管子。

（2）集电极—发射极间的反向电流 I_{CEO}。I_{CEO} 是指基极开路时，集电极—发射极间的反向电流，也称集电结穿透电流。一般认为，锗管温度每升高 12℃，I_{CEO} 增加 1 倍；硅管温度每升高 8℃，I_{CEO} 增加 1 倍。因此，I_{CEO} 反映了三极管的稳定性，其值越小，受温度影响也越小，三极管的工作就越稳定。

3. 极限参数

三极管的极限参数是指三极管在工作时不允许超过的参数值。使用时，三极管的参数必须限定在极限参数以下。

（1）集电极最大允许电流 I_{CM}。三极管集电极电流过大时，β 值将会明显下降。我们把三极管 β 值下降到规定允许值（一般为额定值的 1/2~2/3）时的集电极电流定义为集电极最大允许电流，用 I_{CM} 表示。使用中若 $I_C > I_{CM}$，三极管不一定会损坏，但其 β 值会明显下降。

（2）集电极最大允许功率损耗 P_{CM}。三极管工作时，c-e 之间的电压 U_{CE} 大部分降落在集电结上，因此集电极功率损耗 $P_C = U_{CE} I_C$ 近似为集电结功耗，它将使管子的集电结温度升高。而且 P_C 越大，管子温度增加得越多，P_C 过大，将使管子发热严重而损坏。因此，正常工作时，管子的功耗应低于集电极最大允许功率损耗，即 $P_C < P_{CM}$。

（3）反向击穿电压 $U_{(BR)CEO}$、$U_{(BR)CBO}$ 和 $U_{(BR)EBO}$。

$U_{(BR)CEO}$ 为基极开路时，为使三极管集电结不致击穿，允许加在三极管集电极—发射极之间的最高反向电压。

$U_{(BR)CBO}$ 为发射极开路时，为使三极管集电结不致击穿，允许加在三极管集电极—基极之间的最高反向电压。

$U_{(BR)EBO}$ 为集电极开路时，为使三极管发射结不致击穿，允许施加在三极管发射极—基极之间的最高反向电压。

以上三者之间的关系是：$U_{(BR)CEO} > U_{(BR)CBO} > U_{(BR)EBO}$。通常 $U_{(BR)CEO}$ 在几十伏以上，$U_{(BR)EBO}$ 为数伏到几十伏。

根据以上三个极限参数（I_{CM}、P_{CM}、$U_{(BR)CEO}$）可以确定三极管的安全工作区，如图 6-15 所示。三极管工作时必须保证工作在安全区内，并留有一定的余量。

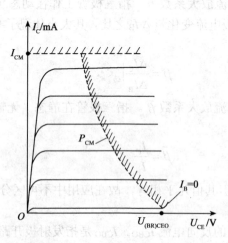

图 6-15 三极管的安全工作区

6.4　场效应管

场效应管（简称 FET）是利用输入电压产生的电场效应来控制输出电流的，所以又称之为电压控制型器件。场效应管工作时只有一种载流子（多数载流子）参与导电，故称单极型半导体三极管。因它具有很高的输入电阻，且能满足高内阻信号源对放大电路的要求，所以是较理想的前置输入级器件。它还具有热稳定性好、功耗低、噪声低、制造工艺简单、便于集成等优点，因而得到了广泛的应用。

根据结构不同，场效应管可以分为结型场效应管（JFET）和绝缘栅型场效应管（IGFET，或称 MOS 型场效应管）两大类。根据场效应管制造工艺和材料的不同，又可分为 N 型沟道场效应管和 P 型沟道场效应管。

6.4.1　结型场效应管

（1）基本结构及符号

以 N 型沟道结型场效应管为例，其结构及电路符号分别如图 6-16（a）、（b）所示，它是在一块 N 型硅片的两侧分别制作出两个 P 型区域，形成两个 PN 结。然后再把两个 P 型区连接在一起并引出一个电极，称为栅极，用字母 G（或 g）表示。剩下的区域为 N 型区域，在 N 型区域的两端各引出一个电极，分别称为源极 S 和漏极 D。栅极、源极和漏极相当于三极管的基极、发射极和集电极。从图 6-16（a）所示的结构图可以看出管内形成的两个 PN 结。夹在两个 PN 结中间的 N 型区是漏极和源极之间的导电通道，称为导电沟道。N 型区中的多子（电子）会在漏极与源极之间电场作用下运动，由于导电沟道是 N 型半导体，所以又称为 N 沟道。

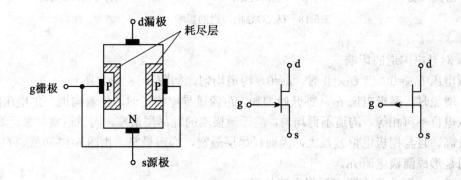

(a) 结构　　　**(b) N沟道结型场效应管符号**　**(c) P沟道结型场效应管符号**

图 6-16　结型场效应管结构与符号图

（2）工作原理

现以 N 沟道结型场效应管为例分析它的工作原理，如图 6-17 所示。场效应管工作时，它的两个 PN 结始终要加反向电压。对于 N 沟道结型场效应管，各极间所加电压应为 $U_{GS} \leqslant 0$，$U_{DS} > 0$。当 G、S 两极间电压 U_{GS} 改变时，沟道两侧耗尽层的宽度也随着改变，由于沟道宽度的变化，导致沟道电阻值的改变，从而实现了利用电压 U_{GS} 控制漏极电流 I_D 的目的。

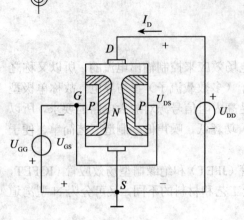

图 6-17　场效应管的工作原理

① U_{GS} 对导电沟道的影响

当 $U_{GS}=0$ 时，场效应管两侧的 PN 结均处于零偏置，形成两个耗尽层，如图 6-18（a）所示。此时耗尽层最薄，导电沟道最宽，沟道电阻最小。

当 $|U_{GS}|$ 值增大时，栅源之间反偏电压增大，PN 结的耗尽层增宽，导致导电沟道变窄，沟道电阻增大，如图 6-18（b）所示。

当 $|U_{GS}|$ 值增大到使两侧耗尽层相遇时，导电沟道全部夹断，如图 6-18（c）所示。沟道电阻趋于无穷大，对应的栅源电压 U_{GS} 称为场效应管的夹断电压，用 $U_{GS\,(off)}$ 来表示。

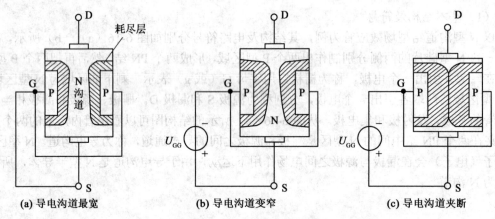

(a) 导电沟道最宽　　　　　(b) 导电沟道变窄　　　　　(c) 导电沟道夹断

图6-18　U_{GS} 对导电沟道的影响

② U_{DS} 对导电沟道的影响

设栅源电压 $U_{GS}=0$，当 $U_{DS}=0$ 时，$I_D=0$，沟道均匀，如图 6-18（a）所示。

当 U_{DS} 增加时，漏极电流 I_D 从零开始增加，I_D 流过导电沟道时，沿着沟道产生电压降，使沟道各点电位不再相等，沟道不再均匀。靠近源极端的耗尽层最窄，沟道最宽；靠近漏极端的电位最高，且与栅极电位差最大，因而耗尽层最宽，沟道最窄。由图 6-17 可知，U_{DS} 的主要作用是形成漏极电流 I_D。

③ U_{DS} 和 U_{GS} 对沟道电阻和漏极电流的影响

如图 6-17 所示，设在漏源间加有电压 U_{DS}，当 U_{GS} 变化时，沟道中的电流 I_D 将随沟道电阻的变化而变化。

当 $U_{GS}=0$ 时，沟道电阻最小，漏极电流 I_D 最大。当 $|U_{GS}|$ 值增大时，耗尽层变宽，沟道变窄，沟道电阻变大，电流 I_D 减小，直至沟道被耗尽层夹断，$I_D=0$。

当 $0<U_{GS}<U_{GS\,(off)}$ 时，沟道电流 I_D 在零和最大值之间变化。改变栅源电压 U_{GS} 的大小，能引起管内耗尽层宽度的变化，从而控制了漏极电流 I_D 的大小。

场效应管和普通三极管一样，可以看做是受控的电流源，但它是一种电压控制的电流源。

（3）特性曲线

场效应管的特性曲线分为转移特性曲线和输出特性曲线。

① 转移特性

转移特性是指在一定漏源电压 U_{DS} 作用下，栅源极电压 U_{GS} 对漏极电流 I_D 的控制关系，用函数式表达为

$$I_D = f(U_{GS})\Big|_{U_{DS}=常数} \tag{6-6}$$

如图 6-19 所示为场效应管的特性曲线测试电路。如图 6-20 所示为场效应管的转移特性曲线。从转移特性曲线可知，U_{GS} 对 I_D 的控制作用如下：

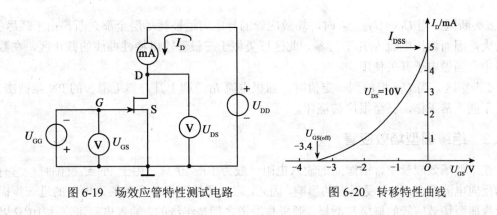

图 6-19　场效应管特性测试电路　　　　图 6-20　转移特性曲线

当 $U_{GS}=0$ 时，导电沟道最宽，沟道电阻最小。所以当 U_{DS} 为某一定值时，漏极电流 I_D 最大，称为饱和漏极电流，用 I_{DSS} 表示。

当 $|U_{GS}|$ 值逐渐增大时，PN 结上的反向电压也逐渐增大，耗尽层不断加宽，沟道电阻逐渐增大，漏极电流 I_D 逐渐减小。

当 $U_{GS}=U_{GS\,(off)}$ 时，沟道全部夹断，$I_D=0$。

② 输出特性

输出特性是指栅源电压 U_{GS} 一定时，漏极电流 I_D 与漏源极电压 U_{DS} 之间的关系，即

$$I_D = f(U_{DS})\Big|_{U_{GS}=常数} \tag{6-7}$$

图 6-21 给出了结型场效应管的输出特性曲线，它可以分成以下几个工作区：

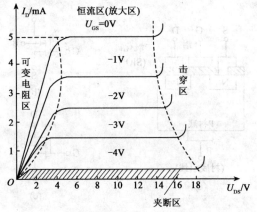

图 6-21　N 沟道结型场效应管输出特性曲线

a.可变电阻区。当 U_{GS} 不变，U_{DS} 由零逐渐增加且较小时，I_D 随 U_{DS} 的增加而线性上升，场效应管导电沟道畅通，漏源之间可视为一个线性电阻 R_{DS}，这个电阻在 U_{DS} 较小时，主要由 U_{GS} 决定，所以此时沟道电阻值近似不变。而对于不同的栅源电压 U_{GS}，则有不同的电阻值 R_{DS}，故称为可变电阻区。

b.恒流区（又称线性放大区）。图 6-21 中间部分是恒流区，在此区域 I_D 几乎不随 U_{DS} 的增加而增加，而是随着 U_{GS} 的增大而增大，输出特性曲线近似平行于 U_{DS} 轴，I_D 受 U_{GS} 的控制，表现出场效应管通过电压控制电流的放大作用，场效应管组成的放大电路就工作在这个区域。

c.夹断区。当 $U_{GS} < U_{GS\ (off)}$ 时，场效应管的导电沟道被耗尽层全部夹断，由于耗尽层电阻极大，因而漏极电流 I_D 几乎为零。此区域类似于三极管输出特性曲线的截止区，在数字电路中常当做电子开关使用。

d.击穿区。当 U_{DS} 增加到一定值时，漏极电流 I_D 急剧上升，靠近漏极的 PN 结被击穿，管子不能正常工作，甚至很快被烧坏。

6.4.2 绝缘栅型场效应管

在结型场效应管中，栅源间的输入电阻一般为 $10^6 \sim 10^9\ \Omega$。由于 PN 结反偏时，总有一定的反向电流存在，而且受温度的影响，因此，限制了结型场效应管输入电阻的进一步提高。而绝缘栅型场效应管的栅极与漏极、源极与沟道之间是绝缘的，输入电阻可高达 $10^9\ \Omega$ 以上。由于这种场效应管是由金属（Metal）、氧化物（Oxide）和半导体（Semiconductor）组成的，故称 MOS 管。MOS 管可分为 N 沟道和 P 沟道两种。按照工作方式不同又可以分为增强型和耗尽型两大类。

1. N沟道增强型绝缘栅场效应管

（1）基本结构及符号

图 6-22（a）所示是 N 沟道增强型 MOS 管的结构图。MOS 管以一块掺杂浓度较低的 P 型硅片做衬底，在衬底上通过扩散工艺形成两个高掺杂的 N 型区，并引出两个电极分别作为源极 S 和漏极 D；在 P 型硅表面制作一层很薄的二氧化硅（SiO_2）绝缘层，在二氧化硅表面再喷上一层金属铝，引出栅极 G。这种场效应管的栅极、源极和漏极之间都是绝缘的，所以称之为绝缘栅场效应管。

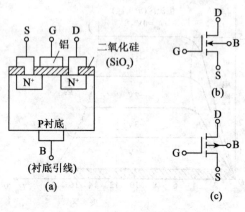

图 6-22　MOS 管的结构及其电路符号

绝缘栅型场效应管的电路符号如图 6-22（b）、（c）所示。箭头方向表示沟道类型，其中，箭头指向管内的表示 N 沟道的 MOS 管，如图 6-22（b）所示；箭头指向管外的表示 P 沟道的 MOS 管，如图 6-22（c）所示。

（2）工作原理

图 6-23（a）所示为 N 沟道增强型 MOS 管的工作原理示意图，图 6-23（b）是其相应的电路图。工作时栅源之间加正向电压 U_{GS}，漏源之间加正向电压 U_{DS}，并将源极与衬底连接，衬底是电路中最低电位点。

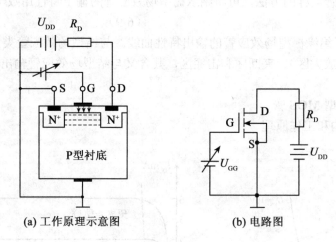

(a) 工作原理示意图　　　　(b) 电路图

图 6-23　N 沟道增强型 MOS 管工作原理

当 $U_{GS}=0$ 时，漏极与源极之间没有原始的导电沟道，漏极电流 $I_D=0$。这是因为当 $U_{GS}=0$ 时，漏极和衬底以及源极之间形成了两个反向串联的 PN 结，在 U_{DS} 加正向电压时，漏极与衬底之间 PN 结处于反向偏置的缘故。当 $U_{GS}>0$ 时，栅极与衬底之间产生了一个垂直于半导体表面、由栅极 G 指向衬底的电场。这个电场的作用是排斥 P 型衬底中的空穴而吸引电子到表面层，当 U_{GS} 增大到一定值时，在绝缘层和 P 型衬底的交界面附近积累了较多的电子，形成了 N 型薄层，称为 N 型反型层。反型层使漏极与源极之间成为一条由电子构成的导电沟道。当加上漏源电压 U_{DS} 之后，就会有电流 I_D 流过沟道。通常将刚刚出现漏极电流 I_D 时所对应的栅源电压称为开启电压，用 $U_{GS\,(th)}$ 表示。

当 $U_{GS}>U_{GS\,(th)}$ 时，U_{GS} 增大→电场增强→沟道变宽→沟道电阻减小→I_D 增大；反之，U_{GS} 减小→沟道变窄→沟道电阻增大→I_D 减小。所以改变 U_{GS} 的大小，就可以控制沟道电阻的大小，从而达到控制漏极电流 I_D 的目的。由于随着 U_{GS} 的增强，沟道导电性能也跟着增强，故称为增强型。

必须强调，这种管子在 $U_{GS}<U_{GS\,(th)}$ 时，反型层（导电沟道）消失，$I_D=0$。只有当 $U_{GS}\geqslant U_{GS\,(th)}$ 时，才能形成导电沟道，并有电流 I_D。

（3）特性曲线

① 转移特性曲线

高等院校计算机系列教材

按照结型场效应管同样的方法，可将绝缘栅型场效应管的转移特性用数学方法描述为

$$I_D = f(U_{GS})\big|_{U_{DS}=常数} \qquad (6\text{-}8)$$

图 6-24 给出了绝缘栅型场效应管的转移特性曲线。由图可见，当 $U_{GS} < U_{GS (th)}$ 时，导电沟道没有形成，$I_D=0$。当 $U_{GS} \geq U_{GS (th)}$ 时，开始形成导电沟道，并随着 U_{GS} 的增大，导电沟道变宽，沟道电阻变小，电流 I_D 增大。

② 输出特性曲线

按照结型场效应管同样的方法，可将绝缘栅型场效应管的输出特性用数学方法描述为

$$I_D = f(U_{DS})\big|_{U_{GS}=常数} \qquad (6\text{-}9)$$

图 6-25 给出了绝缘栅型场效应管的输出特性曲线。与结型场效应管类似，也分为可变电阻区、恒流区（放大区）、夹断区和击穿区，其含义与结型场效应管输出特性曲线的几个区基本相同。

2. N 沟道耗尽型 MOS 管

（1）基本结构和工作原理

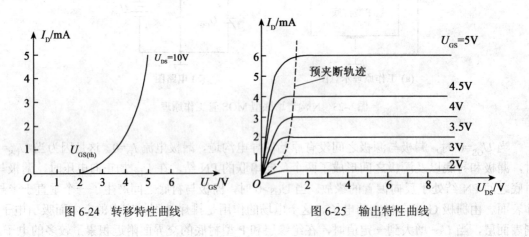

图 6-24　转移特性曲线　　　　　　图 6-25　输出特性曲线

N 沟道耗尽型 MOS 管的结构如图 6-26（a）所示，电路符号如图 6-26（b）所示。其结构与增强型场效应管的结构相似，N 沟道耗尽型 MOS 管在制造时，在二氧化硅绝缘层中掺入了大量的正离子，这些正离子的存在，使得 $U_{GS}=0$ 时，就有垂直电场进入半导体，并吸引自由电子到半导体的表层而形成 N 型导电沟道。

若栅源极之间所加电压 $U_{GS} < 0$，则由 U_{GS} 所产生的外电场将削弱正离子所产生的电场，使沟道变窄；若栅源之间所加电压 $U_{GS} > 0$，则由 U_{GS} 所产生的外电场将使正离子所产生的电场得到加强，使沟道变宽。因此这种管子所加栅压可以是正栅压，也可以是负栅压，改变它的大小可改变沟道的宽窄，从而改变漏极电流 I_D 的大小。由于这种管子栅极与源极是绝缘的，所以就是给它加上正栅压也不会引起栅极电流。

（2）特性曲线

① 输出特性曲线

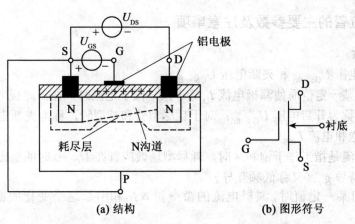

(a) 结构　　　　　　　　　　**(b) 图形符号**

图 6-26　N 沟道耗尽型 MOS 管的结构和符号

　　N 沟道耗尽型 MOS 管的输出特性曲线如图 6-27（a）所示，曲线同样可分为可变电阻区、恒流区（放大区）、夹断区和击穿区。

　　② 转移特性曲线

　　N 沟道耗尽型 MOS 管的转移特性曲线如图 6-27（b）所示。从图中可以看出，这种 MOS 管的栅源电压可正可负，也可为零，使用灵活性较大。

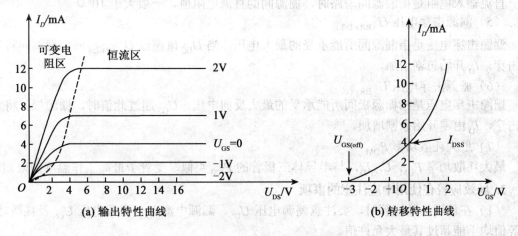

(a) 输出特性曲线　　　　　　　　**(b) 转移特性曲线**

图6-27　N沟道耗尽型MOS管特性

　　当 $U_{GS}=0$ 时，绝缘层中的正离子在 P 型衬底中感应出足够的电子，并在绝缘层附近形成 N 型导电沟道，形成漏极电流 I_{DSS}。

　　当 $U_{GS}>0$ 时，垂直电场增强，导电沟道变宽，电流 I_D 增大。

　　当 $U_{GS}<0$ 时，垂直电场减弱，导电沟道变窄，电流 I_D 减小。

　　当 $U_{GS}=U_{GS\,(off)}$ 时，导电沟道全夹断，$I_D=0$。

6.4.3 场效应管的主要参数及注意事项

1. 主要参数

（1）开启电压 $U_{GS\,(th)}$ 和夹断电压 $U_{GS\,(off)}$

在 U_{DS} 等于某一定值而使漏极电流 I_D 等于某一微小电流时，在栅源极之间所加的电压：对于增强型管，称为开启电压 $U_{GS\,(th)}$；对于耗尽型管和结型管，称为夹断电压 $U_{GS\,(off)}$。

（2）漏极饱和电流 I_{DSS}

漏极饱和电流是指工作于饱和区时，耗尽型场效应管在 $U_{GS}=0$ 时的漏极电流。

（3）低频跨导 g_m（又称低频互导）

是指 U_{DS} 为某一定值时，漏极电流的微变量 ΔI_D 和引起这个变化的栅源电压微变量 ΔU_{GS} 之比，即

$$g_m = \frac{\Delta I_D}{\Delta U_{GS}}\bigg|_{U_{DS}=常数} \tag{6-10}$$

式中，ΔI_D 为漏极电流的微变量，ΔU_{GS} 为栅源电压微变量。g_m 反映了 U_{GS} 对 I_D 的控制能力，是表征场效应管放大能力的重要参数，单位为西门子（S）。g_m 一般为几 ms，它等于转移特性曲线上工作点处切线的斜率。

（4）直流输入电阻 R_{GS}

直流输入电阻是指漏源间短路时，栅源间的直流电阻值，一般大于 $10^8\,\Omega$。

（5）漏源击穿电压 $U_{(BR)\,DS}$

漏源击穿电压是指漏源间所能承受的最大电压，当 U_{DS} 值超过 $U_{(BR)\,DS}$ 时，栅漏间将发生击穿，I_D 开始急剧增加。

（6）栅源击穿电压 $U_{(BR)\,GS}$

栅源击穿电压是指栅源极间所能承受的最大反向电压，U_{GS} 超过此值时，栅源极间将发生击穿，I_D 由零开始急剧增加。

（7）最大耗散功率 P_{DM}

最大耗散功率 $P_{DM}=U_{DS}I_D$，与半导体三极管的 P_{CM} 类似，受管子最高工作温度的限制。

2. 场效应管在使用中应注意的事项

（1）在使用场效应管时，要注意漏源电压 U_{DS}、漏源电流 I_D、栅源电压 U_{GS} 及耗散功率等值均不能超过其最大允许值。

（2）场效应管从结构上看漏源两极是对称的，可以互相对换使用，但有些产品在制作时已将衬底和源极在内部连在一起，这时漏源两极不能对换使用。

（3）结型场效应管的栅源极之间不能加正向电压，因为它工作在反偏状态，通常各极在开路状态下保存。

（4）绝缘栅型场效应管的栅源两极绝不允许悬空，因为栅源两极间如果有感应电荷，就很难泄放，电荷积累会使电压升高，引起栅极绝缘层击穿，造成管子损坏。因此要在栅源间绝对保持直流畅通，保存时务必用金属导线将三个电极短接起来。在焊接时，烙铁外壳必须接电源地端，并在烙铁断开电源后再焊接栅极，以避免交流感应电压将栅极击穿，要求按 S、D、G 极的顺序焊好管子后，再去掉各极的金属短接线。

6.4.4　场效应管和三极管的比较

场效应管是依靠半导体中的多数载流子起导电作用的，即导电过程只有一种极性的载流子参与，所以场效应管又称单极型晶体管。半导体三极管的导电过程依靠半导体中多数载流子和少数载流子一起作用，即导电过程中有电子和空穴两种极性的载流子参与，所以半导体三极管又称双极型晶体管。下面将两者的比较列表如表6-1所示。

表6-1　　　　　　　　　　　　　　　　场效应管与普通三极管比较表

项目	器件名称	
	晶体三极管	场效应管
极型特点	双极型	单极型
控制方式	电流控制	电压控制
类型	PNP型、NPN型	N沟道、P沟道
放大参数	β=50～200	g_m=　1000～5000A/V
输入电阻	$10^2 \sim 10^4 \Omega$	$10^2 \sim 10^{15} \Omega$
噪声	较大	较小
热稳定性	差	好
抗辐射能力	差	强
制造工艺	较复杂	简单、成本低

本 章 小 结

（1）半导体导电能力取决于其内部载流子的多少。半导体有电子和空穴两种载流子。杂质半导体中多数载流子浓度取决于所掺杂质的多少。杂质半导体有P型半导体和N型半导体，它们是电中性的。P型半导体中的多数载流子是空穴，少数载流子是电子；N型半导体中的多数载流子是电子，少数载流子是空穴。PN结具有单向导电特性。

（2）二极管是一种非线性元件，二极管伏安特性曲线上各点所呈现的电阻是不同的。二极管的主要特性是单向导电特性，其次还有反击穿特性、温度特性等。不同的特性是组成二极管各种应用电路的依据。

（3）晶体三极管是一种电流控制器件，具有电流放大作用。使用时有三种基本接法，最常用的是共发射极接法。三极管有三种工作状态，即截止、饱和和放大状态。三极管三个电极的电流关系为 $I_E = I_C + I_B$，在放大状态时 $I_C = \beta I_B$。β值用来表征三极管电流放大能力的大小；I_{CBO}，I_{CEO}反映了管子温度的稳定性。三极管有NPN型和PNP型两大基本类型。

（4）场效应管是一种电压控制器件，它是利用栅极电压去控制漏极电流的大小。场效应管具有高输入电阻和低噪声的特点，表征管子性能的有转移特性曲线、输出特性曲线和跨导。场效应管分结型和绝缘栅型场效应管两大类，每类又有P沟道、N沟道之分，绝缘栅场效应管有增强型和耗尽型两种类型。

高等院校计算机系列教材

习 题 6

6-1 在半导体中参与导电的是哪些载流子？它们是如何形成的？

6-2 什么是杂质半导体？有几种类型？它们是如何形成的？

6-3 杂质半导体中多数载流子和少数载流子的含义各是什么?其数目取决于什么？

6-4 N 型半导体和 P 型半导体中的载流子有何特点？什么是施主杂质和受主杂质？

6-5   PN 结是如何形成的？

6-6   PN 结正偏和反偏的条件是什么？

6-7 二极管有哪些重要参数？它们的物理意义是什么？

6-8 三极管有哪些重要参数？它们的物理意义是什么？

6-9 画出 NPN 和 PNP 两种三极管的结构示意图和电路符号。

6-10 三极管具有放大作用的内部条件和外部条件各是什么？

6-11 为什么说三极管放大作用的本质是电流控制作用？

6-12 试在特性曲线上指出三极管的三个工作区：放大区、截止区和饱和区，它们的偏置有何特点？

6-13 画出 N 沟道和 P 沟道结型场效管的电路符号，各电极电源如何连接？

6-14 说明结型场效管的主要参数及意义。

6-15 说明绝缘栅型场效管的主要参数及其意义。

6-16 为什么绝缘栅场效管的输入电阻可以比结型场效管高？

6-17 二极管电路如图 6-28 所示，试判断图中的二极管是导通还是截止，并求出 U_O（设二极管是理想的）。

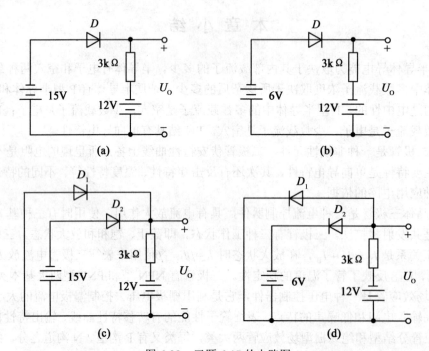

图 6-28 习题 6-17 的电路图

6-18　如图 6-29（a）所示的电路中，D 为理想二极管，设输入电压 $u_i(t)$ 的波形如图 6-29（b）所示，试绘出在 $0 < t < 5$ms 的时间分隔内 $u_O(t)$ 的波形。

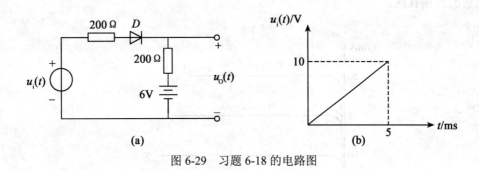

图 6-29　习题 6-18 的电路图

6-19　在如图 6-30（a）所示的电路中，D 为理想二极管，试绘出在 $0 < t \leqslant 10$ms 时间内，电路输出电压 $u_O(t)$ 的波形。

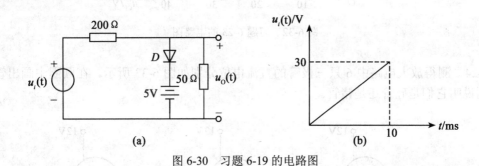

图 6-30　习题 6-19 的电路图

6-20　已知稳压管的稳压值 $U_Z = 6$V，稳定电流的最小值 $I_{Zmin} = 5$mA。求如图 6-31 所示的电路中 U_{O1} 和 U_{O2} 各为多少伏。

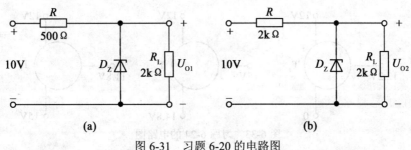

图 6-31　习题 6-20 的电路图

6-21　现有两只稳压管，它们的稳定电压分别为 6V 和 8V，正向导通电压为 0.7V。试问：

（1）若将它们串联相接，则可得到几种稳压值？各为多少？

（2）若将它们并联相接，则又可得到几种稳压值？各为多少？

6-22　有两只晶体管，一只 $\beta = 200$，$I_{CEO} = 200\mu A$；另一只 $\beta = 100$，$I_{CEO} = 10\mu A$，其

他参数大致相同。你认为应选用哪只管子？为什么？

6-23 某晶体管的输出特性曲线如图 6-32 所示，其集电极最大耗散功率 $P_{CM}=200mW$，试画出它的过损耗区。

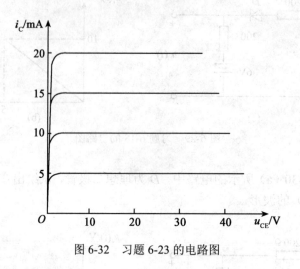

图 6-32 习题 6-23 的电路图

6-24 测得放大电路中 6 只三极管的直流电位分别如图 6-33 所示。在圆圈中画出管子，并分别说明它们是硅管还是锗管。

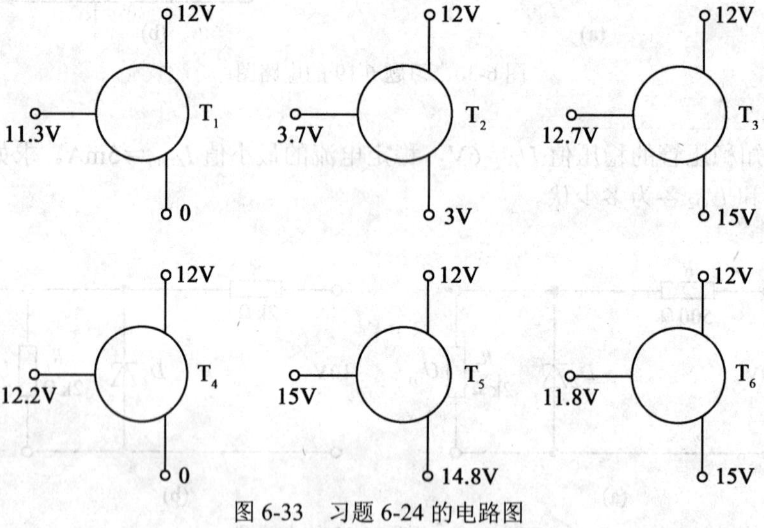

图 6-33 习题 6-24 的电路图

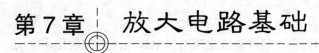

第7章 放大电路基础

学习目标

1. 掌握放大电路的基本组成及工作原理。

2. 掌握放大电路的直流分析方法和交流分析方法，能熟练运用估算法求解放大电路的静态工作点和用微变等效法求解放大电路的交流动态参数。

3. 了解多级放大电路的分析方法。

4. 熟悉差动式放大电路的工作原理及分析方法。

放大电路（又称放大器）是电子设备中不可缺少的组成部分，如在音响设备、视听设备、精密测量仪器、自动控制系统等电路中被广泛应用。它的主要功能是放大电信号，即通过电子器件的控制作用，将直流电源功率转换成一定强度的随输入信号变化而变化的输出信号。

7.1 放大电路的组成及工作原理

7.1.1 放大电路的基本组成

放大电路的组成以三极管为核心元件，其构成原则是：

（1）三极管应工作在放大区，即发射结正偏，集电结反偏。

（2）信号电路设计合理，能将输入信号有效地传送至放大电路的输入端，并经放大后，从输出端输出。

（3）放大电路工作稳定，失真不超过允许范围。

根据以上原则组成的基本放大电路如图 7-1 所示。

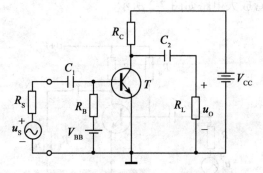

图 7-1 单管共射基本放大电路原理图

电路中，外来信号从三极管基极和发射极之间输入，经放大后从集电极和发射极之间输出。由于放大电路中只有一个双极型三极管作为放大器件，且输入回路和输出回路的公共端是三极管的发射极，所以该电路又称为单管共射基本放大电路，简称基本放大电路。电路中各元器件的作用如下所述。

1. 晶体管 T

它是放大电路的核心元件，也是控制元件，利用基极电流对集电极电流的控制作用来实现对输入信号的放大。

2. 基极电源 V_{BB}

给三极管发射结提供正向偏置电压。

3. 基极偏置电阻 R_B

提供大小合适的基极电流（或叫偏置电流，简称偏流），使放大电路有一个合适的静态工作点。R_B 的阻值一般在几十千欧到几百千欧。

4. 集电极电源 V_{CC}

为三极管集电结提供反向偏置，同时也为整个放大电路提供能量。

5. 集电极电阻 R_C

将集电极电流的变化，转换成集—射之间的电压变化，这一变化的电压就是放大器的输出信号电压，从而实现电压放大功能。R_C 的阻值一般为几千欧到几十千欧。

6. 输入耦合电容 C_1 和输出耦合电容 C_2

它们能使交流信号顺利通过，同时隔断信号源与放大器之间、放大器与负载之间的直流通路。为了起到良好的隔直通交作用，C_1、C_2 常选用容量较大的电解电容。

7. 负载电阻 R_L

放大电路的负载可以是电阻，也可以是喇叭、耳机，或是后级放大电路的输入电阻等。

在实际应用中，放大电路使用两个电源极不方便，不仅会使电源的设计成本增加，还会使电路复杂化。故一般的做法是将两个电源合二为一，即将三极管基极电源 V_{BB} 省去不用，把基极偏置电阻 R_B 改接至集电极电源 V_{CC} 的正端，由 V_{CC} 单独供电。这样，虽省去了 R_B，但三极管的发射结仍然是正偏的。只要合理地选择 V_{CC}、R_C、V_{BB} 和 R_B 等参数，使之与电路中三极管的输入、输出特性相适应，就能使三极管工作在放大区。习惯上，为了简化电路的画法，一般不画电源的符号，只是在连接其正极的一端标出它对地的电压值和极性，同时把放大电路的公共端接"地"，并设置为零电位，而电路中其他各点的电位均可以该点作为参考点。经简化后的三极管放大电路如图7-2所示。

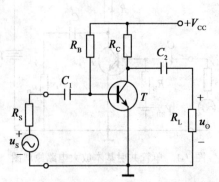

图 7-2　简化后的单管共射基本放大电路

7.1.2 直流通路与交流通路

在单管共射基本放大电路中，既有直流电源供电，又有交流信号输入，因此三极管的各极电流和电压既有直流成分又有交流成分。为了分析方便，常将直流静态量和交流动态量分开来研究，这就需要把放大电路分别画成直流通路和交流通路来进行分析。

1. 直流通路及其画法

直流通路是指放大电路中直流成分通过的路径。由于电容器具有隔断直流的作用，所以画直流通路时可以把它视为开路；电感元件对直流信号的阻抗很小，几乎为零，可以把它视为短路。根据以上画法，画出单管共射基本放大电路的直流通路如图 7-3 (a)所示。

2. 交流通路及其画法

交流通路是指放大电路中交流成分（信号）通过的途径。一般来说，耦合电容、旁路电容容量较大，对交流信号的容抗很小，可以视为短路；直流电源内阻很小，可忽略不计，也可视为短路。根据以上画法，画出单管共射基本放大电路的交流通路如图 7-3 (b)所示。

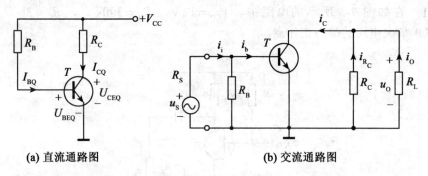

(a) 直流通路图   (b) 交流通路图

图 7-3   单管共射基本放大电路的交、直流通路图

7.1.3 静态工作点的估算

放大电路在无信号输入时的直流工作状态称为静态。三极管在静态时各极的直流电压值和直流电流值共同确定的点叫静态工作点，用 Q 表示。静态工作点电压和电流值通常有 U_{BEQ}、I_{BQ}、I_{CQ} 和 U_{CEQ}，如图 7-4 所示。

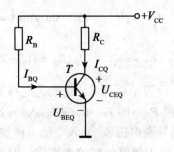

图 7-4   直流通路

根据图 7-4 的输入回路可求得单管共射基本放大电路的基极电流为

高等院校计算机系列教材

$$I_{BQ} = \frac{V_{CC} - U_{BEQ}}{R_B} \qquad (7-1)$$

由三极管内部载流子的运动分析可知,三极管基极电流与集电极电流的关系是 $I_C \approx \bar{\beta} I_B$,而 $\beta \approx \bar{\beta}$,所以集电极电流为

$$I_{CQ} \approx \beta I_{BQ} \qquad (7-2)$$

由图 7-4 的输出回路得

$$U_{CEQ} = V_{CC} - I_{CQ} R_C \qquad (7-3)$$

U_{BEQ} 的数值,硅管约为 0.7V,锗管约为 0.3V。在较粗略的估算中,有时 U_{BEQ} 也可忽略不计,于是,I_{BQ} 的计算公式为

$$I_{BQ} = \frac{V_{CC}}{R_B} \qquad (7-4)$$

例 7-1 在如图 7-5 所示的电路中,$V_{CC} = 12\text{ V}$,$R_B = 300\text{k}\Omega$,$R_C = 3\text{k}\Omega$,三极管的 $\beta = 50$,试求放大电路的静态工作点。

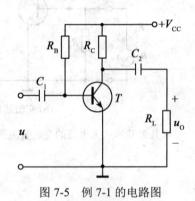

图 7-5 例 7-1 的电路图

解:为使计算简便,在以后的计算中,R 常以 kΩ 为单位,I 则以 mA 为单位,于是有

$$I_{BQ} = \frac{V_{CC}}{R_B} = \frac{12}{300}\text{mA} = 0.04\text{mA} = 40\mu\text{A}$$

$$I_{CQ} = \beta I_{BQ} = (50 \times 0.04)\text{mA} = 2\text{mA}$$

$$U_{CEQ} = V_{CCQ} - I_{CQ} R_C = (12 - 2 \times 3)\text{V} = 6\text{V}$$

一个放大器的静态工作点的设置是否合适,是放大电路能否正常工作的重要条件。如图 7-6 所示,如果没有直流偏置电阻 R_B,则 $I_{BQ}=0$。在输入信号的正半周,三极管发射结因正偏而导通(实际还需大于发射结导通电压),输入电流 i_b 随输入信号 u_i 变化而变化,输出电流 i_c 又随输入电流作同样改变,放大电路能起放大作用。但在输入信号的负半周,三极管发射结加上了反偏电压而截止,输入电流和输出电流均为 0,没有信号输出,因此从整个周期来看,输出信号与输入信号的波形产生了严重的失真。

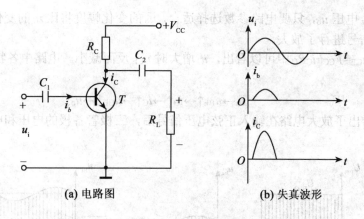

(a) 电路图　　　　　　　　**(b) 失真波形**

图 7-6　未设置静态工作点的单管放大电路

如果给放大电路设置了合适的偏置电路，则静态时，I_{BQ} 就有了一定值，与输入信号叠加的结果，使基极总电流恒为正值（I_{BQ} 必须大于交流信号的幅值），不会进入三极管的截止区，从而避免了波形的截止失真，如图 7-7 所示。

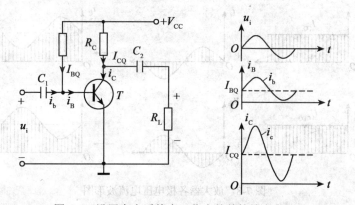

图 7-7　设置有合适静态工作点的单管放大电路

由此可见，给放大电路设置合适的静态工作点是非常必要的。在给放大电路设置了合适的静态工作点后，基极电流的合成保证了三极管在交流信号的整个周期内都处于导通放大状态，避免了波形的失真。

7.1.4　单管共射放大电路的工作原理

在如图 7-7 所示的电路中，设输入信号电压 u_i 从基极和发射极之间输入，被放大的信号从集电极与发射极之间输出。放大电路在工作时三极管各极电压和电流均包含直流成分（即放大电路静态工作点的电压和电流值）和交流成分，直流成分用大写字母加末尾带 Q 字母的大写下标表示，如 I_{BQ}、U_{CEQ}；交流成分用小写字母加小写下标表示，如 i_b、u_{be}；总量用小写字母加大写下标表示，如 i_B、u_{CE}。设输入信号电压 u_i，当 u_i 变化时，三极管基极电流 i_b 也随之变化，使三极管基极总电流 $i_B = I_{BQ} + i_b$ 发生变化，集电极电流 $i_C = \beta i_B$ 也随之变化，并在集电极电阻 R_C 上产生电压降 $i_C R_C$，使三极管的集电极电压 $u_{CE} = V_{CC} - i_C R_C$ 也随之变化，u_{CE} 是直流静态电压 U_{CEQ} 和输出信号电压 u_o 的叠加。通过 C_2 的耦合，隔断了直流电压 U_{CEQ}，

输出交流信号电压 u_o，只要电路参数选择适合，u_o 的变化幅度将比 u_i 的变化大很多倍，即放大器对输入信号进行了放大。

从式子 $u_{CE}=V_{CC}-i_C R_C$ 中可以看出，i_C 增大时 u_{CE} 反而减小。电路中各物理量的变化顺序如下：

$$u_i \rightarrow u_{BE}\uparrow \rightarrow i_B\uparrow \rightarrow i_C\uparrow \rightarrow u_{CE}\downarrow \rightarrow u_o\downarrow$$

图 7-8 给出了放大电路在输入正弦电压信号后，三极管各极的电压和电流波形。

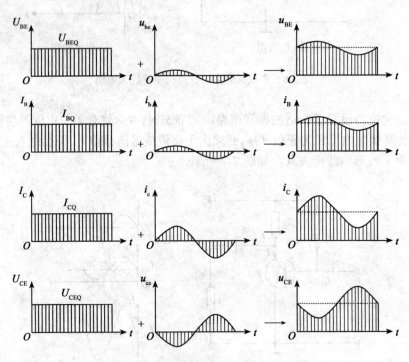

图 7-8 放大器各极电压电流波形图

由图 7-8 可以看出，u_{BE}、i_b、i_c 与 u_i 同相，而输出电压 u_o(或 u_{ce})与 u_i 反相。因此这种共发射极单管放大电路又被称为反相放大电路。

7.2 放大电路的基本分析方法

以上讨论了放大电路的基本工作情况。为了对放大电路做进一步的定量分析，下面介绍两种最常用的分析方法——图解法和微变等效电路法。

7.2.1 图解法

图解法是以三极管的输入、输出特性曲线为基础，用作图的方法在器件的特性曲线上分析放大电路工作情况的方法。图解法的特点是能够直观地反映放大电路的非线性及工作状态，适用于低频大信号的分析。

1. 静态分析

由放大电路的直流通路可知，$U_{CE}=V_{CC}-I_C R_C$。U_{CE} 的值受下述两个方面的制约。

（1）受三极管输出特性曲线的影响。输出特性曲线能直观地反映三极管集电极电流 I_C 与管压降 U_{CE} 的关系，由三极管本身的特性所决定。

（2）与 V_{CC} 和 R_C 有关。由方程 $U_{CE}=V_{CC}-I_CR_C$ 可知，U_{CE} 与 I_C 的关系在直角坐标系中是一条直线，称为直流负载线，因此 $U_{CE}=V_{CC}-I_CR_C$ 称为直流负载线方程。在三极管输出特性曲线上：

令 $U_{CE}=0$，则 $I_C=V_{CC}/R_C$，得短路电流点坐标 M（0，V_{CC}/R_C）；

令 $I_C=0$，则 $U_{CE}=V_{CC}$，得开路电压点坐标 N（0，V_{CC}）；

连接 M、N 即得直流负载线 MN。

直流负载线与三极管输出特性曲线簇有许多的交点，如何确定其中的哪一个交点就是放大电路的静态工作点呢？方法是先求出放大器的静态基极电流 I_{BQ}，然后找到由 I_{BQ} 确定的输出曲线。由式（7-4）得

$$I_{BQ} = \frac{V_{CC} - U_{BEQ}}{R_B} \approx \frac{V_{CC}}{R_B} \tag{7-5}$$

在三极管输出特性曲线上找到对应于 I_{BQ} 的那一条输出特性曲线，它与直流负载线 MN 的交点 Q，就是放大电路的静态工作点，如图 7-9（a）所示。

由图可知，Q 点所对应的横坐标值，就是要求的 U_{CEQ}；其纵坐标值就是 I_{CQ}，如图 7-9(a) 所示。

2. 动态分析

所谓动态，是指在放大电路的输入端加上交流信号后的工作情况。对放大电路动态情况的分析称为动态分析。

放大电路工作时，在输出端一般要接上一定的负载电阻 R_L，由于输出耦合电容 C_2 的隔直作用，R_L 对静态工作点没有影响，但对于交流信号，负载 R_L 与 R_C 是并联的，用 R'_L 表示，则有

$$R'_L = R_L // R_C = \frac{R_L R_C}{R_L + R_C} < R_C \tag{7-6}$$

我们把放大电路的输出电压 u_{CE} 与集电极电流 i_C 的关系曲线称为交流负载线。同样，交流负载线也是一条过静态工作点 Q 的直线，其斜率为 $1/R'_L$，如图 7-9(b)所示。由图可知，交流负载线比直流负载线更加陡峭。只有当 $R_L = \infty$ 时（空载），即 $R'_L = R_C$ 时，交流负载线与直流负载线重合。

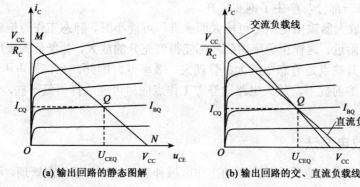

(a) 输出回路的静态图解   **(b) 输出回路的交、直流负载线**

图 7-9 用图解法确定放大电路的静态工作点

下面我们来分析一下输入交流信号 u_i 时放大电路的工作情况。当输入信号 u_i 时，在三极管基极形成电流 i_b，i_b 与 I_{BQ} 叠加，使 i_B 在 i_{B1} 与 i_{B2} 之间变动，交流负载线与输出特性曲线的交点也随之在 $Q_1 \sim Q_2$ 之间移动，直线段 Q_1Q_2 是放大电路工作点移动的轨迹，也叫放大电路的动态工作范围。从输出电压来看，当工作点在 $Q_1 \sim Q_2$ 之间移动时，u_{CE} 也以 U_{CEQ} 为中点在 $u_{CE1} \sim u_{CE2}$ 之间变动，由于电容 C_2 的隔直作用，输出到负载 R_L 上的电压为 $u_o = u_{ce}$，如图 7-10 所示。

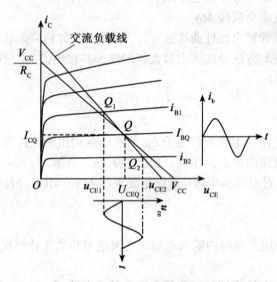

图 7-10　放大电路的动态图解法

3. 静态工作点对输出波形失真的影响

在前一节中，已对放大电路未设置静态工作点时的情况进行了分析。由于放大电路未设置静态工作点，造成了放大电路在输入信号负半周时进入截止区而产生削波失真。那么，如果放大电路静态工作点选择不当，情况又会怎样呢？现通过图解法进行分析。

如图 7-11 所示，假设静态工作点定得过低，如图中的 Q_A 点，则在输入信号 u_i 的负半周时，$u_{BE} = u_{BQ} + u_i$，有一段时间 $u_{BE} < 0$，晶体管工作在截止区，i_b 负半周顶部被削，结果使输出电压 u_{ce} 的正半周被削去一部分，产生了截止失真；如果工作点位置太高，如图中的 Q_B 点，虽然 i_b 的波形完好，但在输出特性曲线上，其波动范围有一部分进入饱和区，结果 u_{ce} 的负半周被削去一部分，产生了饱和失真。

因此，当要求放大器输出电压尽可能大而失真尽可能小时，静态工作点应选择在负载线处于放大区的中点附近，这样正负半周信号都能得到充分的放大，并能最大限度地利用放大电路的工作范围。其缺点是静态电流大、管耗大、效率低。因此，当信号电压幅度很小时，在不产生截止失真的前提下，放大电路的静态工作点应尽可能选择得低一些，以节省电能，减小功耗。

7.2.2　微变等效电路法

图解法虽能形象直观地反映放大器的工作区域和工作状态，但作图繁琐，不便于数学计算。当电路工作在小信号时，由于三极管的非线性可以忽略而表现出线性放大特性，这时可

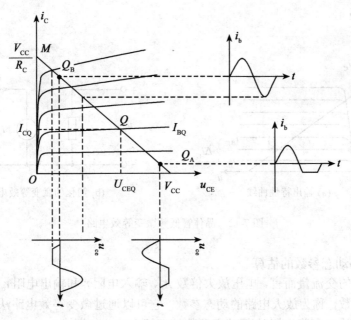

图 7-11　工作点选择不当引起的失真

以用线性模型来代替电路中的三极管，从而把放大电路转换成等效的线性电路，这样的处理方法叫做微变等效电路法。微变等效电路法在不同条件下有多种形式，下面只讨论低频时的等效电路。

1. 三极管输入回路的等效

从三极管的输入端（BE 端）看到的是三极管的一个 PN 结，当在 PN 结上加上交流信号电压 u_{be} 时，三极管的基极上相应地会有基极电流 i_B 产生。当输入信号很小时，三极管在静态工作点附近的那一段输入特性曲线可以近似地看做是一条直线。若 U_{CE} 为常数，则 ΔU_{BE} 与 ΔI_B 之比近似成正比关系，可以用一个等效的动态电阻 r_{be} 来表示它们之间的关系，即

$$r_{be} = \frac{\Delta U_{BE}}{\Delta I_B} \tag{7-7}$$

这称为三极管的输入电阻。因此三极管的输入回路可用 r_{be} 等效代替。经验得出，对于低频小功率三极管

$$r_{be} \approx 300 + (1+\beta)\frac{26(\text{mV})}{I_{EQ}(\text{mA})} \tag{7-8}$$

式中，I_{EQ} 为三极管发射极静态电流，β 为三极管的电流放大倍数。通常小功率三极管的 r_{be} 为几百至上千欧，在一些晶体管手册中给出了 r_{be} 的数值。

2. 三极管输出回路的等效

三极管输出特性曲线在放大区近似为一组平行于横轴的直线，集电极电流 i_C 的大小近似与管压降 u_{CE} 的变化无关，仅取决于 i_B 的大小。由此可以将 i_C 等效为一个受 i_B 控制的恒流源，其内阻为 ∞，电流为 βi_B。

根据以上分析，可以将三极管等效为一个由输入电阻 r_{be} 和恒流源 βi_B 组成的线性简化电

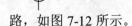
路，如图 7-12 所示。

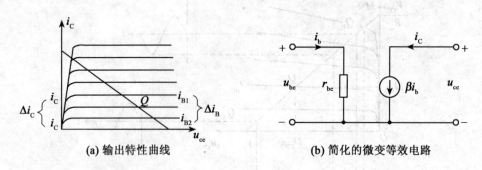

(a) 输出特性曲线　　　　　**(b) 简化的微变等效电路**

图 7-12　晶体管低频微变等效电路

3. 放大电路动态参数的估算

对于电路中的交流量而言，电压放大倍数 A_u、输入电阻 r_i 和输出电阻 r_o 等是反映放大电路性能的重要参数，称为放大电路的动态参数。它可以通过微变等效电路法进行估算。下面以单管共射基本放大电路为例,介绍动态参数的求解方法，如图 7-13（a）、（b）所示。

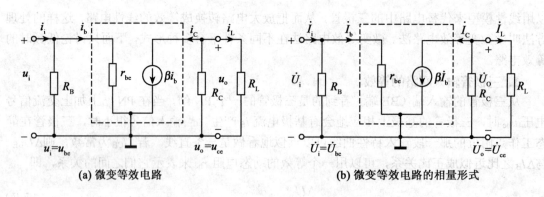

(a) 微变等效电路　　　　　　**(b) 微变等效电路的相量形式**

图 7-13　单管共射基本放大电路的微变等效电路

（1）电压放大倍数

在交流电压放大电路中，电压放大倍数定义为输出电压与输入电压的比值，即

$$A_u = \frac{u_o}{u_i} \tag{7-9}$$

它表征了放大电路对输入交流电压信号的放大能力,写成相量形式为

$$\dot{A}_u = \frac{\dot{U}_o}{\dot{U}_i} \tag{7-9'}$$

由输入等效回路求得

$$\dot{U}_i = r_{be} \dot{I}_b$$

由输出回路求得

$$\dot{I}_c = \beta \dot{I}_b$$

$$\dot{U}_o = -R_L'\dot{I}_c$$

式中 $R_L' = R_C // R_L$ ，所以

$$\dot{A}_u = \frac{\dot{U}_o}{\dot{U}_i} = \frac{-R_L'\dot{I}_c}{r_{be}\dot{I}_b} = -\beta\frac{R_L'}{r_{be}} \qquad (7\text{-}10)$$

空载时， $R_L' = R_C$ ，所以，空载电压放大倍数为

$$\dot{A}_{uo} = -\beta\frac{R_C}{r_{be}} \qquad (7\text{-}11)$$

由于等效负载电阻 $R_L' = \dfrac{R_L R_C}{R_L + R_C} < R_C$ ，所以，接上负载后的电压放大倍数低于空载时的电压放大倍数。

（2）输入电阻 r_i

显然，图 7-13 所示电路的输入电阻 r_i 就是从输入端看过去的等效电阻，它是 r_{be} 与 R_b 的并联值，即

$$r_i = r_{be} // R_B = \frac{r_{be} \cdot R_B}{r_{be} + R_B}$$

一般情况下 $R_B >> r_{be}$ ，所以

$$r_i \approx r_{be} \qquad (7\text{-}12)$$

由于 r_{be} 一般为几百至上千欧，所以单管共射放大电路的输入电阻较低。

（3）输出电阻 r_o

图 7-13 所示电路的输出电阻就是从输出端看进去的电阻。输出电阻应不包含放大电路负载的阻值。由于恒流源的等效内阻为无穷大，所以

$$r_o \approx R_C \qquad (7\text{-}13)$$

由于集电极电阻一般取几千欧以上，因此共射放大电路的输出电阻较高。

在实际应用中，通常都希望放大电路的输入电阻高，以减少对前一级放大电路的影响；同时要求输出电阻低，以增强放大电路带负载的能力强（加上负载后电压放大倍数下降小）。因此，输入电阻和输出电阻是放大电路的重要性能指标。

例 7-2 在如图 7-14 所示的放大电路中，已知 $V_{CC} = 12\text{V}$ ， $R_B = 300\text{k}\Omega$ ， $R_C = 3\text{k}\Omega$ ， $R_L = 6\text{k}\Omega$ ，三极管的放大倍数 $\beta = 40$ ， $r_{be} = 1\text{k}\Omega$ 。试求：

（1）放大电路的静态工作点。

（2）输入电阻和输出电阻。

（3）空载和带负载 R_L 时的电压放大倍数。

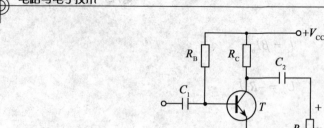

图 7-14 例 7-2 的电路图

解：（1）由直流通路分析可得

$$I_{BQ} = \frac{V_{CC} - U_{BEQ}}{R_B} \approx \frac{V_{CC}}{R_B} = \frac{12}{300}\,\text{mA} = 0.04\text{mA} = 40\mu\text{A}$$

$$I_{CQ} = \beta I_{BQ} = (40 \times 40 \times 10^{-3})\text{mA} = 1.6\text{mA}$$

$$U_{CEQ} = V_{CC} - I_{CQ}R_C = (12 - 1.6 \times 3)\text{V} = 7.2\text{V}$$

（2）输入电阻　$r_i \approx r_{be} = 1\text{k}\Omega$

输出电阻　$r_o = R_C = 3\text{k}\Omega$

（3）空载时的电压放大倍数

$$A_u = -\beta\frac{R_C}{r_{be}} = -40 \times \frac{3}{1} = -120$$

交流负载电阻

$$R_L' = \frac{R_C \cdot R_L}{R_C + R_L} = \frac{3 \times 6}{3 + 6}\text{k}\Omega = 2\text{k}\Omega$$

带负载时的电压放大倍数

$$A_u = -\beta\frac{R_L'}{r_{be}} = -40 \times \frac{2}{1} = -80$$

应用微变等效电路法解题时一定要注意应用条件。本节讨论的等效电路都是低频小信号等效电路，只能用来计算低频小信号时放大电路的交流性能参数，不能用于计算高频大信号时电路的交流参数，更加不能用来计算放大电路的静态工作点。

7.3　放大电路静态工作点的稳定

在前面的章节中，我们已经知道，为了使三极管尽量不失真地放大信号，必须给出放大电路设置合适的静态工作点，静态工作点的设置由偏置电路来完成。但在实际应用中，即使设置了合适的静态工作点，由于环境温度的变化或更换管子等原因，都会引起三极管参数的变化，从而使原来设置好的静态工作点产生移动，影响放大电路的正常工作。因此有必要采取适当的措施，来保证在条件变化时仍能保持放大电路静态工作点的相对稳定。

7.3.1　温度对放大电路静态工作点的影响

导致放大电路静态工作点不稳定的原因很多，如电源电压的波动、电路参数的变化、管子老化等，但最主要的原因还是三极管性能参数随温度的改变。例如，温度升高时，三极管的发射结正向压降 U_{BE} 会减小，I_{CEO}、I_{CBO} 和 β 值会增大等。管子性能参数随温度升高而改变的现象称为温度漂移。

图 7-15 分别给出了硅管和锗管在 25℃ 和 65℃ 时的输出特性曲线。可以看出，当温度升高时，三极管 I_{CBO} 增大，使输出特性曲线向上平移，同时 β 增大，曲线的间隔拉大。由于 V_{CC} 和 R_C 都不变，所以直流负载线的位置不变，这样静态工作点由较合适的 Q 点上移至 Q' 点而接近于三极管的饱和区，不但引起饱和失真，而且还会由于 I_{CQ} 增大，管子功耗增加，发热增多，容易烧坏管子。

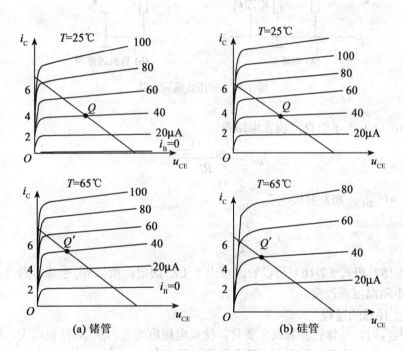

图 7-15　三极管输出特性曲线受温度的影响

7.3.2　分压式偏置电路

从上面的分析可知，要保证放大电路静态工作点稳定，就必须有效地抑制集电极静态电流 I_{CQ} 的变化。单管放大电路中常采用分压式偏置电路，如图 7-12(a)所示。它是交流放大电路中最常用的一种放大电路，下面对此作重点分析。

1. 电路特点

分压式偏置电路采用基极电阻 R_{B1} 和 R_{B2} 分压来固定基极电位，如图 7-16(b)所示。设流过电阻 R_{B1} 和 R_{B2} 的电流分别为 I_1 和 I_2，且 $I_1 = I_2 + I_{BQ}$。由于电路设计使 I_{BQ} 很小，可以忽

略，所以 $I_1 \approx I_2$，R_{B1}、R_{B2} 近似串联，根据串联分压公式，可得

$$U_{BQ} \approx \frac{R_{B2}}{R_{B1} + R_{B2}} V_{CC} \tag{7-14}$$

可见，基极电位 U_{BQ} 仅由电源电压 V_{CC} 和分压电阻 R_{B1}、R_{B2} 决定，不受温度影响。

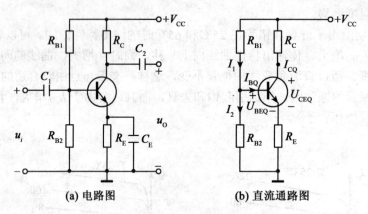

(a) 电路图   (b) 直流通路图

图 7-16 分压式偏置电路

由图 7-16（b）所示的直流偏置电路得

$$I_{EQ} = \frac{U_{BQ} - U_{BEQ}}{R_E} \tag{7-15}$$

若 $U_{BQ} \gg U_{BEQ}$，则发射极电流

$$I_{EQ} \approx \frac{U_{BQ}}{R_E} \tag{7-16}$$

从式（7-15）和式（7-16）可以看出，由于 U_{BQ} 固定，所以 I_{EQ} 也基本固定，与管子的参数无关，不随温度而改变。

2. 稳定工作点的过程

当温度升高时，晶体管参数发生变化，使集电极电流 I_{CQ} 增大，I_E 也增大，则 R_E 上的电压降增大，U_{EQ} 电位升高。由于 U_{BQ} 基本不变，所以 $U_{BEQ} = U_{BQ} - U_{EQ}$ 减小，基极电流 I_{BQ} 减小，于是 I_{CQ} 减小。通过上述过程，I_{CQ} 随温度升高而增大的部分被抵消，从而达到稳定静态工作点的目的。这一过程可表示如下：

温度 $\uparrow \rightarrow I_{CQ}\uparrow \rightarrow I_{EQ}\uparrow \rightarrow U_{EQ}\uparrow \rightarrow U_{BEQ}\downarrow \rightarrow I_{BQ}\downarrow \longrightarrow$

$I_{CQ}\downarrow$

这一稳定过程的实现是在满足 $I_1 \gg I_{BQ}$ 和 $U_{BQ} \gg U_{BEQ}$ 两个条件下获得的。I_1 和 U_{BQ} 大得越多，工作点稳定性越好。但是 I_1 也不能太大，因为 I_1 太大，会使电阻 R_{B1} 和 R_{B2} 上的能量消耗增大，对信号源的分流作用增大，从而降低放大电路对信号的放大能力。同样 U_{BQ} 也不

能取得太大。I_1 和 U_{BQ} 取值通常按以下标准选择：

$$I_1 = (5 \sim 10)I_{BQ}(\text{硅管}) \qquad U_{BQ} = (3 \sim 5)\text{V}$$

$$I_1 = (10 \sim 20)I_{BQ}(\text{锗管}) \qquad U_{BQ} = (1 \sim 3)\text{V}$$

3. 静态工作点的估算

因为偏置电路的作用，稳定了 I_{CQ}，因此，习惯上先计算 I_{CQ}，再在此基础上依次求解 I_{BQ} 和 U_{CEQ}。由式（7-15）得

$$I_{CQ} \approx I_{EQ} = \frac{U_B - U_{BE}}{R_E} \tag{7-17}$$

$$I_{BQ} = \frac{I_{CQ}}{\beta} \tag{7-18}$$

在图 7-16（b）所示的直流输出回路中，运用 KVL 得

$$U_{CEQ} = V_{CC} - R_C I_{CQ} - R_E I_{EQ} \approx V_{CC} - I_{CQ}(R_C + R_E) \tag{7-19}$$

式（7-17）、式（7-18）和式（7-19）即是分压式偏置放大电路静态工作点的估算公式。

4. 交流动态参数的估算

分压式偏置放大电路的微变电路如图 7-17(a)、（b）所示。

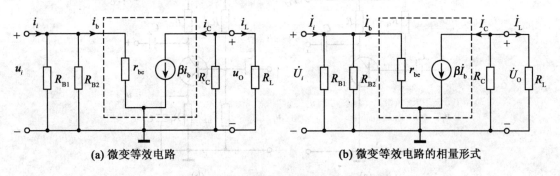

(a) 微变等效电路   (b) 微变等效电路的相量形式

图 7-17 分压式偏置电路的微变等效电路

（1）电压放大倍数

由图 7-17（b）可得

$$\dot{U}_i = r_{be}\dot{I}_b$$

$$\dot{U}_o = -R_L'\dot{I}_C = -R_L' \cdot \beta\dot{I}_b$$

负号表示 $\dot{U}_o$ 与 $\dot{I}_C$ 的正方向相反，也说明 $\dot{U}_o$ 与 $\dot{U}_i$ 相位相反。式中 $R_L' = R_L /\!/ R_C$ 称为总负载电阻或等效负载电阻。由此求得放大电路的电压放大倍数的计算公式为

$$\dot{A}_u = \frac{\dot{U}_o}{\dot{U}_i} = -\beta\frac{R_L'}{r_{be}} \tag{7-20}$$

（2）输入电阻

$$r_i = \frac{\dot{U}_i}{\dot{I}_i} = R_{B1} // R_{B2} // r_{be} \approx r_{be}\qquad(7\text{-}21)$$

由于 r_{be} 的阻值一般为几百至上千欧，相对于 R_{B1} 和 R_{B2} 来说小许多，所以 $r_i \approx r_{be}$ 较小。

（3）输出电阻

由于恒流源的等效内阻为无穷大，由图 7-17（b）可知

$$r_o \approx R_C\qquad(7\text{-}22)$$

由于 R_C 一般在几千欧姆以上，因此输出电阻比较大。

从以上分析可知，共发射极放大电路对电压、电流和功率都有放大作用，它的缺点是输入电阻较小，输出电阻较大。

例7-3 在如图 7-18 所示的放大电路中，已知 $V_{CC} = 12\text{V}$，$R_C = 5\text{k}\Omega$，$\beta = 50$，$R_B = 560\text{k}\Omega$，$R_{B1} = 50\text{k}\Omega$，$R_{B2} = 20\text{k}\Omega$，$R_E = 2.7\text{k}\Omega$，$U_{BEQ} = 0.7\text{V}$。

（1）求图 7-18（a）、（b）两放大电路的静态工作点。

（2）若三极管的 $\beta = 100$，试问两个放大电路的静态工作点将怎样变化？

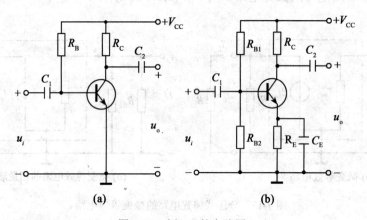

图 7-18 例 7-3 的电路图

解：

（1）在如图 7-18（a）所示的电路中

$$I_{BQ} = \frac{V_{CC} - U_{BEQ}}{R_B} = \frac{12 - 0.7}{560}\text{mA} \approx 0.02\text{mA}$$

$$I_{CQ} = \beta I_{BQ} = 50 \times 0.02\text{mA} = 1\text{mA}$$

$$U_{CEQ} = V_{CC} - R_C I_{CQ} = (12 - 5 \times 1)\text{V} = 7\text{V}$$

在如图 7-18（b）所示的电路中

$$U_{BQ} = \frac{R_{B2}}{R_{B1} + R_{B2}} V_{CC} = \frac{20}{50 + 20} \times 12V \approx 3.4V$$

$$I_{CQ} \approx I_{EQ} = \frac{U_{BQ} - U_{BEQ}}{R_E} = \frac{3.4 - 0.7}{2.7} mA = 1mA$$

$$U_{CEQ} \approx V_{CC} - (R_C + R_E)I_{CQ} = [12 - (5 + 2.7) \times 1]V = 4.3V$$

（2）当三极管的 $\beta = 100$ 时

在如图 7-18（a）所示的电路中

$$I_{BQ} = \frac{V_{CC} - U_{BEQ}}{R_B} = \frac{12 - 0.7}{560} mA \approx 0.02mA$$

$$I_{CQ} = \beta I_{BQ} = 100 \times 0.02mA = 2mA$$

$$U_{CEQ} = V_{CC} - R_C I_{CQ} = (12 - 5 \times 2)V = 2V$$

可见，对于基本放大电路，β 增大，I_{CQ} 增大，U_{CEQ} 降低。

对于如图 7-18（b）所示的放大电路，由于分压式偏置电路，工作点稳定，β 增大时，U_{BQ}、I_{EQ} 和 I_{CQ} 基本不变，所以 U_{CEQ} 也基本不变。但由于 $I_{BQ} = I_{CQ}/\beta$，因此 β 增大一倍，将使 I_{BQ} 减小一半。

例 7-4　求例 7-3 图 7-18（b）所示电路。

（1）电压放大倍数 A_u、输入电阻 r_i 和输出电阻 r_o。

（2）若在输出端并联一负载电阻 R_L=5kΩ，再求电压放大倍数 $A_u{}'$。

解： 三极管的输入电阻

$$r_{be} \approx 300 + (1 + \beta)\frac{26}{I_{EQ}} = \left[300 + (1 + 50)\frac{26}{1}\right]\Omega \approx 1.6k\Omega$$

（1）由于 $R_L' = R_C$，所以电压放大倍数为

$$A_u = -\beta\frac{R_C}{r_{be}} = -50 \times \frac{5}{1.6} \approx -156$$

输入电阻

$$r_i \approx r_{be} = 1.6k\Omega$$

输出电阻

$$r_o = R_C = 5k\Omega$$

（2）并联一 R_L=5kΩ 的负载电阻后

$$R_L' = R_L // R_C = \frac{5}{2}k\Omega = 2.5k\Omega$$

所以

$$\dot{A_u}' = -\beta\frac{R_L'}{r_{be}} = -50 \times \frac{2.5}{1.6} \approx -78$$

可见，接入负载后，放大电路电压放大倍数下降 1 倍。

7.4 放大电路的三种组态及其比较

由于输入和输出回路公共端的选择不同，放大电路存在着三种基本组态。前面已经分析了共发射极电路，下面着重讨论共集电极电路和共基极电路。

7.4.1 共集电极电路——射极输出器

如图 7-19（a）所示为共集电极放大电路的工作原理图。可以看出，输入信号加在基极与集电极之间，输出信号从发射极与集电极之间输出，集电极为输入、输出回路的公共端，所以叫共集电极放大电路。由于被放大的信号是从发射极输出的，所以又叫射极输出器。

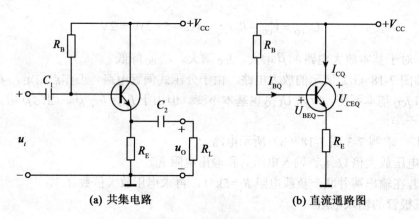

(a) 共集电路   **(b) 直流通路图**

图 7-19 共集电极放大电路

1. 电路特点

（1）输出电压与输入电压同相且略小于输入电压。

从输入回路得

$$u_i = u_o + u_{be}$$

由于 u_{be} 很小，可以忽略，所以

$$u_o \approx u_i$$

于是

$$A_u = \frac{u_o}{u_i} \approx 1$$

即电压放大倍数近似等于 1。由于输出电压等值地跟随输入电压而变化，故又将该电路称为射极跟随器。虽然该电路没有电压增益，但有电流增益，其电流放大倍数为（1+β）。

（2）输入电阻大，一般为几十千欧。

（3）输出电阻小，一般只有几欧到几十欧。

由于射极输出器有以上 3 个特点，因此，它被广泛地应用于多级放大电路的输入级、输出级和隔离级。

2. 静态工作点的估算

如图 7-19（b）所示，在输入回路中，运用 KVL 得

$$V_{CC} = R_B I_{BQ} + U_{BEQ} + R_E I_{EQ} = R_B I_{BQ} + U_{BEQ} + R_E (1+\beta) I_{BQ}$$

由此得 I_{BQ} 的公式为

$$I_{BQ} = \frac{V_{CC} - U_{BEQ}}{R_B + (1+\beta) R_E} \qquad (7\text{-}23)$$

因发射极电流是基极电流的（$1+\beta$），所以

$$I_{EQ} = (1+\beta) I_{BQ} \qquad (7\text{-}24)$$

在输出回路中，运用 KVL 得

$$U_{CEQ} = V_{CC} - R_E I_{EQ} \qquad (7\text{-}25)$$

式（7-23）、式（7-24）和式（7-25）即是共集电极放大电路静态工作点的估算公式。

3. 交流动态参数的估算

（1）电压放大倍数

图 7-19 所示电路的交流通路和微变等效电路分别如图 7-20（a）、（b）所示。从图 7-20（b）中可知电压放大倍数为

$$\dot{A}_u = \frac{\dot{U}_o}{\dot{U}_i} = \frac{R_L' \dot{I}_e}{r_{be} \dot{I}_b + R_L' \dot{I}_e} = \frac{R_L' (1+\beta) \dot{I}_b}{[r_{be} + R_L' (1+\beta)] \dot{I}_b} = \frac{(1+\beta) R_L'}{r_{be} + (1+\beta) R_L'} \leqslant 1 \qquad (7\text{-}26)$$

式中 $R_L' = R_E /\!/ R_L$。

式（7-26）表明，射极输出器的电压放大倍数恒小于 1。但由于一般情况下

$(1+\beta) R_L' \gg r_{be}$，所以 $\dot{A}_u \approx 1$，即 $\dot{U}_o \approx \dot{U}_i$，且输出电压与输入电压同相。

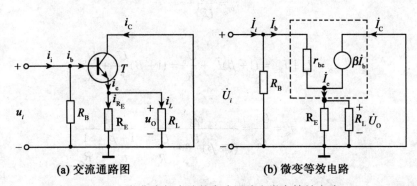

(a) 交流通路图　　(b) 微变等效电路

图 7-20　共集电极电路的交流通路和微变等效电路

（2）输入电阻

由图 7-20（b）可得

$$\dot{U}_i = r_{be} \dot{I}_b + R_L' \dot{I}_e$$

在不考虑 R_B 的情况下，$\dot{I}_i = \dot{I}_b$，输入电阻为

$$r_i = \frac{\dot{U}_i}{\dot{I}_i} = \frac{r_{be}\dot{I}_b + R_L'\dot{I}_e}{\dot{I}_i} = \frac{[r_{be} + (1+\beta)R_L']\dot{I}_b}{\dot{I}_b} = r_{be} + (1+\beta)R_L' \tag{7-27}$$

若考虑 R_B 的影响，则输入电阻为

$$r_i' = R_B // r_i = R_B // [r_{be} + (1+\beta)R_L'] \tag{7-28}$$

可见，发射极的等效交流负载电阻 R_L' 等效到基极回路时，必须将 R_L' 扩大（$1+\beta$）倍，即可看成 r_{be} 与 $(1+\beta)R_L'$ 串联，都流过 $\dot{I}_b$ 的电流。因此，射极输出器的输入电阻比单管共射基本放大电路的输入电阻高得多。

（3）输出电阻

将输入信号 $\dot{U}_i$ 短路，负载 R_L 开路，在输出端加电压 $\dot{U}_o$，产生输出电流 $\dot{I}_o$，如图 7-21 所示。

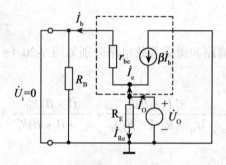

图 7-21　计算输入电阻的微变等效电路

则

$$r_o = \frac{\dot{U}_o}{\dot{U}_i} \tag{7-29}$$

$$\dot{I}_o = \dot{I}_e + \dot{I}_{Re} = (1+\beta)\dot{I}_b + \frac{\dot{U}_o}{R_e} = (1+\beta)\frac{\dot{U}_o}{r_{be}} + \frac{\dot{U}_o}{R_e}$$

所以

$$r_o = \frac{\dot{U}_o}{\dot{I}_o} = \frac{\dot{U}_o}{(1+\beta)\dfrac{\dot{U}_o}{r_{be}} + \dfrac{\dot{U}_o}{R_e}} = \frac{1}{\dfrac{1+\beta}{r_{be}} + \dfrac{1}{R_e}}$$

即

$$r_o = R_e // \frac{r_{be}}{1+\beta} \tag{7-30}$$

通常 $R_e \gg \dfrac{r_{be}}{1+\beta}$，所以

$$r_o \approx \frac{r_{be}}{1+\beta} \tag{7-31}$$

可见射极输出器的输出电阻很小，因而带负载能力强。

7.4.2　共基极放大电路

如图 7-22 所示为共基极放大电路及其交、直流通路图。从交流电路来看，信号从发射极与基极之间输入，从集电极与基极之间输出，基极成为输入和输出信号的公共端，故将这种电路称为共基极放大电路。由图 7-22（b）所示的直流通路图可知，其静态工作点的计算与分压式偏置放大电路基本相同。

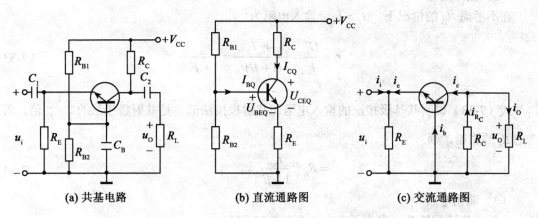

图 7-22　共基极放大电路及其交、直流通路

1. 电路特点

由交流通路可看出，由于 $i_c \approx i_e$，因而该电路的电流增益近似为 1。该电路的输入电阻很小，约为几欧到几十欧，输出电阻很大，达几千欧以上。在宽频带或高频情况下，共基极放大电路有较好的稳定性。

2. 交流动态参数的估算

根据图 7-22（c）所示的交流通路图，画出该放大电路的微变等效电路如图 7-23 所示。

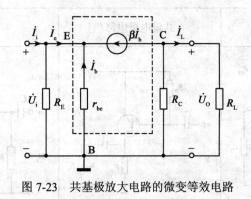

图 7-23　共基极放大电路的微变等效电路

（1）电压放大倍数

由图 7-23 可得

$$\dot{U}_i = -\dot{I}_b r_{be}$$

$$\dot{U}_o = -\beta \dot{I}_b R'_L$$

所以
$$\dot{A}_u = \frac{\dot{U}_o}{\dot{U}_i} = \beta \frac{R'_L}{r_{be}} \qquad (7\text{-}32)$$

式中 $R'_L = R_C /\!/ R_L$。上式表明，共基极放大电路电压放大倍数与共射极放大电路电压放大倍数数值相等，但不含负号，说明共基极放大电路的输出电压与输入电压同相。

（2）输入电阻

在不考虑 R_E 的情况下，$\dot{I}_i = \dot{I}_e$，输入电阻为

$$r_i = \frac{\dot{U}_i}{\dot{I}_i} = \frac{-r_{be}\dot{I}_b}{-(1+\beta)\dot{I}_b} = \frac{r_{be}}{1+\beta} \qquad (7\text{-}33)$$

式（7-33）说明共基极接法的输入电阻比共射极接法低，是共射极接法的 $\dfrac{1}{1+\beta}$ 倍。若考虑 R_E 的影响，则

$$r'_i = R_E /\!/ \frac{r_{be}}{1+\beta} \qquad (7\text{-}34)$$

（3）输出电阻

由于恒流源的等效内阻为无穷大，由图 7-23 可知

$$r_o \approx R_C \qquad (7\text{-}35)$$

7.4.3　三种基本组态的比较

放大电路的三种基本组态的比较如表 7-1 所示。

表 7-1　　　　　　　　　　　　　三种基本组态的比较

放大电路三种基本组态的比较

共发射极电路	共集电极电路	共基极电路
电路形式 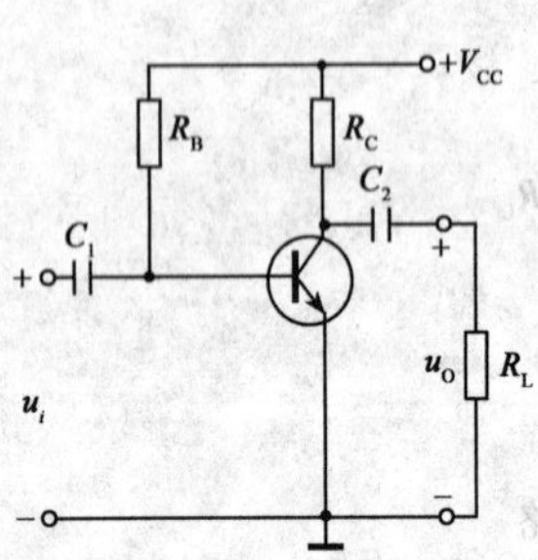 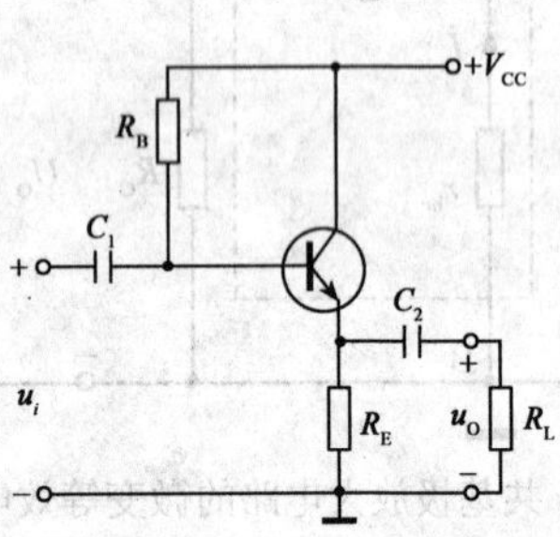 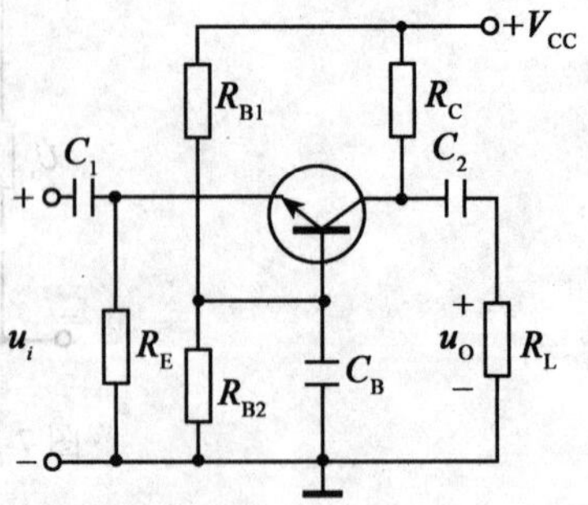		

放大电路三种基本组态的比较

	共发射极电路	共集电极电路	共基极电路
静态工作点	$I_{BQ} = \dfrac{V_{CC} - U_{BEQ}}{R_B}$ $I_{CQ} = \beta I_{BQ}$ $U_{CEQ} = V_{CC} - R_C I_C$	$I_{BQ} = \dfrac{V_{CC} - U_{BEQ}}{R_B + (1+\beta)R_E}$ $I_{EQ} = (1+\beta)I_{BQ}$ $U_{CEQ} = V_{CC} - R_E I_{EQ}$	$U_B \approx \dfrac{R_{B2}}{R_{B1} + R_{B2}} V_{CC}$ $I_{CQ} \approx I_{EQ} \approx \dfrac{U_{BQ}}{R_E}$ $I_{BQ} = \dfrac{I_{CQ}}{\beta}$ $U_{CEQ} = V_{CC} - (R_C + R_E)I_{CQ}$
A_u	大	约为 1	大
A_i	大	大	约为 1
r_i	中	大	小
r_o	大	小	大
用途	放大级	输入级、输出级、隔离级	高频电路

7.5 多级放大电路

在实际应用中，被放大的信号往往很微弱，一般为毫伏或微伏数量级，输入功率常在 1mW 以下，而所要控制的对象（负载）所需的功率要大得多。因此，要求把单级放大电路连接起来组成多级放大电路。这里首要解决的问题是级间连接的问题，即如何把前一级放大电路的输出电压（或电流）通过一定的方式，加到后一级放大电路的输入端去继续放大，这种连接叫级间耦合。

7.5.1 耦合方式

对耦合电路的基本要求，一是要求传送信号时失真和能量损耗要小，二是要保证对前、后级原有静态工作点的影响小。目前常用的耦合方式有阻容耦合、变压器耦合和直接耦合三种。

1. 阻容耦合

放大电路的各级之间，放大电路与信号源、放大电路与负载之间采用电阻和电容的连接来传送信号的方式称为阻容耦合。阻容耦合的主要元件是电容器。如图 7-24 所示为典型的阻容耦合两级放大电路。每级放大电路都设置有各自独立的分压式偏置电路，以便获得相对稳定的静态工作点。两级放大电路之间通过电容 C_2 耦合，由于电容的隔直作用，前、后两级放大电路之间静态工作点互不牵扯、互不影响。

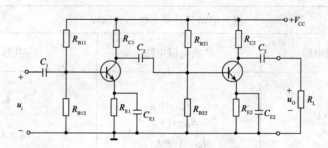

图 7-24　阻容耦合两级放大电路

阻容耦合方式结构简单、价格低廉、性能较好，因此被广泛采用。

2. 变压器耦合

这种耦合方式是在放大电路的各级之间，以及放大电路与信号源和负载之间，采用变压器耦合来传送交流信号。这种耦合方式能使放大电路各级的静态工作点独立设置，互不牵扯、互不影响，又能较好地传送交流信号，同时还能实现阻抗的变换。但由于变压器存在体积大、造价高、损耗大、易产生自激等缺点，故实际应用中较少采用。这里不作介绍。

3. 直接耦合

放大电路的各级之间，放大电路与信号源、放大电路与负载之间直接连接来传送信号的方式称为直接耦合。直接耦合方式主要应用于在直流放大电路中，用于放大直流信号和变化极其缓慢的超低频信号，也能放大交流信号。由于采用直接耦合方式能方便实现电子电路集成化，因此现代集成放大器内部都是采用直接耦合放大方式。

然而，直接耦合方式前后级之间存在直流通路，造成各级静态工作点相互影响，给分析、设计和调试放大电路带来不便。另外，直接耦合带来的的第二个问题是零点漂移问题。这是直接耦合放大电路最突出的问题。

一个理想的直接耦合放大电路，当输入信号 $u_i=0$ 时，输出信号 u_o 应为某个定值（不一定为 0），我们称这个输出电压为"零点"。当电源电压发生波动，或环境温度发生变化时，放大器的静态工作点会稍有偏移。此时，即使输入电压为零，放大器的输出电压也会出现缓慢的不规则变化，这种现象称为零点漂移，简称零漂，如图 7-25 所示。

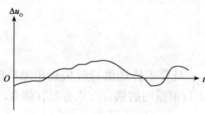

图 7-25　零点漂移现象

引起零点漂移的原因很多，如三极管参数（I_{CBO}、U_{BE}、β）随温度的变化而变化、电源电压的波动、电路中元件参数的变化等，但最主要的原因还是三极管参数随温度的变化。在多级直接耦合放大电路的各级漂移中，又以第一级的漂移最为严重。特别是在输入信号比较微弱时，零点漂移电压与有用信号混在一起更难分辨，因此减小零点漂移的重点应放在第一级。解决零点漂移最有效的方法是采用差动放大电路。

7.5.2 多级放大电路的分析

一个多级放大电路，各级之间都是互相联系、互相影响的。前级放大电路的输出相当于后级放大电路的信号源，而后级放大电路又相当于前级放大电路的负载。因此，在分析多级放大电路时，必须考虑前、后级之间的相互影响问题。

1. 电压放大倍数

如图 7-26 所示为阻容耦合两级放大电路的交流通路。设 A_u 为两级放大电路总的电压放大倍数，A_{u1}、A_{u2} 分别为第一级和第二级放大电路的电压放大倍数。由于 $u_{o1}=u_{i2}$，所以

$$A_u = \frac{u_{o2}}{u_{i1}} = \frac{u_{o1}}{u_{i1}} \times \frac{u_{o2}}{u_{i2}} = A_{u1} \cdot A_{u2} \tag{7-36}$$

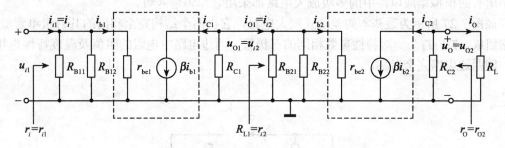

图 7-26 阻容耦合两级放大电路的交流通路图

由于第一级放大电路的负载电阻就是第二级放大电路的输入电阻，所以

$$R_{L1} = r_{i2} = R_{B21} /\!/ R_{B22} /\!/ r_{be2} \tag{7-37}$$

第一级放大电路的电压放大倍数为

$$A_{u1} = \frac{u_{o1}}{u_{i1}} = -\frac{\beta_1 \times (r_{i2} /\!/ R_{C1})}{r_{be1}} \tag{7-38}$$

第二级放大电路的电压放大倍数为

$$A_{u2} = \frac{u_{o2}}{u_{i2}} = -\frac{\beta_2 \times (R_L /\!/ R_{C2})}{r_{be2}} \tag{7-39}$$

从上面的分析可知：阻容耦合两级放大电路总的电压放大倍数等于两级电压放大倍数的乘积。推广到一般情况，多级放大电路总的电压放大倍数等于各级电压放大倍数的乘积。设有 n 级放大电路，则总的电压放大倍数为

$$A_u = A_{u1} A_{u2} \cdots A_{un} \tag{7-40}$$

必须指出，以上每级放大电路的电压放大倍数，均考虑到了把后级放大电路作为前一级的负载，比每一级空载时的电压放大倍数要小一些。

2. 输入电阻 r_i 和输出电阻 r_o

从如图 7-26 所示交流通路图的左端看过去，可以看出两级放大电路总的输入电阻应为

第一级（或前级）放大电路的输入电阻，它等于 R_{B11}、R_{B12} 和 r_{be1} 三者的并联，即

$$r_i = R_{B11} /\!/ R_{B12} /\!/ r_{be1} \tag{7-41}$$

从交流通路图的右端看过去，可以看出放大电路总的输出电阻应为第二级（或后级）放大电路的输出电阻，约为 R_{C2}，即

$$r_o \approx R_{C2} \tag{7-42}$$

7.6 差动式放大电路

7.6.1 电路的基本结构及输入输出方式

从前面的分析可知，直接耦合方式的放大电路存在零点漂移问题，在多级放大器电路中，零点漂移又以第一级最为严重。而抑制零点漂移最有效的办法是采用差动式放大电路，因此几乎所有的模拟集成电路中的多级放大电路都采用它作为输入级。

如图 7-27 所示为最基本的差动式放大电路。它由两个结构完全相同的共射极单管放大电路组成，T_1、T_2 为一对特性参数相同的三极管，两边电路中电阻的阻值及温度特性也相对应，即两边电路完全对称。

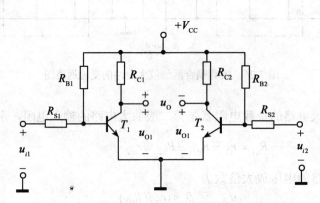

图 7-27　基本的差动式放大电路

在这种电路结构当中，输入信号同时从放大电路的两个输入端输入，而输出信号从两管集电极之间输出，因此称为双端输入双端输出方式电路。

除此之外，差动式放大电路还有下述三种输入输出方式。

双端输入单端输出方式：输入信号同时从两个输入端输入，输出信号只从一管的集电极对地输出的方式。

单端输入双端输出方式：输入信号只从某一个输入端对地输入，从两个三极管的集电极之间输出的方式。

单端输入单端输出方式：输入信号只从某一个输入端对地输入，输出信号只从一管集电极对地输出的方式。

以上四种输入输出方式虽各有特点，但分析方法类似。因此，这里只对双端输入双端输出方式差动式放大电路进行讨论。

7.6.2 基本差动式放大电路的工作原理

1. 静态分析

如图 7-27 所示，当没有信号输入时，即 $u_{i1} = u_{i2} = 0$ 时，由于电路完全对称，这时 $I_{CQ1} = I_{CQ2} = I_{CQ}$，$R_{C1}I_{CQ1} = R_{C2}I_{CQ2}$，即 $U_{CQ1} = U_{CQ2}$。因此双端输出时，$U_0 = U_{CQ1} - U_{CQ2} = 0$，即输出电压为零。

如果温度升高使 I_{CQ1} 增大，则 U_{CQ1} 降低。由于电路结构对称，I_{CQ2} 将增大，U_{CQ2} 也将降低，而且两管变化幅度相等，结果 T_1、T_2 输出的零点漂移电压将互相抵消。

2. 动态分析

下面分差模输入和共模输入两种情况进行分析，如图 7-27 所示。

（1）差模输入

在差动放大电路的两输入端各加一个大小相等、极性相反的信号，这种输入方式称为差模输入，这样一对信号叫差模信号，即

$$u_{i1} = -u_{i2} \qquad (7\text{-}43)$$

在这对差模信号作用下，由于电路的对称性，有 $u_{C1} = -u_{C2}$，因此，差动放大电路的输出电压为

$$u_{od} = u_{C1} - u_{C2} = 2u_{C1}$$

这说明该电路对差模信号有放大作用。而且在差模输入信号作用下，差动放大电路的输出电压为两管各自输出电压变化量的两倍。也就是说，在实用电路中，只要将待放大的有用信号 u_{id} 分成一对差模信号，即令 $u_{i1} = -u_{i2} = u_{id}/2$，分别从放大电路的左右两边输入即可得到放大。

（2）共模输入

在差动放大电路的两输入端各加一个大小相等、极性相同的信号，这种输入方式称为共模输入，这样一对信号叫共模信号，即

$$u_{i1} = u_{i2} \qquad (7\text{-}44)$$

这对共模信号分别加到左右两三极管的发射结上，由于电路的对称性，因而在两管的集电极对地电压 $u_{C1} = u_{C2}$，差动放大电路的输出电压为

$$u_{oc} = u_{C1} - u_{C2} = 0$$

这说明该放大电路对共模输入信号无放大作用，即共模电压放大倍数 $A_c = 0$。差动放大电路正是利用这一点来抑制零点漂移的。因为由温度变化等原因在两边电路中所引起的漂移量是大小相等、极性相同的，与输入端加上一对共模信号的效果一样。因此，左右两单管放大电路因零点漂移引起的输出电压的变化量虽然存在，但大小相等，整个电路的输出漂移电压等于零。

7.6.3 带射极公共电阻的差动放大电路及其分析

1. 电路结构及原理

上面讲到，差动放大电路能有效地抑制零点漂移，是由于电路的对称性。而电路要做到完全对称实属不易，因此要完全依靠电路的对称性来抑制零点漂移，其抑制作用是有限的。为进一步提高电路对零点漂移的抑制作用，可以在尽可能提高电路对称性的基础上，通过减少两单管放大电路本身的零点漂移来抑制整个电路的零点漂移。具体做法是在如图 7-27 所示的基本差动放大电路的基础上，设置发射极电阻 R_E 和负电源 V_{EE}，如图 7-28 所示。

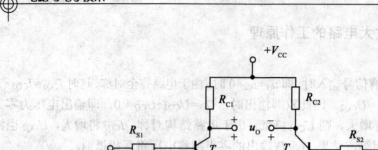

图 7-28　带射极公共电阻的差动放大电路

发射极电阻 R_E 的主要作用是稳定电路的静态工作点，抑制每个管子的漂移范围，进一步减小零点漂移。它抑制零点漂移的原理如下：

温度升高使两管集电极电流 i_{C1} 和 i_{C2} 增加，发射极公共电阻 R_E 上的电流 i_E 增加，u_E 增加，从而使两管发射结偏压 u_{BE1}、u_{BE2} 下降，基极电流 i_{B1}、i_{B2} 减小，集电极电流 i_{C1}、i_{C2} 减小。可见，通过 R_E 对共模信号的负反馈作用，每个管子的漂移得到了一定程度的抑制，这样，输出端的漂移就进一步减小了。显然，R_E 越大，抑制零点漂移的效果就越好。由于温漂的因素可以等效为输入端加入了共模信号，因此，R_E 对共模信号有较强的抑制作用，R_E 也称为共模反馈电阻。

当放大电路输入差模信号时，$u_{i1}=-u_{i2}$，因电路对称，$i_{B1}=-i_{B2}$，$i_{C1}=-i_{C2}$，$i_{E1}=-i_{E2}$，所以流过发射极电阻 R_E 的电流 $i_E=i_{E1}+i_{E2}=0$。因此 R_E 两端的电压 $u_E=R_E i_E=0$。这说明对差模信号而言，发射极电阻可视为短路，不起负反馈作用。因此 R_E 基本上不影响差模信号的放大。R_E 越大，抑制零点漂移的效果越好，但 R_E 上的直流压降将越来越大。为此，在电路中引入一个负电源 V_{EE} 来补偿 R_E 上的压降，以免输出电压变化范围太小。引入 V_{EE} 后，静态基极电流可由 V_{EE} 提供，因此可不接基极电阻 R_B。

2. 静态工作点的估算

如图 7-28 所示，由于电路两边参数完全对称，即 T_1、T_2 特性参数相同，$R_{C1}=R_{C2}=R_C$，$R_{S1}=R_{S2}=R_S$。在 $u_{i1}=u_{i2}=0$ 时，发射极公共电阻上电流为 $I_{E1}+I_{E2}=2I_E$，由 KVL 得

$$V_{EE}=R_S I_{BQ}+R_E \cdot 2I_{EQ}+U_{BEQ}$$

通常 $R_S I_{BQ} \ll R_E \cdot 2I_{EQ}$，所以

$$V_{EE} \approx 2R_E I_{EQ}+U_{BEQ}$$

所以，每管发射极电流为

$$I_{EQ}=\frac{V_{EE}-U_{BEQ}}{2R_E} \qquad (7\text{-}45)$$

设 $\beta \gg 1$，则 $I_{CQ1}=I_{CQ2}=I_{CQ} \approx I_{EQ}$

$$I_{BQ1} = I_{BQ2} = I_{BQ} = \frac{I_{CQ}}{\beta} \tag{7-46}$$

$$U_{CEQ1} = U_{CEQ2} = U_{CEQ} = V_{CC} + V_{EE} - I_{CQ}R_C - 2I_{EQ}R_E \tag{7-47}$$

3. 动态参数的估算

（1）差模电压放大倍数

输入差模信号时，差模输出电压 u_{od} 与差模输入电压 u_{id} 之比称为差模电压放大倍数，用 A_{ud} 表示，即

$$A_{ud} = \frac{u_{od}}{u_{id}} \tag{7-48}$$

对于图 7-28 所示的双端输入双端输出差动放大电路，设左边放大电路电压放大倍数为 A_{u1}，右边电压放大倍数为 A_{u2}。当输入差模信号，即 $u_{i1} = -u_{i2} = u_{id}/2$ 时，由于 R_E 对差模信号可视为短路，因此电路两边是结构完全相同的单管共射极放大电路，如图 7-29 所示。由于电路两边参数完全对称，且 $R_{S1} = R_{S2} = R_S$，$R_{C1} = R_{C2} = R_C$，$r_{be1} = r_{be2}$，因此

$$A_{u1} = A_{u2} = \frac{u_{o1}}{u_{i1}} = \frac{-\beta i_b R_C}{i_b (R_S + r_{be})} = -\beta \frac{R_C}{R_S + r_{be}} \tag{7-49}$$

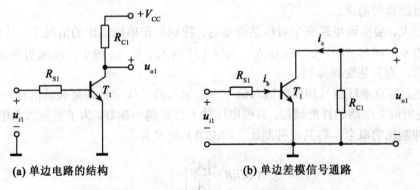

(a) 单边电路的结构　　　　　　　**(b) 单边差模信号通路**

图 7-29　双端输入双端输出差动放大电路的单边电路

双端输出电压为

$$u_{od} = u_{o1} - u_{o2} = A_{u1}u_{i1} - A_{u2}u_{i2} = A_{u1}(u_{i1} - u_{i2}) = A_{u1} \cdot u_{id}$$

所以，双端输入双端输出差动放大电路的电压放大倍数为

$$A_{ud} = A_{u1} = \frac{u_{od}}{u_{id}} = -\beta \frac{R_C}{R_S + r_{be}} \tag{7-50}$$

可见，双端输入双端输出放大电路的电压放大倍数与单管共射放大电路相等，差动电路多用了一个三极管放大电路，并没有提高放大倍数，只起到了抑制温漂的作用。

当在两管集电极之间接入负载电阻 R_L 时

$$A_{ud} = -\beta \frac{R_L'}{R_S + r_{be}} \tag{7-51}$$

式中 $R_L' = R_C // \frac{1}{2}R_L$

因为当输入差模信号时，一管的集电极电位降低，则另一管的集电极电位升高，在 R_L 的中点相当于交流接"地"，所以每管各带一半的负载电阻。

通过对差模放大电路在其他三种输入输出方式下的分析，可以得出：①当输出采用双端输出时，无论输入是双端输入还是单端输入，其差模电压放大倍数与单管放大倍数相同；②当输出采用单端输出时，无论输入是双端输入还是单端输入，其差模电压放大倍数只有双端输出时的一半。

（2）差模输入电阻

两输入端之间的差模输入电阻为

$$r_{id} = 2(R_S + r_{be}) \qquad (7\text{-}52)$$

（3）差模输出电阻

两输出端之间的差模输出电阻为

$$r_{od} \approx 2R_C \qquad (7\text{-}53)$$

7.6.4 共模抑制比

前面讲到的零点漂移现象主要是因温度变化而引起的。当环境温度变化时，差动放大电路的两个三极管的基极电流和电位都将发生相同的变化，就像在两管的输入端加入一对共模信号一样。在双端输出的情况下，由于电路的对称性，其输出电压为零，共模电压放大倍数为零，零点漂移被消除。

但实际上，要实现电路完全对称是很难的。特别是在单端输出的情况下，共模电压放大倍数并不为零，而与 R_E 有关，R_E 越大，共模电压放大倍数 A_{uc} 越小。这说明零点漂移并不能完全消除，而只是受到抑制。

一般地，零点漂移信号和伴随输入信号一起加入的干扰信号都是共模信号。共模放大倍数越小，说明放大电路的性能越好，共模电压放大倍数越小越好。为了衡量放大电路的性能，引入共模抑制比的概念，将共模抑制比（CMRR）定义为

$$CMRR = \left| \frac{A_{ud}}{A_{uc}} \right| \qquad (7\text{-}54)$$

CMRR 越大，说明放大电路性能越好。理想情况下，CMRR=∞。为了提高共模抑制比，差动放大电路应尽量增大发射极电阻 R_E。但 R_E 过大，不仅需要增加 $-V_{EE}$ 的值，以保证电路有较大的动态范围，而且从集成电路工艺上也很难办到。因此需要一个动态电阻大、静态电阻小的元件代替 R_E，而由三极管构成的恒流源可以满足这一要求。

7.6.5 带恒流源的差动放大电路

通过对分压式偏置放大电路的分析发现，在射极串联电阻 R_E 后，将使三极管的等效输出特性曲线变得更为平坦。即在放大区很大的范围内，三极管的集电极电流 i_C 基本取决于基极电流 i_B 的值，而与三极管的管压降 u_{CE} 的大小无关。这相当于一个内阻非常大的电流源。因此我们可以利用分压式偏置放大电路来代替前面提到的 R_E，这样就得到如图 7-30（a）所示的电路。图中 I_{C3} 为

$$I_{C3} = \left(\frac{V_{CC} + V_{EE}}{R_1 + R_2} \times R_2 - U_{BE3} \right) / R_{E3} \tag{7-55}$$

将电流源简化为内阻无限大的恒流源的电路如图 7-30（b）所示。

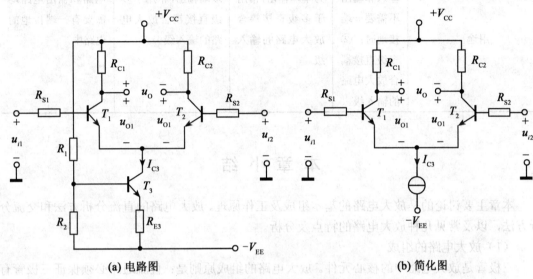

（a）电路图 　　　　　　　　　　　　　　　　　　（b）简化图

图 7-30　带有恒流源的差动式放大电路

7.6.6　差动式放大电路四种输入输出方式的比较

通过对差动式放大电路在不同输入输出方式下电压放大倍数、输入输出电阻、共模抑制比等性能参数的分析计算，可得到它们的性能比较如表 7-2 所示。

表 7-2　　　　　　　　　　　　　　差动式放大电路四种输入输出方式的比较

输入方式	双端输入		单端输入	
输出方式	双端	单端	双端	单端
差模电压放大倍数 A_{ud}	$A_{ud} = -\beta \dfrac{R_C}{R_S + r_{be}}$	$A_{ud} = -\beta \dfrac{R_C}{2(R_S + r_{be})}$	$A_{ud} = -\beta \dfrac{R_C}{R_S + r_{be}}$	$A_{ud} = -\beta \dfrac{R_C}{2(R_S + r_{be})}$
共模电压放大倍数 A_{uc}	$A_{uc} \to 0$	很小	$A_{uc} \to 0$	很小
共模抑制比 CMRR	很高	高	很高	高
差模输入电阻 r_{id}	$r_{id} = 2(R_S + r_{be})$			
差模输出电阻 r_{od}	$r_{od} \approx 2R_C$	$r_{od} \approx R_C$	$r_{od} \approx 2R_C$	$r_{od} \approx R_C$

高等院校计算机系列教材

续表

输入方式	双端输入		单端输入	
输出方式	双端	单端	双端	单端
用途	①放大电路输入和输出不需要一端接地时；②多级直接耦合放大电路的输入级。	将双端输入转换为单端输出,常用于多级直接耦合放大电路的输入级。	将单端输入转换为双端输出,常用于多级直接耦合放大电路的输入级。	用于放大电路输入电路和输出电路均需要有一端接地的电路中。

本 章 小 结

本章主要讨论的是放大电路的基本组成及工作原理、放大电路的直流分析方法和交流分析方法，以及常见几种放大电路的特点及分析。

（1）放大电路的组成

三极管是放大电路中的核心元件。放大电路的组成原则是：直流通路必须保证三极管有合适的静态工作点；交流通路必须保证输入信号能可靠地传送到放大电路的输入回路，同时保证将放大后的信号传送到放大电路的输出端。

（2）放大电路的两种工作状态

当放大电路输入端不加信号时的工作状态称为静态。在静态时电路中各处的电流和电压都是直流量，它们共同确定了静态工作点 Q，静态工作点可由直流通路分析计算得出。直流通路的画法是把所有电容视为开路。

当输入端加上信号后，放大电路处于交流工作状态，称为动态。此时电路中既有直流分量又有交流分量，交流分量可由交流通路分析计算得出。交流通路的画法是将耦合电容、旁路电容以及直流电源视为短路。

（3）放大电路的两种分析方法

放大电路的基本分析方法有两种：图解法和微变等效电路法。图解法是在已知三极管的输入输出特性曲线及电路元件参数的情况下，形象直观地分析其工作过程，确定静态工作点，分析波形失真的原因，以及最大不失真输出幅度等，其缺点是不方便数学计算。微变等效电路法克服了图解法的上述缺点，但不能计算静态工作点，只有在小信号条件下才能比较准确地计算放大倍数和输入、输出电阻等。在实际应用中要注意取长补短，科学选择。

（4）静态工作点设置的意义及静态工作点稳定电路

合适的静态工作点是放大电路能正常放大信号的先决条件，温度及元件的差异化是导致静态工作点不稳定的主要原因，通过分压式偏置电路能实现对静态工作点的稳定。

（5）放大电路的三种组态

三极管可组成共发、共集、共基三种放大电路。共发射极放大电路具有较高的电压和电流放大倍数，适合于一般小信号的放大；共集电极放大电路输入电阻大、输出电阻小，方便于信号的输入，且带负载能力强，因此被广泛应用于多级放大电路中作输入级、输出级和中间隔离级；共基极放大电路频带宽、高频特性好，适合于高频放大。

（6）多级放大电路

多级放大电路有三种耦合方式，即阻容耦合、直接耦合和变压器耦合。多级放大电路的电压放大倍数等于各级放大倍数之积；输入电阻为第一级电路的输入电阻；输出电阻等于末级电路的输出电阻。

（7）差动式放大电路

直接耦合放大电路存在的主要问题：一是前后级放大电路静态工作点的相互影响问题，二是零点漂移问题。解决零点漂移最有效的办法是采用差动式放大电路。

双端输入双端输出差动式放大电路对共模信号有较强的抑制能力，其原因包括：一是采用两管对称输出，使两管集电极变化量相互抵消；二是射极接有 R_E 或恒流源的三极管，具有电流负反馈作用，可以稳定两管的工作点。

习　题　7

7-1　画出一幅基本放大电路的电路图，指出各元件名称及其在电路中的作用。

7-2　在放大电路中，为什么要设置静态工作点？为什么要设置合适的静态工作点？

7-3　什么是放大器的直流通路和交流通路？画出如图 7-31 所示电路的直流通路和交流通路。

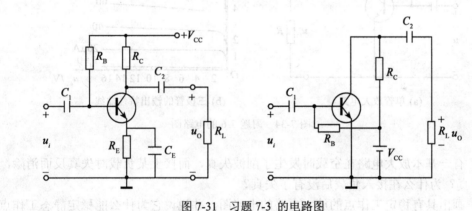

图 7-31　习题 7-3 的电路图

7-4　基本放大电路如图 7-32 所示。已知 $V_{CC} = 12V$ ，三极管 $\beta = 50$ ，$R_L = 2k\Omega$ ，$R_C = 2k\Omega$ ，$R_B = 220k\Omega$ 。试求：

（1）静态工作点。

（2）电压放大倍数。

（3）输入电阻和输出电阻。

（4）如果三极管换成 $\beta = 150$ 的管子，其余参数不变，该电路能否起正常的放大作用？为什么？

7-5　如图 7-33 所示，已知 $V_{CC} = 9V$ ，$R_C = 1.5k\Omega$ ，$\beta = 50$ ，调整电位器来改变 R_B 的阻值就能调整放大器的静态工作点。试估算：

（1）如果要求 $I_{CQ} = 0.2mA$ ，R_B 的值应多大。

（2）如果要求$U_{CEQ}=4.5V$，R_B值又应多大。

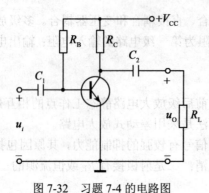

图 7-32 习题 7-4 的电路图

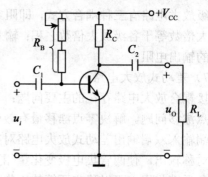

图 7-33 习题 7-5 的电路图

7-6 在如图 7-34 所示的电路中，如果已知$V_{CC}=20V$，$R_C=5k\Omega$，$R_B=500k\Omega$，试用作图法求出该电路的静态工作点I_{BQ}、I_{CQ}和U_{CEQ}。

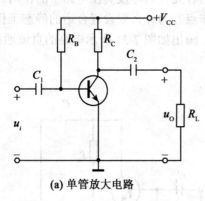
(a) 单管放大电路

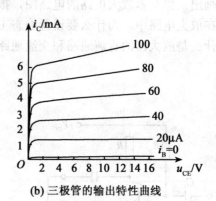
(b) 三极管的输出特性曲线

图 7-34 习题 7-6 的电路图

7-7 有一基本放大电路在空载时发生了削波失真，而接上某负载时失真反而消除，这是何种失真？为什么在接入负载后没有了失真？

7-8 画出具有稳定工作点的放大电路的电路图，并说说它为什么能稳定静态工作点。

7-9 在如图 7-34 所示的电路中，已知三极管$\beta=30$，$R_{B11}=51k\Omega$，$R_{B12}=10k\Omega$，$R_C=3k\Omega$，$R_E=500\Omega$，$V_{CC}=12V$。

（1）试计算I_{BQ}、I_{CQ}和U_{CEQ}。

（2）如果换上一只$\beta=60$的同类型管子，试分析放大电路能否工作在正常状态。

（3）如果换上 PNP 型三极管，试说明应做出哪些改动,才能保证电路正常工作。

7-10 如图 7-35 所示为一分压式偏置放大器，已知三极管的$\beta=40$，$V_{CC}=12V$，$R_{B1}=20k\Omega$，$R_{B2}=10k\Omega$，$R_C=R_E=2k\Omega$，$U_{BE}=0.7V$。试求：

（1）估算静态工作点的I_{CQ}和U_{CEQ}的值。

（2）如果R_{B2}开路，再计算故障时的I_{CQ}和U_{CEQ}的值。

7-11 在如图 7-35 所示的电路中，设$V_{CC}=20V$，三极管的$\beta=50$。若要使静态值$I_{CQ}=0.2mA$，试计算R_{B1}、R_{B2}和R_E的阻值（设$U_{BE}=0.7V$）。

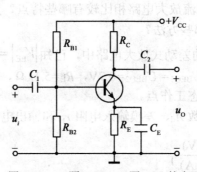

图 7-35 习题 7-10、习题 7-11 的电路图

7-12 画出射极输出器电路图，说明它的主要特点和用途，能不能在发射极电阻 R_E 上并联一个大电容？为什么？

7-13 如图 7-36 所示的射极输出器，已知 $R_B = 510\text{k}\Omega$，$R_E = 10\text{k}\Omega$，$V_{CC} = 12\text{V}$，$\beta = 50$，$U_{BE} = 0.7\text{V}$，$R_L = 3\text{k}\Omega$。试求：

（1）静态工作点。

（2）电压放大倍数。

（3）输入电阻和输出电阻。

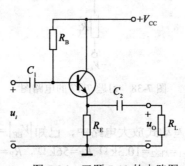

图 7-36 习题 7-13 的电路图

7-14 在放大电路的三种基本组态中，哪种电路没有电压放大作用？哪种电路没有电流放大作用？哪些电路输出电压反相？哪些电路输出电压同相？

7-15 如图 7-37 所示电路中，已知 $V_{CC} = 12\text{V}$，$R_{B1} = R_{B2} = 280\text{k}\Omega$，$R_{C1} = R_{C2} = 3\text{k}\Omega$，$R_L = 3\text{k}\Omega$，两个三极管的电流放大倍数都是 50。求电路总的电压放大倍数。

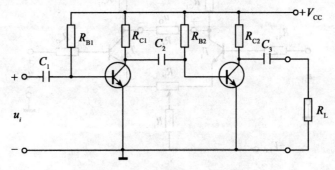

图 7-37 习题 7-15 的电路图

7-16 直流放大电路与交流放大电路相比较有哪些特点？为什么直流放大电路会产生零点漂移？抑制零点漂移有哪些方法？

7-17 在如图 7-38 所示的差动式放大电路中，已知 $|V_{EE}| = V_{CC} = 6V$，$R_{S1}=R_{S2}=10k\Omega$，$R_{C1}=R_{C2}=5.1k\Omega$，$\beta_1=\beta_2=50$，$U_{BEQ1} = U_{BEQ2}=0.7V$，$R_E=5.1k\Omega$，$R_L=10.2k\Omega$。

（1）估算放大电路的静态工作点。

（2）求差模电压放大倍数 A_d、差模输入电阻 r_{id} 和输出电阻 r_{od}。

(提示：$r_{be} \approx 300 + (1+\beta)\dfrac{26(mV)}{I_{EQ}(mA)}$)

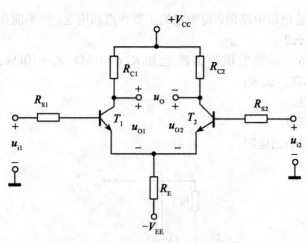

图 7-38　习题 7-17 的电路图

7-18 在如图 7-39 所示的差动式放大电路中，已知 $|V_{EE}| = V_{CC} = 15V$，$R_{S1}=R_{S2}=2.7k\Omega$，$R_{C1}=R_{C2}=36k\Omega$，$\beta_1=\beta_2=100$，$r_{be1}=r_{be2}=10.3k\Omega$，$R_E=56k\Omega$，$R_P=100\Omega$，$R_P$ 的滑动端处于中点，$R_L=18k\Omega$。

（1）估算放大电路的静态工作点。

（2）求差模电压放大倍数 A_d、差模输入电阻 r_{id} 和输出电阻 r_{od}。

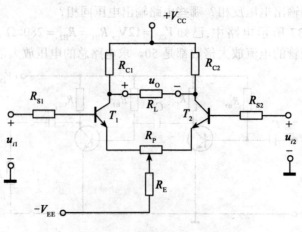

图 7-39　习题 7-18 的电路图

7-19 在如图 7-40 所示的差动式放大电路中，已知 $|V_{EE}| = V_{CC} = 9\text{V}$，$R_{S1} = R_{S2} = 10\text{k}\Omega$，

$R_{C1} = R_{C2} = 47\text{k}\Omega$，$\beta_1 = \beta_2 = 30$，$U_{BEQ1} = U_{BEQ2} = 0.7\text{V}$，$R_1 = 16\text{k}\Omega$，$R_2 = 3.6\text{k}\Omega$，$R_{E3} = 13\text{k}\Omega$，

$R_L = 20\text{k}\Omega$。

（1）估算放大电路的静态工作点。

（2）求差模电压放大倍数 A_d、差模输入电阻 r_{id} 和输出电阻 r_{od}。

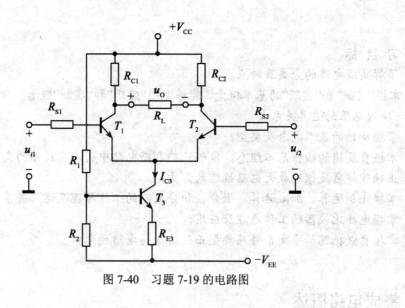

图 7-40 习题 7-19 的电路图

第8章 集成运算放大电路

学习目标

1. 了解集成电路的分类及特点。
2. 掌握"虚短"和"虚断"的基本概念,能够运用"虚短"和"虚断"概念分析各种运算电路输出电压与输入电压的运算关系。
3. 掌握反馈的基本概念及类型。
4. 掌握负反馈的四种基本组态,能够正确判断电路中引入负反馈的类型及性质。
5. 正确理解负反馈对放大电路性能的影响。
6. 掌握比例运算、加减运算、微分、积分电路的工作原理及运算关系。
7. 掌握电压比较器的工作原理及应用。
8. 掌握自激振荡的平衡条件及典型正弦波振荡电路的分析。

8.1 集成电路概述

8.1.1 集成电路及其发展

集成电路(Integrated Circuits)简称 IC,是 20 世纪 60 年代初期发展起来的一种新型电子器件。它应用半导体制造工艺将电路的有源器件(如三极管、场效应管)、无源器件(如电阻、电容、电感)及其布线集中制作在同一块半导体基片上,然后封装在管壳内,形成紧密联系的一个整体电路,这样制成的具有特定功能的电子电路称为集成电路。集成电路具有体积小、重量轻、性能好、功耗低和可靠性高的特点。

电路集成化的最初设想是在晶体管兴起不久的 1952 年由英国科学家达默提出的。他设想按照电子线路的要求,将一个线路所包含的晶体管和二极管,以及其他必要的元件统统集合在一块半导体晶片上,从而构成一块具有预定功能的电路,这就是集成电路。

1959 年,德克萨斯仪器公司首先宣布建成了世界上第一条集成电路生产线。1962 年,世界上出现了第一块集成电路正式产品,这预示着第三代电子器件已正式登上电子学舞台。

20 世纪 60 年代初期,国际上出现的集成电路产品,每块硅片上内含元件的数量大约在 100 个左右。到 1967 年已达到 1 000 个,这标志着大规模集成电路的开端。到 1976 年,发展到在一块芯片上可集成 10 000 多个晶体管。人类进入 80 年代后,在一块硅片上集成几万个晶体管的大规模集成电路已经很普遍了。如今,已出现了属于第五代的产品,在不到 50 平方毫米的硅芯片上集成的晶体管数量激增到 200 万只以上。

8.1.2　集成电路的特点

1. 集成电路中元器件的特点

与分立元器件相比，集成电路元器件有下述一些特点。

（1）单个元器件的精度不高，受温度影响也较大，但在同一硅片上用相同工艺制造出来的元器件性能比较一致，对称性好，相邻元器件的温度差别小，因而同一类元器件温度特性也基本一致。

（2）集成电阻及电容的数值范围窄，数值较大的电阻、电容占用硅片面积大。集成电阻一般在几十Ω～几十 kΩ范围内，电容一般为几十 pF，电感目前不能集成。

（3）元器件性能参数的绝对误差比较大，而同类元器件性能参数之比值比较精确。

（4）纵向 NPN 管β值较大，占用硅片面积小，容易制造。而横向 PNP 管的β值很小，但其 PN 结的耐压高。

2. 集成电路的设计特点

由于制造工艺及元器件的特点，模拟集成电路在电路设计思想上与分立元器件电路相比有很大的不同。

（1）在所用元器件方面，尽可能地多用晶体管，少用电阻、电容。

（2）在电路形式上大量选用差动放大电路及各种恒流源电路，级间耦合采用直接耦合方式。

（3）尽可能地利用参数补偿原理把对单个元器件的高精度要求转化为对两个器件有相同参数误差的要求；尽量选择特性只受电阻或其他参数比值影响的电路。

8.1.3　集成电路的分类

集成电路按其制造工艺不同可以分为半导体集成电路、薄膜集成电路、厚膜集成电路、混合集成电路。半导体集成电路是将元件与电路集成在一个硅片上，又称单片集成电路。薄膜集成电路的整个电路都是由不到一微米厚的金属半导体或金属氧化物重叠而成的。厚膜集成电路与薄膜集成电路基本相同，惟一不同的是膜厚约为几微米到几十微米，它主要用于收音机、电视机中。混合集成电路是由半导体集成工艺和薄膜工艺结合制成的。由于混合集成电路中的电阻、电容都是精度高和温度性能良好的薄、厚元件，而二极管和三极管也都是经过电学测量并与电路匹配较好的芯片，因此整个电路性能良好。

集成电路按功能分有数字、模拟两大体系。模拟集成电路按类型可分为运算放大器、集成功率放大器、集成高频放大器、集成中频放大器、集成稳压电源等。数字集成电路（IC）是近年来应用最广、发展最快的集成电路产品。数字 IC 是指加工、传递、处理数字信号的集成电路，可分为通用数字集成电路和专用数字集成电路。通用集成电路是指那些用户多、使用领域广、标准化的电路，如存储器（DRAM）、微处理器（MPU）及微控制器（MCU）等，它反映了数字集成电路的现状与水平。专用集成电路（ASIC）是指为特定的用户、某种专门需要或特别的用途而设计的电路。

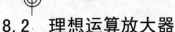

8.2 理想运算放大器

8.2.1 集成运算放大器简介

集成运算放大器（简称集成运放）实际上是一个高增益的直接耦合放大器。它由输入级、中间级、输出级和偏置电路等四部分组成。如图 8-1 所示。

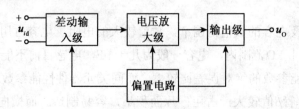

图 8-1 集成运算放大器内部组成原理框图

（1）输入级

输入级是提高运算放大器质量的关键部分，要求其输入电阻高。为了能减小零点漂移和抑制共模干扰信号，输入级都采用具有恒流源的差动放大电路，也称差动输入级。

（2）中间级

中间级又称电压放大级，主要是为集成运放提供足够大的电压放大倍数。中间级的电压放大倍数一般高达几千倍。

（3）输出级

输出级是带射极输出器的互补对称功率放大电路。输出级与负载相接，要求其输出阻抗小，带负载能力强。

（4）偏置电路

偏置电路的作用是为各级放大电路提供合适的工作电流，一般采用恒流源组成偏置电路。

集成运算放大器的电路符号如图 8-2 所示。标有"–"号端称为反相输入端，标有"+"号端称为同相输入端。当信号从"–"号端输入时，其输出与输入反相；当信号从"+"号端输入时，输出与输入同相。

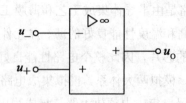

图 8-2 集成运算放大器的电路符号

8.2.2 理想运算放大器的主要性能指标

由于集成运放芯片上的各元器件是采用半导体制造工艺在同一条件下制作出来的，所以它们的均一性和重复性好，特别是集成运放输入级采用的都是差动式放大电路，差动对管特性的一致可使集成运放的零点漂移做得很小，因此集成运放是一种比较理想的新型放大器件。在分析集成运放时，为了突出它的主要性能，简化分析方法，同时又满足工程实际需要，我们把集成运放理想化。理想运算放大器必须具备以下条件：

（1）开环差模电压放大倍数 $A_{ud} \rightarrow \infty$；

（2）差模输入电阻 $R_{id} \rightarrow \infty$；

（3）输出电阻 $R_o \rightarrow 0$；

（4）共模抑制比 $K_{CMRR} \rightarrow \infty$；

（5）输入偏置电流 $I_{B1} = I_{B2} = 0$；

（6）失调电压、失调电流及温漂为 0。

8.2.3　理想运算放大器的两个重要概念

1. 集成运放的电压传输特性

集成运放输出电压 u_o 与输入电压 u_i（$u_i = u_+ - u_-$）之间的关系，可用图 8-3 所示的电压传输特性来描述。

由图可知，工作在线性区的运放是一个线性元件，输出电压和输入电压的关系满足 $u_o = A_{uo}(u_+ - u_-)$ 的线性条件。但在开环状态下工作的运放，由于极高的开环电压放大倍数，即使只有毫伏级以下的电压加在输入端，就足以使输出电压达到饱和，此时运放已进入非线性工作区。用 $+U_{om}$ 和 $-U_{om}$ 分别表示正向和负向饱和输出电压，如图 8-3 所示。$+U_{om}$ 和 $-U_{om}$ 一般接近运放的正向和负向电源电压值。

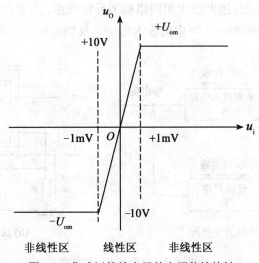

图 8-3　集成运算放大器的电压传输特性

为此，要使运放工作在线性区，必须引入深度负反馈，使运放在闭环状态下工作，其输出电压 u_o 才由（$u_+ - u_-$）的净输入电压控制。

集成运放工作在非线性区的条件是工作在开环状态或正反馈条件下，此时运放已是一个非线性元件，它的输出电压必定超越线性区而达到正向或负向饱和值。

2. 理想运放线性运用的两个重要概念

为了便于分析集成运放的线性应用，我们还需要建立"虚短"与"虚断"这两个概念。

（1）由于集成运放的差模开环输入电阻 $r_{id} \to \infty$，输入偏置电流 $I_B \approx 0$，不向外部索取电流，因此要求两输入端电流为零，即 $i_- = i_+ = 0$。这就是说，集成运放工作在线性区时，两输入端均无电流，称为"虚断"。

（2）由于两输入端电流为零，所以两输入端电位相等，即 $u_- = u_+$，我们将它称为"虚短"。

8.3 放大电路中的负反馈

8.3.1 反馈的基本概念

将放大电路输出量（电压或电流）的一部分或全部，通过某些元件或网络（称为反馈网络），反送回到输入端，来影响原输入量（电压或电流）的过程称为反馈。反馈有正反馈和负反馈之分。当反馈信号与输入信号进行比较后，使真正加到放大电路输入端的信号（简称净输入信号）增强的反馈称为正反馈，使净输入信号削弱的反馈称为负反馈。包含有反馈的放大电路称为反馈放大电路，如图 8-4（a）所示。可以看出反馈放大电路由基本放大电路和反馈网络两部分构成。由于引入反馈后，整个放大电路形成了一个闭环系统，因此，放大电路的输入端同时受到输入信号和反馈信号的共同作用。图中，x_i 表示放大电路的输入信号，x_o 表示输出信号，x_f 表示反馈信号，x_{id} 表示放大电路的净输入信号。当 $x_{id} = x_i + x_f$ 时，说明图中放大电路为正反馈放大电路；反之，当 $x_{id} = x_i - x_f$ 时，为负反馈放大电路。

图 8-4（b）是一个典型的反馈放大电路。除基本放大电路部分由理想运放组成外，还在输入端和输出端之间接有一条由 R_f 和 R_1 组成的电阻网络，该电阻网络将输出信号 u_o 分压后反送回到放大电路的输入端，因此该电阻网络称为反馈网络，相应的电路元件称为反馈元件。图中，u_i、u_f、u_{id} 和 u_o 分别表示电路中的输入电压、反馈电压、净输入电压和输出电压。

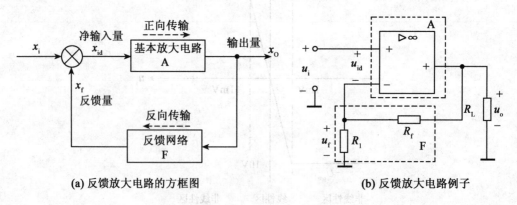

(a) 反馈放大电路的方框图　　　　　　　　　　(b) 反馈放大电路例子

图 8-4　反馈放大电路的组成

8.3.2 反馈类型的判断

在对反馈类型进行判断之前，我们首先要确定放大电路中有无反馈存在。判别的方法很简单，主要是找出放大电路中的反馈元件，确定反馈通路。例如，在如图 8-5（a）、（b）所示的电路中，R_1 和 R_2 接在运算放大器的输入端和输出端之间，构成了放大电路的反馈通路，说明电路中有反馈存在。图 8-5（c）所示的电路是由集成运放 A_1 和 A_2 构成的多级放大电路。

在 A_1 和 A_2 的输出端与反相输入端之间各接有电阻 R_{f1} 和 R_{f2}，它们分别构成了两级放大电路的内部反馈，称为本级反馈或局部反馈。而电路总的输出端（即 A_2 的输出端）与总的输入端（即 A_1 的输入端）之间，也连接有反馈元件 R_{f3}，构成了整个放大电路输入端和输出端之间的反馈通路，称为级间（或整体）反馈。

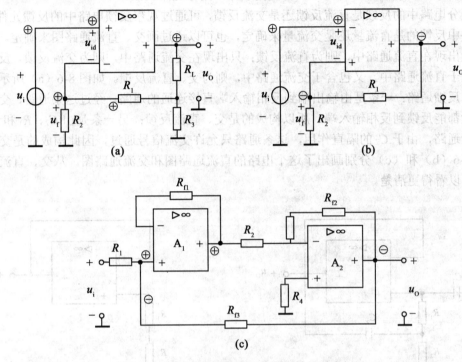

图 8-5　用瞬时极性法判断反馈极性的几个例子

1. 反馈极性的判断

在反馈放大电路中，通常采用"瞬时极性法"来判断电路中存在的反馈是正反馈还是负反馈。具体方法如下：

（1）　假定放大电路中某一瞬时输入信号的极性。

（2）　根据电路中输入、输出信号的相位关系，确定输出信号和反馈信号的瞬时极性。

（3）　根据反馈信号与输入信号的连接情况，分析净输入量变化情况。如果反馈信号使净输入量增强，即为正反馈；反之，则为负反馈。

例 8-1　判断如图 8-5 所示各电路中反馈的极性。

解：用瞬时极性法进行判断。在图 8-5（a）所示电路中，反馈元件为 R_1 和 R_2。假设输入信号 u_i 瞬时极性对地为"+"，由于输入信号加在理想运放同相输入端，输出信号与输入信号同相，所以输出信号 u_o 对地瞬时极性也为"+"，经 R_1、R_2 反馈回来的信号 u_f 也必定为"+"，结果使放大电路净入信号 $u_{id}=u_i-u_f$ 减小，所以 R_1 和 R_2 构成的反馈为负反馈。

在图 8-5（b）所示电路中，反馈元件为 R_1 和 R_2。假设输入信号 u_i 瞬时极性对地为"+"，由于输入信号加在理想运放的反相输入端，输出信号与输入信号必然反相，所以输出信号 u_o 对地瞬时极性为"–"，经 R_1 和 R_2 反馈回来的信号 u_f 也为"–"，结果使放大电路净入信号 $u_{id}=u_i-u_f$ 增大，所以 R_1 和 R_2 构成的反馈为正反馈。

同理，在图 8-5（c）所示电路中，反馈元件 R_{f1}、R_{f2} 构成了本级放大电路的负反馈，R_{f3} 构成了整个放大电路的级间负反馈。

2. 直流反馈与交流反馈

按照反馈量中交、直流的成分分类，可分为直流反馈和交流反馈。若反馈量中只含直流成分，称为直流反馈；若反馈量中只含交流成分，则称交流反馈。

要区分电路中的反馈是直流反馈还是交流反馈，可通过观察反馈电路中的反馈元件，或反馈电路中反馈的是直流量还是交流量来确定，也可以通过画交、直流通路图来确定。若反馈元件只出现在直流通路中，则为直流反馈；只出现在交流通路中，则为交流反馈。反馈元件既存在于直流通路中，又包含于交流通路中，则为交、直流反馈。如图 8-6（a）所示电路中有两条反馈通路：一条是由输出端到反相输入端直接连通的通路，经过这条通路，交流量和直流量都能反馈到反相输入端，所以构成的是交、直流反馈；另一条是由 C_2、R_1 和 R_2 构成的反馈通路，由于 C_2 的隔直作用，这条通路只允许交流信号通过，因此构成的是交流反馈。图 8-6（b）和（c）分别画出了这个电路的直流通路图和交流通路图，从交、直流通路图我们可以看得更清楚。

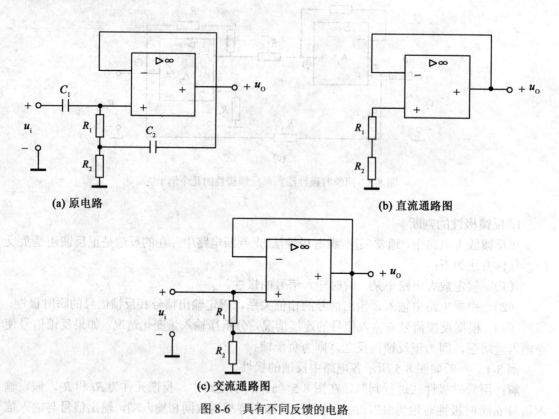

(a) 原电路　　(b) 直流通路图

(c) 交流通路图

图 8-6　具有不同反馈的电路

3. 反馈电路的类型

（1）反馈在输出端的取样方式

电压反馈——反馈网络与输出回路并联，反馈信号取自输出电压，即反馈信号和输出电压成正比，称电压取样，叫电压反馈。

电流反馈——反馈网络与输出回路串联，反馈信号取自输出电流，即反馈信号和输出电流成正比，称电流取样，叫电流反馈。

区分电压反馈和电流反馈可采用负载短路（或开路）法。因为是电压反馈还是电流反馈，是从反馈信号与输出信号的关系来确定的，输出的取样信号是什么（电压或电流），或者说，当负载变化时，反馈信号正比于什么输出量，就是什么反馈。由于当取样对象消失后（u_o=0 或 i_o=0），反馈信号也随之消失，因此，可假想输出端短路（即负载短路）或开路（即负载开路），检验电路中的反馈量是否依然存在来进行判断反馈的类型。

在判断电压反馈时，根据电压反馈的定义——反馈信号与输出电压成正比，可以假设将负载 R_L 两端短路（u_o=0，但 $i_o \neq 0$），判断反馈量是否为零，如果是零，就是电压反馈。

例如，在如图 8-7 所示的电路中，将 R_L 短路，则 u_o=0，于是 u_f=0，所以该电路引入的是电压反馈。

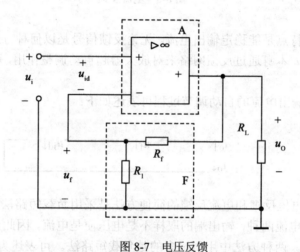

图 8-7 电压反馈

电压反馈的重要特性是能稳定输出电压。无论反馈信号是以何种方式引回到输入端，实际上都是利用输出电压本身通过反馈网络来对放大电路起自动调整作用，这是电压反馈的实质。

例如，在如图 8-7 所示的电路中，若负载电阻增加引起 u_o 增加，则通过电压反馈，使电路输出电压稳定。电路自动调节过程如下：

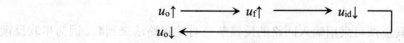

在判断电流反馈时，根据电流反馈的定义——反馈信号与输出电流成正比，可以假设将负载 R_L 两端开路（i_o=0，但 $u_o \neq 0$），判断反馈量是否为零，如果为零，就是电流反馈。

例如，在如图 8-8 所示的电路中，假设 R_L 开路，则 i_o=0，于是 i_f=0，u_f=0，所以该电路引入的是电流反馈。

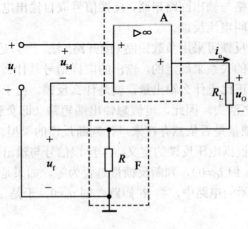

图 8-8 电流反馈

电流反馈的重要特点是能稳定输出电流。无论反馈信号是以何种方式引回到输入端，实际都是利用输出电流 i_o 本身通过反馈网络来对放大器起自动调整作用，这就是电流反馈的实质。

图 8-8 电路稳定输出电流的自动调节过程可表述如下：

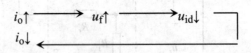

综上所述，判断电压反馈和电流反馈的简便方法是采用负载短路法或负载开路法。由于输出信号只有电压和电流两种，输出端的取样不是电压便是电流，因此只需利用其中一种方法就能判定反馈类型。两种方法中用得最多的是负载短路法。可表述为：假设将负载 R_L 短路，即 $u_o=0$，若反馈量为零，就是电压反馈；反之，就是电流反馈。

（2）反馈在输入端的连接方式

串联反馈——在输入回路看，反馈信号 u_f、输入信号 u_i 和净输入信号 u_{id} 以串联环路形式出现，叫串联反馈，如图 8-9（a）所示。串联反馈适合于用电压比较的方式来反映反馈对输入信号的影响。

并联反馈——在输入端回路看，反馈信号 i_f、输入信号 i_i 和净输入信号 i_{id} 以节点方式出现，叫并联反馈，如图 8-9（b）所示。并联反馈适合于用电流比较的方式来反映反馈对输入信号的影响。

区分串联反馈和并联反馈可采用输入回路的反馈节点对地短路法来判断。因为串联反馈是以电压比较方式出现在输入端的，即 $u_i=u_{id}+u_f$；而并联反馈则是以电流比较方式出现在输入端的，即 $i_s=i_{id}+i_f$。如果把输入回路中的反馈节点对地短路，对于串联来说，相当于 $u_f=0$，于是 $u_i=u_{id}$，输入信号能加到放大电路中去；而对于并联结构来说，若反馈节点对地短路，则输入信号被短路，无法加到放大电路中去。因此，我们可以假想把输入端的反馈节点对地短路，来判定串联反馈还是并联反馈。

根据输出端的取样方式和输入端的连接方式，可以组成以下四种不同类型的负反馈电路：

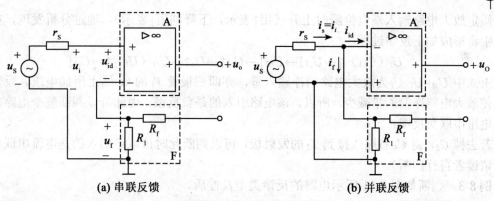

(a) 串联反馈   (b) 并联反馈

图 8-9 串联接法和并联接法

① 电压串联负反馈；

② 电压并联负反馈；

③ 电流串联负反馈；

④ 电流并联负反馈。

4. 四种负反馈电路举例

例 8-2 判断如图 8-10 所示电路的反馈类型及性质。

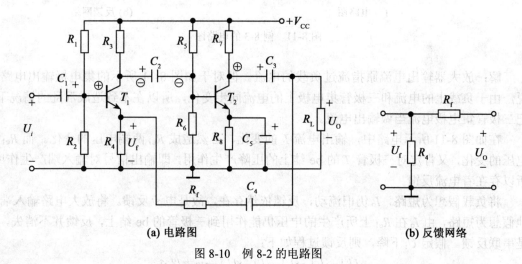

(a) 电路图   (b) 反馈网络

图 8-10 例 8-2 的电路图

解：观察如图 8-10 所示的放大电路发现：电阻 R_4 和 R_f 接在放大电路的输入端和输出端之间，为该电路的反馈元件，C_4 为隔直电容，说明该电路存在有交流反馈。

将负载 R_L 假想为短路，即 R_f 右端交流接地，则 $U_o=0$，$U_f=0$，此时，反馈电路不能把输出端的交流信号反馈到输入端，即反馈作用消失，由此可以判断该电路引入的是电压反馈。

将放大电路输入端假想为短路，即 $U_i=0$，可以看出，R_4 从 U_o 分到的电压 U_f（即反馈电压）仍能对放大电路输入端产生作用，即反馈不消失，所以是串联反馈。

假定放大电路输入端电位瞬时上升（用↑表示，下降则用↓表示），通过分析发现，在该电路中将形成如下反馈过程：

$$U_i（U_{b1}）↑→U_{c1}↓→U_{b2}↓→U_{c2}↑→U_o↑→U_{e1}（U_f）↑→U_{id}↓$$

上式中 $U_{id}=U_i-U_f$ 为放大电路的净输入量，亦即三极管 T_1 的 be 结上所加电压。反馈的结果使放大电路净输入量减少，所以，该电路引入的是负反馈。由此可以判断整个电路的反馈是电压串联负反馈。

若去掉 C_5，将 C_4 右端改接到 T_2 的发射极，可以判断此时该电路引入的是电流串联正反馈（请读者自行判断）。

例 8-3 判断如图 8-11 所示电路的反馈类型及性质。

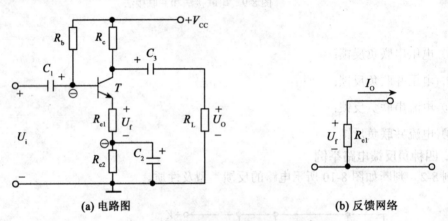

(a) 电路图　　　　　　　　　　　**(b) 反馈网络**

图 8-11　例 8-3 的电路图

解： 放大器输出电流原指流过负载的电流。但对于如图 8-11 所示的集电极输出电路来说，由于负载上的电流和三极管集电极上的电流同步变化，所以在不致造成混乱的情况下，把三极管集电极电流当做输出电流。

在如图 8-11 所示电路中，输出电流 I_o 的变化，必然造成 R_{e1} 两端电压的变化。而 R_{e1} 上电压的变化，又肯定对三极管 T 的 be 结上的压降产生作用，即输出信号对输入端产生作用，所以存在着电流反馈。

将负载假想为短路，I_o 仍旧流动，反馈依然存在，故是电流反馈。将放大电路输入端对地假想为短路，由 I_o 在 R_{e1} 上所产生的电压仍能作用到三极管的 be 结上，反馈并不消失，故是串联反馈。假定 U_i 下降，则反馈过程如下：

$$U_i↓→I_b↓→I_c↓→I_f↓→U_f↓→u_{be}=U_{id}↑$$

可见，这个电路引入的反馈是负反馈。由此可以判断整个电路的反馈是电流串联负反馈。

对直流来说，R_{e1} 和 R_{e2} 的串联电阻有着与上述交流负反馈过程同样的反馈作用。这个直流负反馈抑制了三极管静态电流的变化，所以有稳定静态工作点的作用。例 8-2 中 R_4 和 R_8 也有同样的作用。一般来说，凡串接在三极管发射极上的电阻都有直流电流负反馈作用，能够稳定放大电路的静态工作点。

例 8-4 如图 8-12 所示各电路是用集成运放组成的放大电路，试判断其反馈类型与极性。

解： 现以图 8-12（d）为例判断电路的反馈类型和性质。

将负载 R_L 假想为短路，输出电流 I_o 仍然流动，经 R_3、R_4 对放大器输入端产生作用，故是电流反馈；把集成运放反相输入端假想接地，即将 R_3 的上端接地，可以看出，反馈消失，故是并联反馈。

若放大电路输入电压 U_i 增加，则集成运放反相输入端输入电流 I_i 增加，于是有以下反馈过程：

$$U_i\uparrow\rightarrow I_i\uparrow\rightarrow I_i'\uparrow\rightarrow U_o\downarrow\rightarrow U_a\downarrow\rightarrow I_f\uparrow\rightarrow I_i'\downarrow$$

式中 $I_i' = I_i - I_f$ 为放大电路净输入电流，亦即集成运反相输入端输入电流，根据反馈过程分析可知，该电路引入的是负反馈。

综上所述，该电路引入的是电流并联是负反馈。

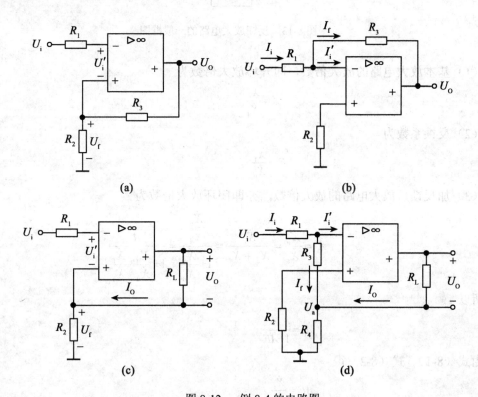

图 8-12　例 8-4 的电路图

采用同样的方法可以判断，图 8-12（a）、（b）、（c）所示各电路引入的反馈依次是电压串联正反馈、电压并联负反馈和电流串联正反馈（请读者根据以上方法自行分析）。

8.3.3　负反馈对放大电路性能的影响

通过四种反馈组态的具体分析，使我们知道负反馈有稳定输出量和改变输入、输出电阻的特点，这为我们在实际工作中选用不同类型的负反馈创造了有利条件。但负反馈的作用不仅仅只是这些，只要引入了负反馈，不管它是什么组态，都能使放大倍数稳定，通频带展宽，非线性失真减小，并能有效地抑制放大电路的内部噪声。当然这些性能的改善是以降低放大倍数为代价的。

1. 降低放大倍数

如图 8-13 所示为反馈放大电路的一般框图。图中 $\dot{X}_i$ 表示输入量，$\dot{X}_d$ 表示净输入量，$\dot{X}_f$ 表示反馈量，$\dot{X}_o$ 表示输出量，$\otimes$ 表示比较器。

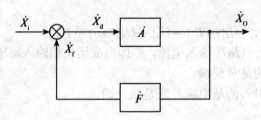

图 8-13　反馈放大电路的一般框图

（1）基本放大电路的放大倍数，即开环放大倍数为

$$\dot{A} = \frac{\dot{X}_o}{\dot{X}_d} \tag{8-1}$$

（2）反馈系数为

$$F = \frac{\dot{X}_f}{\dot{X}_o} \tag{8-2}$$

（3）加反馈后放大电路的放大倍数，亦即闭环放大倍数为

$$\dot{A}_f = \frac{\dot{X}_o}{\dot{X}_i} = \frac{\dot{X}_o}{\dot{X}_d + \dot{X}_f} = \frac{\dfrac{\dot{X}_o}{\dot{X}_d}}{1 + \dfrac{\dot{X}_f}{\dot{X}_d}} = \frac{\dot{A}}{1 + \dfrac{\dot{X}_o}{\dot{X}_d} \cdot \dfrac{\dot{X}_f}{\dot{X}_o}}$$

所以

$$\dot{A}_f = \frac{\dot{A}}{1 + \dot{A}\dot{F}} \tag{8-3}$$

由式（8-1）、式（8-2）得

$$\dot{A}\dot{F} = \frac{\dot{X}_f}{\dot{X}_d} \tag{8-4}$$

在负反馈情况下，$\dot{X}_i$ 与 $\dot{X}_d$ 同相，$\dot{A}\dot{F}$ 是一个正实数。由式（8-3）可见，引入负反馈后放大倍数降低了，它是未引入负反馈（即开环）时放大倍数的 $\dfrac{1}{1 + \dot{A}\dot{F}}$。

2. 提高放大倍数（增益）的稳定性

对于式（8-3），如果不考虑相位，可写成

$$A_f = \frac{A}{1 + AF} \tag{8-5}$$

当环路增益 $|AF| \gg 1$ 时，电路处于深度负反馈，此时闭环放大倍数为

$$A_f = \frac{A}{1 + AF} \approx \frac{1}{F} \tag{8-6}$$

也就是说在深度负反馈条件下，闭环放大倍数近似等于反馈系数的倒数，与三极管等有源器件的参数基本无关。

对式（8-5）取微分得

$$\mathrm{d}A_{\mathrm{f}} = \frac{(1+AF) \cdot \mathrm{d}A - AF \cdot \mathrm{d}A}{(1+AF)^2} = \frac{\mathrm{d}A}{(1+AF)^2}$$

所以

$$\frac{\mathrm{d}A_{\mathrm{f}}}{\mathrm{d}A} = \frac{1}{(1+AF)^2} \tag{8-7}$$

由式（8-5）得

$$\frac{A_{\mathrm{f}}}{A} = \frac{1}{1+AF} \tag{8-8}$$

将式（8-8）代入式（8-7）得

$$\frac{\mathrm{d}A_{\mathrm{f}}}{\mathrm{d}A} = \frac{A_{\mathrm{f}}}{A} \cdot \frac{1}{1+AF}$$

所以

$$\frac{\mathrm{d}A_{\mathrm{f}}}{A_{\mathrm{f}}} = \frac{\mathrm{d}A}{A} \cdot \frac{1}{1+AF} \tag{8-9}$$

由式（8-9）可知，在引入负反馈之后的闭环放大倍数的相对变化 $\dfrac{\mathrm{d}A_{\mathrm{f}}}{A_{\mathrm{f}}}$ 是未引入负反馈的

$\dfrac{1}{1+AF}$。这里所指的放大倍数与放大电路的反馈组态相对应：如果是电压负反馈，则使电压放大倍数的稳定性得到提高；如果是电流负反馈，则使电流放大倍数的稳定性得到提高。不同的反馈组态使对应组态的放大倍数的稳定性得到提高。

3. 展宽频带

在放大器的低频端，由于耦合电容阻抗增大等原因，将使放大电路放大倍数下降；在高频端，由于分布电容、三极管极间电容的容抗减小等原因，也会使放大电路放大倍数下降。

引入负反馈以后，当高、低频端的放大倍数下降时，反馈信号跟着减小，对输入信号的削弱作用减弱，使放大倍数的下降变得缓慢，因而通频带展宽，如图 8-14 所示。图中 A 和 A_{f} 分别表示负反馈引入前后的放大倍数，f_{L} 和 f_{H} 分别表示负反馈引入前的下限频率和上限频率，f_{LF} 和 f_{HF} 分别表示引入负反馈后的下限频率和上限频率。

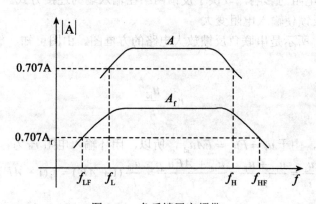

图 8-14　负反馈展宽频带

根据分析，引入负反馈后，放大器下限频率由无负反馈时的 f_L 下降为 $f_L/(1+AF)$，而上限频率由无负反馈时的 f_H 上升到 $(1+AF)f_H$。放大器的通频带得到展宽，展宽后的频带约是未引入负反馈时的 $(1+AF)$ 倍。

4. 减小非线性失真

加入负反馈改善非线性失真，可通过如图 8-15 所示的波形变化来说明。失真的反馈信号使净输入信号产生相反的失真，从而弥补了放大电路本身的非线性失真。

负反馈可以改善放大电路的非线性失真，但是只能改善反馈环内产生的非线性失真。因加入负反馈，放大电路的输出幅度下降，进入线性区，不好对比。因此必须要加大输入信号，使加入负反馈以后的输出幅度基本达到原来有失真时的输出幅度，非线性失真仍然减小，才能证明加入负反馈有减小失真的作用。

负反馈对非线性失真的改善是有限度的，非线性失真太大，加入负反馈后也不会消除。另外，负反馈加入不当还会给放大电路带来自激。

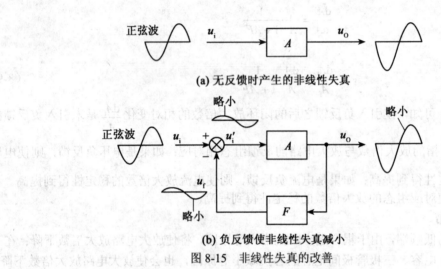

(a) 无反馈时产生的非线性失真

(b) 负反馈使非线性失真减小

图 8-15　非线性失真的改善

负反馈还可以对放大电路的噪声、干扰和温漂有一定的抑制作用，其原理与抑制非线性失真类似，但它只对反馈环内的产生的噪声、干扰和温漂有效，对环外则无效。

5. 负反馈对输入电阻的影响

负反馈对输入电阻的影响，取决于反馈网络在输入端的连接方式。

（1）串联负反馈使输入电阻变大

如图 8-16（a）所示是串联负反馈放大电路的方框图。由图可知，放大电路在开环时的输入电阻为

$$r_i = \frac{u_{id}}{i_i} \tag{8-10}$$

引入负反馈后，由于 $u_f = Fu_o = FAu_{id}$，所以，闭环输入电阻 r_{if} 为

$$r_{if} = \frac{u_i}{i_i} = \frac{u_{id} + u_f}{i_i} = \frac{u_{id} + AFu_{id}}{i_i} = \frac{u_{id}}{i_i}(1 + AF) = r_i(1 + AF) \tag{8-11}$$

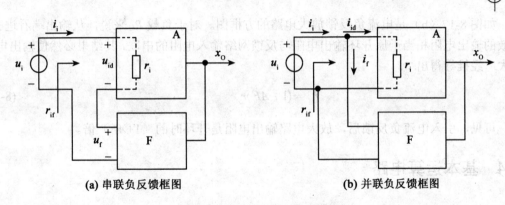

(a) 串联负反馈框图　　　　　　　　　(b) 并联负反馈框图

图8-16　负反馈对输入电阻的影响

上式表明，引入串联负反馈后，放大电路输入电阻变为开环时的（1+AF）倍。

（2）并联负反馈使输入电阻变小

如图 8-16（b）所示是并联负反馈放大电路的方框图。由图可知，放大电路在开环时的输入电阻为 $r_i=u_i/i_{id}$。引入负反馈后，输入电阻 r_{if} 变为

$$r_{if} = \frac{u_i}{i_i} = \frac{u_i}{i_{id}+i_f} = \frac{u_i}{i_{id}+AFi_{id}} = \frac{u_i}{i_{id}} \cdot \frac{1}{1+AF} = r_i \frac{1}{1+AF} \tag{8-12}$$

由上式表明，引入并联负反馈后，放大电路输入电阻变为开环时的 1/（1+AF）。

6. 负反馈对输出电阻的影响

负反馈对输出电阻的影响，取决于反馈网络在输出端的取样对象。

（1）电压负反馈使输出电阻变小

如图 8-17（a）所示为电压负反馈放大电路的方框图。对于负载 R_L 来说，从输出端看进去，等效的输出电阻相当于原开环输出电阻与反馈网络输入电阻的并联，其结果必然使输出电阻减小。经推导得出

$$r_{of} = \frac{r_o}{1+AF} \tag{8-13}$$

可见，引入电压负反馈后，放大电路输出电阻是开环时的 1/（1+AF）。

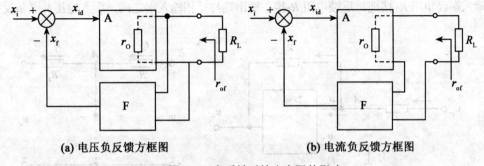

(a) 电压负反馈方框图　　　　　　　　　(b) 电流负反馈方框图

图8-17　负反馈对输出电阻的影响

（2）电流负反馈使输出电阻变大

如图 8-17（b）是电流负反馈放大电路的方框图。对于负载 R_L 来说，从输出端看进去，等效的输出电阻相当于原开环输出电阻与反馈网络输入电阻的串联，其结果必然使输出电阻增大。经推导得出

$$r_{of} = (1+AF)r_o \tag{8-14}$$

可见，引入电流负反馈后，放大电路输出电阻是开环时的（1+AF）倍。

8.4 基本运算电路

理想运放只有工作在线性区时才能实现运算功能，理想运放工作在线性区的必要条件是引入深度负反馈。

当理想运放工作在线性区时，输出电压在有限值之间变化，而 $A_{ud} \to \infty$，所以 $u_{id} = u_{od}/A_{ud} \approx 0$，由 $u_{id} = u_+ - u_-$ 得

$$u_+ \approx u_- \tag{8-15}$$

上式说明，理想运放两输入端的电位相等，即两输入端之间的电压可视为零，这就是所谓的"虚短"概念。

又由于理想运放的输入电阻 $r_{id} \to \infty$，所以

$$i_+ = i_- \approx 0 \tag{8-16}$$

说明流入理想运放两输入端的电流为零，即理想运放两输入端相当于开路，这就是所谓的"虚断"概念。

式（8-15）和式（8-16）是理想运放的两条重要结论。

理想运放外接深度负反馈电路后可构成比例运算、加法运算、减法运算、积分和微分运算等多种基本运算电路。

8.4.1 比例运算电路

1. 反相输入比例运算电路

如图 8-18（a）所示为反相输入比例运算电路。输入电压 u_i 通过 R_1 接入集成运放的反相端，同相输入端经电阻 R_2 接地。反馈电阻 R_f 接在输出端与反相输入端之间，引入电压并联负反馈。

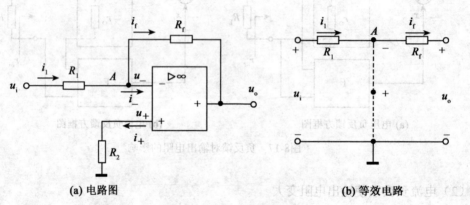

(a) 电路图　　　　　　　　　　　　**(b) 等效电路**

图 8-18　反相比例运算电路

加入信号 u_i，由于理想运放 $i_+ = i_- \approx 0$，R_2 上压降亦为零，所以 u_+ 与地等电位。又因为反相输入端和同相输入端为"虚短"，因此反相输入端电位也为零，即

$$u_+ = u_- = 0 \tag{8-17}$$

此时，我们称反相输入端为"虚地"。于是图 8-18（a）所示的电路可等效成图 8-18（b）所示的等效电路。由图 8-18（b）可得

$$u_i = R_1 i_1$$
$$u_o = -R_f i_f$$

由于 $i_+ = i_- \approx 0$，所以

$$i_f = i_1 = \frac{u_i}{R_1} = -\frac{u_o}{R_f}$$

即

$$u_o = -\frac{R_f}{R_1} u_i \tag{8-18}$$

可见输出电压 u_o 与输入电压 u_i 成正比，比值由外接电阻 R_f 和 R_1 决定，与集成运放本身的参数无关。负号表明，反相输入比例运算电路输出电压与输入电压反相。

该电路的闭环电压放大倍数为

$$A_{uf} = -\frac{R_f}{R_1} \tag{8-19}$$

R_2 是平衡电阻，用以使集成运放两输入端外接电阻对称，保持电路的静态平衡。一般取 $R_2 = R_1 // R_f$。

此外，由于反相输入端和同相输入端的对地电压都接近于零，所以集成运放输入端的共模输入电压极小，这就是反相输入电路的特点。

若取 $R_f = R_1$，则

$$u_0 = -u_i \tag{8-20}$$

或

$$A_{uf} = \frac{u_o}{u_i} = -1 \tag{8-21}$$

此时，输出电压与输入电压大小相等，相位相反，称为反相器。

由于反相输入比例运算电路引入的是深度电压并联负反馈，所以，从信号源端往里看，输入电阻为

$$r_{if} = R_1 + \frac{r_{id}}{1+AF} \approx R_1 \tag{8-22}$$

输出电阻为

$$r_{of} = \frac{r_{od}}{1+AF} \approx 0 \tag{8-23}$$

高等院校计算机系列教材

2. 同相输入比例运算电路

如图 8-19（a）所示为同相输入比例运算电路。输入信号 u_i 经外接电阻 R_2 接到集成运放的同相输入端，反馈电阻 R_f 接在反相输入端与输出端之间，引入电压串联负反馈。R_2 是平衡电阻，要求 $R_2=R_1//R_f$。图 8-19（b）所示为其等效电路。

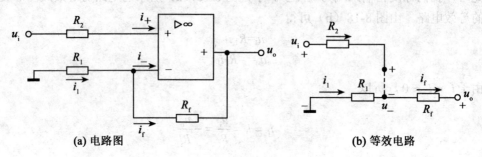

(a) 电路图   (b) 等效电路

图 8-19   同相比例运算电路

运用"虚断"概念有 $\qquad\qquad\qquad\qquad i_+ = i_- = 0$

运用"虚短"概念有 $\qquad\qquad\qquad\qquad u_+ = u_- = u_i$

所以 $\qquad\qquad\qquad\qquad u_o = u_- - R_f i_f = u_i - R_f i_f$

$$i_f = i_1 = -\frac{u_-}{R_1} = -\frac{u_i}{R_1}$$

故 $\qquad u_o = u_i - R_f \cdot \left(-\frac{u_i}{R_1} \right) = u_i + \frac{R_f}{R_1} u_i = \left(1 + \frac{R_f}{R_1} \right) u_i \qquad (8\text{-}24)$

闭环电压放大倍数为

$$A_{uf} = \frac{u_0}{u_i} = \left(1 + \frac{R_f}{R_1} \right) \qquad (8\text{-}25)$$

上式表明电路输出电压与输入电压相位相同，大小成一定比例关系，且大于或等于 1，电路完成了对输入信号的同相比例运算。

当 $R_f=0$，$R_1 \rightarrow \infty$ 时，由式（8-24）得

$$u_o = u_i$$

$$A_{uf} = \frac{u_o}{u_i} = 1 \qquad (8\text{-}26)$$

即输出电压与输入电压大小相等，相位相同，这种电路称为电压跟随器。它具有很大的输入电阻和很小的输出电阻，其作用与三极管射极输出器相似。电路如图 8-20 所示。

由于同相输入比例运算电路引入的是深度电压串联负反馈，所以，输入电阻为

$$r_{if} = （1+AF） r_{id} \rightarrow \infty$$

输出电阻为

$$r_{of} = \frac{r_{od}}{1+AF} \approx 0$$

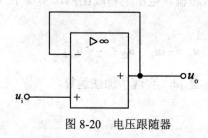

图 8-20 电压跟随器

8.4.2 加法运算电路

如图 8-21 所示的电路是由若干个输入信号加在反相输入端构成的反相加法运算电路。反馈电阻 R_f 接在输出端与反相输入端之间，引入电压并联负反馈。同相输入端经电阻 R_4 接地，R_4 是反相输入端的平衡电阻，一般取 $R_4 = R_1 // R_2 // R_3 // \cdots // R_n // R_f$。

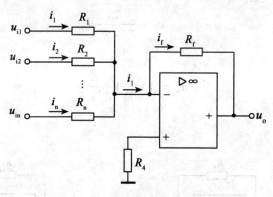

图 8-21 加法运算电路

根据"虚断"的概念，有

$$i_f = i_i = i_1 + i_2 + \cdots + i_n$$

再根据"虚地"的概念可得

$$i_1 = \frac{u_{i1}}{R_1}, \quad i_2 = \frac{u_{i2}}{R_2}, \quad \cdots, \quad i_n = \frac{u_{in}}{R_n}$$

所以

$$u_o = -R_f i_f = -R_f \left(\frac{u_{i1}}{R_1} + \frac{u_{i2}}{R_2} + \cdots + \frac{u_{in}}{R_n} \right) \tag{8-27}$$

由式（8-27）可知，输出电压等于输入电压按不同比例相加，即该电路实现了各信号按不同比例相加的运算。

如果取 $R_1 = R_2 = \cdots = R_n = R$，则

$$u_o = -\frac{R_f}{R}(u_{i1} + u_{i2} + \cdots + u_{in}) \tag{8-28}$$

式（8-28）表示输出电压和输入电压之和成比例，实现了"和的放大"。

如果取 $R = R_f$，则

$$u_o = -(u_{i1} + u_{i2} + \cdots + u_{in}) \tag{8-29}$$

输出电压等于各输入电压之和，实现了加法运算。

8.4.3　减法运算电路

如图 8-22（a）所示为减法运算电路。

根据叠加定理首先令 $u_{i1}=0$，当 u_{i2} 单独作用时，电路成为反相比例运算电路，如图 8-22（b）所示。输出电压为

$$u_{o2} = -\frac{R_f}{R_1}u_{i2}$$

再令 $u_{i2}=0$，u_{i1} 单独作用时，电路成为同相比例运算电路，如图 8-22（c）所示。根据分压公式，得同相输入端电压为

$$u_+ = \frac{R_3}{R_2 + R_3}u_{i1}$$

其输出电压为

$$u_{o1} = (1 + \frac{R_f}{R_1})\frac{R_3}{R_2 + R_3}u_{i1}$$

于是有

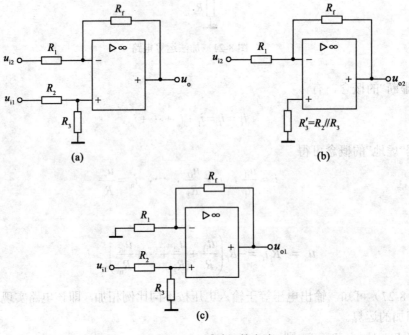

图 8-22　减法运算电路

$$u_o = u_{o1} + u_{o2} = \left(1 + \frac{R_f}{R_1}\right)\frac{R_3}{R_2 + R_3}u_{i1} - \frac{R_f}{R_1}u_{i2} \qquad (8\text{-}30)$$

若取 $R_1 = R_2$，$R_3 = R_f$，则式（8-30）变为

$$u_o = \frac{R_f}{R_1}(u_{i1} - u_{i2}) \qquad (8\text{-}31)$$

式（8-31）表明，输出电压与两输入电压之差成正比，这种输入方式称为差动输入方式，故此电路称为差动输入运算电路或差值放大电路。

当 $R_1 = R_f$ 时，
$$u_o = u_{i1} - u_{i2} \qquad (8\text{-}32)$$

此时，减法运算电路的输出电压等于两输入信号电压之差。

8.4.4 积分和微分运算电路

1. 积分运算

积分运算是模拟计算机中的基本单元电路，数学模式为 $y = K\int x\,\mathrm{d}t$，电路模式为

$u_o = K\int u_i\,\mathrm{d}t$。在集成运放的反相输入方式下，将反馈电阻 R_f 换成电容器 C，就构成了积分运算电路，如图 8-23 所示。

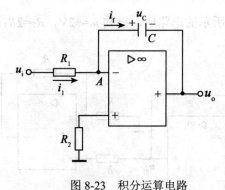

图 8-23 积分运算电路

由于集成运放工作在线性区，所以 $i_- = i_+ = 0$，$u_- = u_+ = 0$。因此有

$$i_1 = i_f = \frac{u_i}{R_1}$$

所以
$$u_o = -u_C = -\frac{1}{C}\int i_f\,\mathrm{d}t = -\frac{1}{R_1 C}\int u_i\,\mathrm{d}t \qquad (8\text{-}33)$$

可见输出电压 u_o 与输入电压 u_i 对时间的积分成正比，其中比例系数 $K = -\dfrac{1}{R_1 C}$，负号表明 u_o 与 u_i 反相。

2. 微分运算电路

微分运算是积分运算的逆运算。将积分运算电路中的电阻和电容的互换位置就可以得到微分运算电路，如图 8-24 所示。在这个电路中，A 点仍为"虚地"，即 $u_A≈0$。根据"虚断"的概念，有 $i_-≈0$，所以 $i_1≈i_f$。假设电容 C 的初始电压为零，则有

$$i_f = i_1 = C\frac{du_i}{dt}$$

所以

$$u_o = -i_f R = -RC\frac{du_i}{dt} \tag{8-34}$$

上式表明，输出电压 u_o 与输入电压 u_i 对时间的微分成正比，且 u_o 与 u_i 反相。

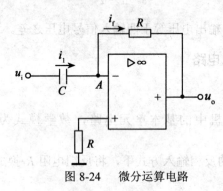

图 8-24　微分运算电路

例 8-5　在如图 8-25 所示的电路中，已知 $u_i=-2V$，$R_F=2R_1$，试求 u_o。

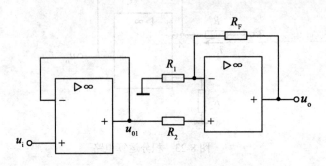

图 8-25　例 8-5 的电路图

解:

（1）先求第一级输出 u_{o1}，第一级为电压跟随器，因此

$$u_{o1}=u_i= -2V$$

（2）第二级为同相比例运算电路，其输入电压为 u_{o1}，由式（8-24）得

$$u_o = \left(1 + \frac{R_F}{R_1}\right)u_{o1} = \left(1 + \frac{2R_1}{R_1}\right)\times(-2) = -6(V)$$

例 8-6　某理想运算放大电路如图 8-26 所示，试求 u_o。

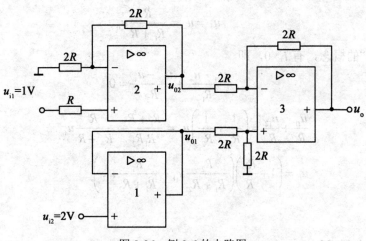

图 8-26 例 8-6 的电路图

解： 由于运放 1 构成了电压跟随器，所以

$$u_{o1}=u_{i2}=2\text{V}$$

运放 2 构成同相比例运算电路，由式（8-24）可得

$$u_{o2}=\left(1+\frac{2R}{2R}\right)u_{i1}=2\text{V}$$

运放 3 构成减法运算电路，由式（8-30）得

$$u_{o2}=\left(1+\frac{2R}{2R}\right)\frac{2R}{2R+2R}u_{o1}-\frac{2R}{2R}u_{o2}=0\text{V}$$

例 8-7 某理想运算放大电路构成如图 8-27 所示的同相加法器，试证明：

$$u_0=\left(1+\frac{R_f}{R}\right)\left(\frac{R_2}{R_1+R_2}u_{i1}+\frac{R_1}{R_1+R_2}u_{i2}\right)$$

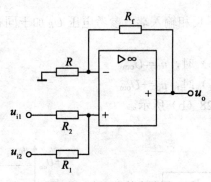

图 8-27 例 8-7 的电路图

证明：

根据"虚断"的概念，有 $i_-=0$，所以

$$u_-=\frac{R}{R_f+R}u_0$$

根据"虚短"的概念，有

$$u_+ = u_- = \frac{R}{R_f + R}u_0$$

根据"虚断"的概念，有 $i_+=0$，即

$$\frac{u_{i1} - u_+}{R_1} + \frac{u_{i2} - u_+}{R_2} = 0$$

所以

$$\frac{u_{i1}}{R_1} + \frac{u_{i2}}{R_2} = \left(\frac{1}{R_1} + \frac{1}{R_2}\right)u_+ = \frac{R_1 + R_2}{R_1 R_2} \cdot \frac{R}{R_f + R}u_0$$

$$u_0 = \left(1 + \frac{R_f}{R}\right)\left(\frac{R_2}{R_1 + R_2}u_{i1} + \frac{R_1}{R_1 + R_2}u_{i2}\right)$$

证毕。

8.5 电压比较器

从前面的讨论中可以看到，在大多数情况下，集成运放是工作在放大状态，当开环增益足够大时，其输出与输入之间的关系几乎与集成运放本身无关，而主要由反馈网络的参数所决定。但是，如果集成运放处于开环下应用，且开环增益很高，它就会工作在非线性状态。只要在两输入端之间存在微小的电压差，集成运放的输出级就会工作在饱和状态。集成运放的这种非线性特性，在数字技术和自控领域中获得广泛应用。集成比较器就是利用这一原理制成的。它用来对信号进行鉴别和比较。同时，它又是组成非正弦波发生器（如方波、三角波和矩形波等）的基础。

8.5.1 基本电压比较器

如图 8-28（a）、(b) 所示是由集成运放组成的基本电压比较器及其电压传输特性。图中，u_i 为输入电压；U_R 为参考电压；u_o 为比较电压输出。电压比较器工作在传输特性的饱和区。下面分两种情况进行讨论。

（1）当输入电压 u_i 加于反相输入端，参考电压 U_R 加于同相输入端，即 $u_- = u_i$，$u_+=U_R$ 时，如图 8-28（a）所示。

① 当 $u_i > U_R$（即 $u_- > u_+$）时，$u_o=-U_{om}$。

② 当 $u_i < U_R$（即 $u_- < u_+$）时，$u_o=+U_{om}$。

其电压传输特性如图 8-28（b）所示。

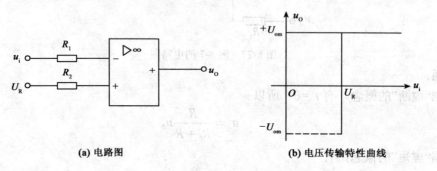

(a) 电路图　　　　　　　　　　　(b) 电压传输特性曲线

图 8-28　参考电压 U_R 加于同相输入端

（2）当输入电压 u_i 加于同相输入端，参考电压 U_R 加于反相输入端，即 $u_-=U_R$，$u_+=u_i$ 时，如图 8-29（a）所示。

① 若 $u_i>U_R$（即 $u_+>u_-$）时，$u_o=+U_{om}$。

② 若 $u_i<U_R$（即 $u_+<u_-$）时，$u_o=-U_{om}$。

其电压传输特性如图 8-29（b）所示。

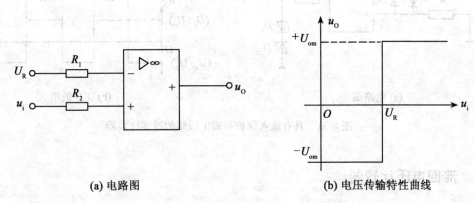

(a) 电路图　　　　　　　　　　　(b) 电压传输特性曲线

图 8-29　参考电压 U_R 加于反相输入端

从以上可以看出，根据输出电压是高（$+U_{om}$）或是低（$-U_{om}$），就可以判断输入信号 u_i 是低于或高于参考电压。

如果参考电压 $U_R=0$，则称为过零比较器。对于上面第（1）种情况，电压传输特性变为如图 8-30（a）所示。此时，若输入电压为正弦波形，那么输入电压 u_i 每过零一次，比较器的输出电压 u_0 就产生一次跃变，从而得到如图 8-30（b）所示的输出方波。

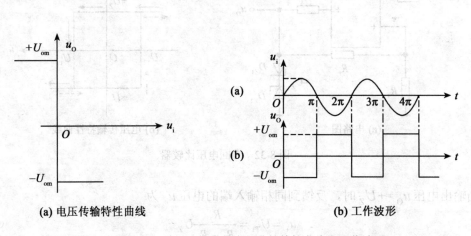

(a) 电压传输特性曲线　　　　　　　　　(b) 工作波形

图 8-30　过零比较器的电压传输特性曲线和工作波形

如果希望减少比较器的输出幅值，可在比较器的输出回路中加限幅电路，如图 8-31（a）所示。图中两只稳压管 D_{Z1}、D_{Z2} 串联构成限幅电路，D_{Z1}、D_{Z2} 的正向导通电压均为 U_D，稳定电压均为 U_Z，且 $U_Z<U_{om}$（最大输出电压）。集成运放工作于开环状态。当 $u_i>0$ 时，D_{Z2} 正向导通，D_{Z1} 工作于稳压状态，$u_o=-（U_Z+U_D）$；当 $u_i<0$ 时，D_{Z1} 正向导通，D_{Z2} 工作于稳压状态，$u_o=（U_Z+U_D）$，如图 8-31（b）所示。图 8-31（a）中 D_1、D_2 并联在集成运放的两

输入端之间，是为了防止输入信号过大时损坏集成运放而设置的。

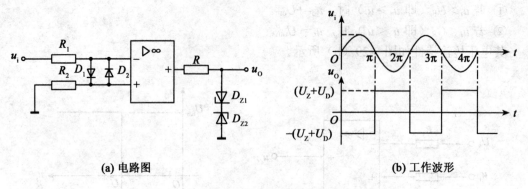

(a) 电路图　　　　　　　　　　　　(b) 工作波形

图 8-31　具有输入保护和输出限幅的过零比较器

8.5.2　滞回电压比较器

滞回电压比较器如图 8-32（a）所示。输入电压 u_i 加到反相输入端，输出电压通过电阻 R_f 和 R_2 分压后加到同相输入端形成正反馈。由于电路加有正反馈，接通电源后，集成运放工作在饱和区，输出电压 u_O 或等于 $+U_Z$ 或等于 $-U_Z$（忽略稳压管正向压降）。

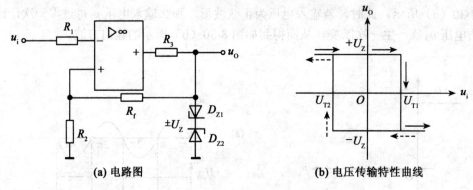

(a) 电路图　　　　　　　　　　　　(b) 电压传输特性曲线

图 8-32　滞回电压比较器

当输出电压 $u_O = +U_Z$ 时，反馈到同相输入端的电压 u_+ 为

$$u_+ = U_{T1} = \frac{R_2}{R_2 + R_f} U_Z \qquad (8-35)$$

此时，若反相输入端的输入电压 u_i 增大，当 $u_i \geqslant U_{T1}$ 时，输出电压 u_O 将发生从 $+U_Z$ 到 $-U_Z$ 的负跳变，因此，我们称 U_{T1} 为上门限触发电压。

当输出电压 $u_O = -U_Z$ 时，反馈到同相输入端的电压 u_+ 为

$$u_+ = U_{T2} = -\frac{R_2}{R_2 + R_f} U_Z \qquad (8-36)$$

若反相输入端的输入电压 u_i 减小，则当 $u_i \leq U_{T2}$ 时，输出电压 u_O 将发生从 $-U_z$ 到 $+U_z$ 的正跳变，因此，我们把称 U_{T2} 为下门限触发电压。上、下门限触发电压 U_{T1}、U_{T2} 的差值 $\Delta U = U_{T1} - U_{T2}$ 称为滞回电压或回差。

该电路的翻转过程是通过 R_2 和 R_f 的正反馈来实现的。先假设电路输出的起始状态为 $u_O = +U_z$，则当 u_i 增加到等于 U_{T1} 时，u_O 便要下降，这时电路将发生如下的正反馈过程：

$$\longrightarrow u_O \downarrow \longrightarrow u_+ \downarrow \longrightarrow (u_i - u_+) \uparrow \longrightarrow u_O \downarrow$$

正反馈过程的结果使 u_O 迅速下降至 $-U_z$；同理，若设 $u_O = -U_z$，则当 u_i 减小到等于 U_{T2} 时，u_O 便要上升，于是发生类似上述正反馈过程，结果使 u_O 迅速上升至 $+U_z$，便形成了如图 8-32（b）所示的电压传输特性。

在如图 8-32（a）所示的滞回比较器电路中，若增加一条 RC 负反馈支路，就组成了如图 8-33（a）所示的方波发生器。

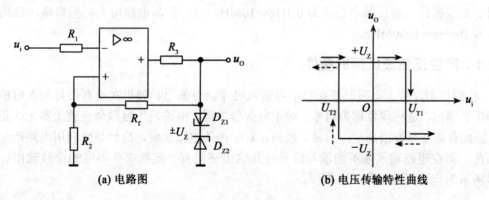

(a) 电路图　　　　　　　　　　(b) 电压传输特性曲线

图 8-32　滞回电压比较器

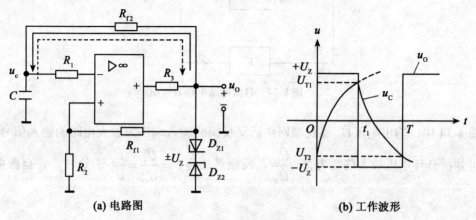

(a) 电路图　　　　　　　　　　(b) 工作波形

图 8-33　由滞回比较器构成方波发生器

该电路的基本原理是利用输出电压 u_o 经 $R_{f2}C$ 支路的反馈，在电容 C 上形成充放电电压 u_C 来代替滞回比较器反相输入端的外加输入信号 u_i，并与同相输入端电压 u_+ 相比较，使比较器的输出不断发生转换，从而形成自激振荡的。下面具体分析该电路的工作过程。

电路接通电源瞬间，u_O 为正为负纯属偶然。假设开始时输出电压为正，$u_O=+U_Z$，此时同相输入端输入电压为 $u_+ = U_{T1} = \dfrac{R_2}{R_2 + R_f} U_Z$。输出电压 u_O 经过电阻 R_{f2} 向 C 充电，如图 8-33（a）实线箭头所示。u_C 按指数规律增大。当 u_C 上升到略高于 U_{T1} 时，输出电压便开始翻转，R_{f1}、R_2 支路的正反馈作用使翻转过程在极短的时间内完成，u_O 跃变为 $-U_Z$，并通过正反馈保持在 $-U_Z$ 上。这时，同相输入端输入电压为 $u_+ = U_{T2} = -\dfrac{R_2}{R_2 + R_f} U_Z$，同时电容器 C 经过 R_{f2} 放电，如图 8-33（a）虚线所示，u_C 按指数规律下降。当 u_C 降到略低于 U_{T2} 时，输出电压再一次翻转到 $u_O=+U_Z$。如此周而复始，便得到了如图 8-33（b）所示的方波。

8.6 正弦波振荡电路

正弦波振荡电路是指在无外加输入信号的情况下，电路依靠内部正反馈条件产生自激振荡形成正弦波输出电压的电路。正弦波振荡电路分 RC 振荡电路和 LC 振荡电路。RC 振荡电路用于低频振荡，使用频率范围为 0.1Hz～10MHz。LC 振荡电路用于高频振荡，使用频率范围为 10kHz～1000MHz。

8.6.1 产生正弦波振荡的条件

我们知道，放大电路通常在有信号输入时才会有输出。如果在没有信号输入时放大电路产生了输出，这种现象称为自激。对于放大器来说，电路发生自激会使放大器无法正常工作，因此有必要采取措施消除自激。然而，对于振荡电路来说，恰恰是要利用电路产生的自激振荡，即在电路输入端不加输入信号时其输出端仍有一定频率和幅度的信号输出。如图 8-34 所示为自激振荡电路的方框图。

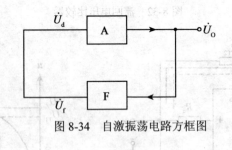

图 8-34 自激振荡电路方框图

图 8-34 中，输出电压 $\dot{U}_o$ 经反馈网络后又反馈回输入端作为放大电路的输入信号 $\dot{U}_d$。由图可知：开环电压放大倍数为 $\dot{A} = \dfrac{\dot{U}_o}{\dot{U}_d}$，反馈系数为 $\dot{F} = \dfrac{\dot{U}_f}{\dot{U}_o} = \dfrac{\dot{U}_d}{\dot{U}_o}$。这样，在自激振荡中有

$$\dot{A}\dot{F} = \frac{\dot{U}_O}{\dot{U}_d} \cdot \frac{\dot{U}_f}{\dot{U}_O} = \frac{\dot{U}_O}{\dot{U}_d} \cdot \frac{\dot{U}_d}{\dot{U}_O} = 1 \qquad (8\text{-}37)$$

上式即为自激振荡的平衡条件。它包括以下两方面的含义：

（1）振幅平衡条件：$|AF| = 1$，以保证反馈电压的大小等于输入电压。

（2）相位平衡条件：$\varphi_A + \varphi_F = 2n\pi(n = 0, 1, \cdots)$，即电路必须引入正反馈，以保证反馈电压与输入电压同相。式中：φ_A 表示基本放大电路产生的相移，φ_F 表示反馈网络产生的相移。

实际上，振荡电路若要产生振荡总是要有一定的信号输入的，否则就不可能产生最初的输出信号。当振荡电路电源刚接通时，总会在电路内部产生一个微小的电扰动，这就是最初的输入信号。这种扰动包含有很宽的频率成分，但其中只有 $f = f_0$ 的频率成分满足相位平衡条件而被从中选择出来加以放大，而其他频率成分则被逐步得到衰减和抑制。被选择出来的信号在每次反馈到放大器输入端时都要大于前一次的输入信号，这样就使得放大器的输出电压逐渐增加，从而使得电路在 f_0 的频率上自行振荡起来。由于在振荡建立之初信号很小，$|\dot{A}|$ 较大，所以 $|\dot{A}\dot{F}| > 1$；以后信号越大，$|\dot{A}|$ 却越来越小，从而使 $|\dot{A}\dot{F}|$ 也越来越小，直至 $|\dot{A}\dot{F}| = 1$ 时，信号就不会再放大了，$|\dot{A}|$ 也就不再小下去了，最后，电路就平衡在 $|\dot{A}\dot{F}| = 1$ 的条件下。$|\dot{A}\dot{F}|$ 由大于 1 到等于 1 的全过程称为振幅稳定过程。所以 $|\dot{A}\dot{F}| > 1$ 就是振荡电路的起振条件。

为保证振荡电路在 $f = f_0$ 的频率点上自行振荡，振荡电路必须具有选择频率 f_0 的功能。所以振荡电路应由放大电路、反馈电路和谐振频率为 f_0 的选频网络三部分组成。选频网络通常由反馈网络中含有参数合适的电抗元件来承担。这种反馈网络既能完成反馈信号的功能，又能实现选频功能。

8.6.2　RC 正弦波振荡电路

RC 正弦波振荡电路由放大电路和电阻、电容构成的反馈网络组成。如图 8-35（a）所示是采用集成运放作为放大环节的 RC 串并联桥式振荡电路，又称文氏电桥 RC 正弦波振荡电路。

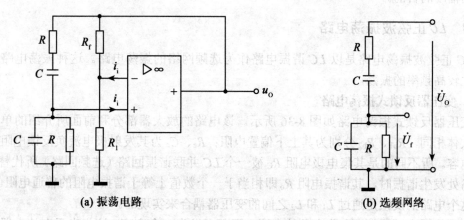

(a) 振荡电路　　　　　　　　　　　　　　　　**(b) 选频网络**

图 8-35　文氏电桥 RC 正弦波振荡电路

该电路的选频网络也就是振荡的正反馈网络，如图 8-35（b）所示。其反馈系数为

$$\dot{F} = \frac{\dot{U}_f}{\dot{U}_o} = \frac{\dfrac{\dfrac{R}{j\omega C}}{R + \dfrac{1}{j\omega C}}}{R + \dfrac{1}{j\omega C} + \dfrac{\dfrac{R}{j\omega C}}{R + \dfrac{1}{j\omega C}}} = \frac{1}{3 + j\left(\omega RC - \dfrac{1}{\omega RC}\right)} \tag{8-38}$$

若 $\omega RC - \dfrac{1}{\omega RC} = 0$，即当 $\omega = \omega_0 = \dfrac{1}{RC}$ 或 $f = f_0 = \dfrac{1}{2\pi RC}$ 时，选频网络产生谐振。谐振频率为 $f_0 = \dfrac{1}{2\pi RC}$，谐振时反馈系数为 $F = \dfrac{1}{3}$。

电路中，R_f 是电压反馈电阻，所以该振荡器的电压放大倍数为

$$\dot{A} = 1 + \frac{R_f}{R_1} \tag{8-39}$$

所以

$$AF = (1 + \frac{R_f}{R_1}) \times \frac{1}{3} = \frac{1}{3} + \frac{R_f}{3R_1} = 1 \tag{8-40}$$

从而得

$$R_f = 2R_1$$

综上所述，文氏电桥 RC 正弦波振荡电路的振荡条件为

$$R_f = 2R_1 \tag{8-41}$$

振荡频率为

$$f_0 = \frac{1}{2\pi RC} \tag{8-42}$$

值得一提的是，在实际应用中，为使电路可靠起振，应使 $R_f > 2R_1$。同时 R_f 采用负温度系数的热敏电阻，当输出电压增高时，R_f 减小，电压放大倍数 A_u 也随之减小，从而达到稳定振荡幅度的目的。

8.6.3 LC 正弦波振荡电路

LC 正弦波振荡电路是以 LC 谐振电路作为选频网络的振荡电路。这种振荡电路通常用来产生较高频率的振荡。

1. 变压器反馈式振荡电路

变压器反馈式振荡电路如图 8-36 所示。该电路的放大器部分和前面所介绍的单管放大电路大体相同。R_{b1}、R_{b2} 分别为其上下偏置电阻；R_e、C_e 为其发射极电流负反馈电阻和射极旁路电容。所不同的是其集电极电阻 R_C 被一个 LC 并联谐振回路（选频回路）所代替。当回路在 f_0 处发生谐振时，其谐振电阻 R_0 即相当于一个数值上等于谐振电阻的普通电阻。

这个电路的反馈是通过 L_1 和 L_2 之间的变压器耦合来实现的。

在刚接通电源瞬间，电路中各处电流电压都在发生一个突变，这相当于在放大器的输入端加上了许多不同频率的正弦信号。在这些不同频率的信号中，只有频率为 f_0 的信号在从基极传到集电极的过程中产生了 180°的相位移动，即在基极上对地来说为正的信号，传到集电

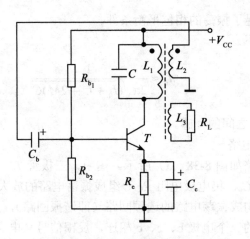

图 8-36　变压器反馈式振荡电路

极后就变成了对地为负的信号。而对于其他频率的信号来说，谐振回路是一个复阻抗，所以在从基极传到集电极的过程中所产生的相移都不会是 180°。这个集电极对地为负的信号，再经 L_1 和 L_2 之间的变压器倒相 180°，返回基极共移相 360°，从而满足相位平衡条件；而其他频率的信号是不可能满足相位平衡条件的。对于频率为 f_0 的信号，其电压放大倍数为 $-\beta \dfrac{R_o}{r_{be}}$

只要适当地选择变压器的变比，就可使 $|AF|=1$，即振幅条件得到满足。

2. 电感三点式振荡电路

电感三点式振荡电路如图 8-37（a）所示。图中，三极管 T、偏置电阻 R_{b_1}、R_{b_2} 和发射极电阻 R_e、发射极电容 C_e 等组成振荡电路的放大器部分。电感 L_1、L_2 串联后和电容器 C 相并联，构成振荡电路的选频回路（即谐振回路），从选频回路的电感端引出 3 个端子分别与晶体管的三个电极 b、e、c 相连，反馈信号从电感 L_2 端引出后接回到三极管的基极，只要电感的同名端连接正确，电路参数选择合适，就能满足振荡的相位平衡条件和振幅平衡条件，这个电路也叫哈特莱电路。该振荡电路的交流通路图如图 8-37（b）所示。

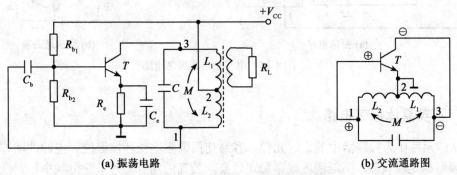

(a) 振荡电路　　　　　　　　　　　　(b) 交流通路图

图 8-37　电感三点式振荡电路

采用瞬时极性法可以判断电感三点式振荡电路是否满足相位平衡条件。如图 8-37（b）所示，假定基极上频率为 f_0 的信号在某瞬间对地来说为正，那么在同一瞬间里集电极对地信号为负。也就是说图中 3 端对地为负，2 端为地，显然 1 端对地为正，所以反馈到基极去的信号对地为正,这就满足了振荡的相位平衡条件。

这个电路的振荡频率为

$$f_0 \approx \frac{1}{2\pi\sqrt{(L_1 + L_2 + 2M)C}} \tag{8-43}$$

式中,M 是 L_1 和 L_2 之间的互感。

3. 电容三点式振荡电路

电容三点式振荡电路如图 8-38(a)所示。图中,三极管 T、偏置电阻 R_{b1}、R_{b2} 和发射极电阻 R_e、发射极电容 C_e、集电极电阻 R_C 等组成振荡电路的放大器部分。电容 C_1、C_2 串联后和电感 L 相并联,构成振荡电路的选频回路(即谐振回路),从选频回路的电容端引出三个端子分别与晶体管的三个电极 b、e、c 相连,反馈信号从电容 C_2 端引出后接回到三极管的基极,只要电路参数选择合适,就能满足振荡的相位平衡条件和振幅平衡条件,这个电路也叫考毕兹电路。该振荡电路的交流通路图如图 8-38(b)所示。

采用瞬时极性法验证,图 8-38 所示的电容三点式振荡电路同样满足相位平衡条件。

这个电路的振荡频率为:

$$f_0 \approx \frac{1}{\sqrt{LC}} = \frac{1}{2\pi\sqrt{L \cdot \dfrac{C_1 C_2}{C_1 + C_2}}} \tag{8-44}$$

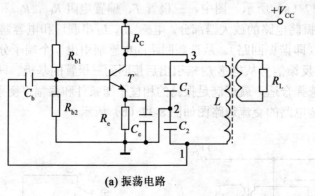
(a) 振荡电路

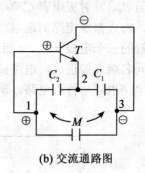
(b) 交流通路图

图 8-38 电容三点式振荡电路

8.6.4 石英晶体振荡电路

由 RC 元件作为振荡器中的定时元件,容易使振荡频率受环境温度、电源波动和干扰的影响,频率稳定性较差,不能适应频率稳定性要求较高的场合。为了获得频率稳定性很高的正弦波,目前普遍采用的一种稳频方法是在普通多谐振荡器中加入石英晶体,构成石英晶体振荡器。

1. 石英晶体谐振器

石英晶体(Crystal)是一种各向异性的结晶体,化学成分是二氧化硅(SiO_2)。从一块晶体上按一定的方位角切下的薄片称为晶片,在晶片的两个对应表面上涂敷银层后装上一对金属板，并从中引出一对电极，就构成了石英晶体谐振器。

当在石英晶体谐振器的两个电极上加上交变电压时，谐振器内晶片因反复的机械振动变形而产生振动，这种机械振动又会反过来产生交变电压。在一般情况下，晶片的机械振动和它所产生的交变电压都非常小，但在外加电压频率为某个特定数值时，机械振动和它所产生的交变电压都会显著增大，这一现象称为压电谐振。利用石英晶体的压电谐振特性可以构成频率稳定度极高的石英晶体振荡器。

石英晶体谐振器的电路符号如图 8-39（a）所示。它的压电效应可用图 8-39（b）所示等效电路来模拟。电路中 L、C、R 和 C_0 等参数决定于晶片的几何尺寸和切割方式，电路的谐振频率即为谐振器的固有频率。石英晶体谐振器的阻抗频率特性如图 8-39（c）所示。

从图 8-39（c）可以看出：

（1）当 $f=f_0$ 时，石英晶体发生串联谐振，阻抗 $X=0$。

（2）当 $f=f_p$ 时，石英晶体发生并联谐振，阻抗 $X=\infty$。

石英晶体谐振器的选频特性非常好，它有一个极为稳定的串联谐振频率 f_0。f_0 的大小取决于石英晶体的结晶方向和外形尺寸，其频率稳定度（$\triangle f_0/f_0$）可达 $10^{-11}\sim10^{-10}$，足以满足各种应用系统对频率稳定度的要求。

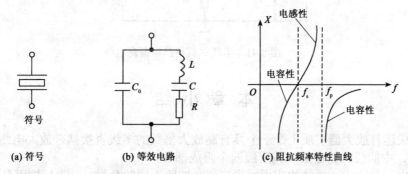

| (a) 符号 | (b) 等效电路 | (c) 阻抗频率特性曲线 |

图 8-39　石英晶体的符号和阻抗频率特性

2. 石英晶体振荡电路

石英晶体振荡电路可以归结为两类，一类称为并联式，一类称为串联式。前者石英晶体的阻抗呈电感性，与外接电容器构成并联谐振，振荡频率在 f_S 和 f_p 之间；而后者石英晶体发生串联谐振，它呈纯阻性，振荡频率等于 f_S。

如图 8-40 所示为一并联式石英晶体振荡电路。显然，该电路也是一种电容三点式振荡电路。图中，石英晶体相当于一个电感，它与电容 C_1、C_2 构成并联谐振，谐振频率介于 f_S 和 f_p 之间。石英晶体的等效电容 C_0 与电容 C_1、C_2 并联，总容量大于 C_0，当然也远大于晶体中的 C，所以电路的振荡频率等于石英晶体的并联谐振频率 f_p。

如图 8-41 所示为一串联式石英晶体振荡电路。石英晶体置于正反馈回路中，工作于串联谐振。对于频率为 f_0 的信号来说，石英晶体阻抗最小，且为纯阻性，这时反馈最强，且相移为 $0°$，满足正弦波振荡的相位平衡条件。调整 R_f 的阻值，可使电路正弦波振荡的振幅平衡条件也得到满足。

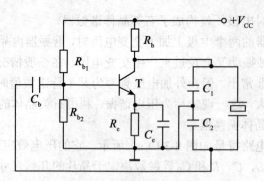

图 8-40　并联式石英晶体振荡电路

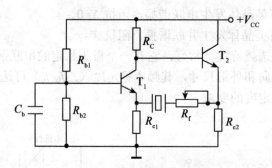

图 8-41　串联式石英晶体振荡电路

本 章 小 结

（1）集成运算放大器实质上是一个具有高放大倍数的多级直接耦合放大电路，内部电路包含输入级、中间级、输出级和偏置级四个组成部分。

（2）在电子技术中，反馈的应用相当广泛。按照不同的分类，分类反馈可分为正反馈和负反馈；直流反馈和交流反馈；串联反馈和并联反馈。

负反馈有 4 种组态，即电压并联反馈、电压串联反馈、电流串联反馈和电流并联反馈。

（3）负反馈可以改善放大电路的性能。如引入直流负反馈可稳定静态的工作点；引入交流负反馈可提高放大倍数的稳定性，减小非线性失真，展宽通频带，改变放大电路的输入、输出电阻等。可以说，几乎所有使用的放大器中都设置有负反馈，而正反馈多用于振荡电路中。

（4）集成运算放大器的应用分线性应用和非线性应用。线性应用时须加深度负反馈，此时运算放大器的放大倍数和放大器内部参数无关。通过改变外围电路的连接可构成比例、求和、微分积分等多种运算电路和各种用途的放大电路。非线性应用时，集成运放工作于开环或正反馈状态，当集成运放的差模输入不为零时，集成运放输出饱和电压，这时输出电压与输入电压不存在线性关系。利用集成运放的非线性特性，可以构成集成比较器、非正弦波发生器等。

（5）正弦波振荡电路分为 RC 振荡电路和 LC 振荡电路。一个正弦波振荡电路由放大电路、反馈电路和选频网络三个部分组成。产生自激振荡的平衡条件为：

① 振幅平衡条件：$|AF| = 1$；

② 相位平衡条件：$\varphi_A + \varphi_F = 2n\pi (n = 0,1,\cdots)$

式中：φ_A 表示放大器产生的相移；φ_F 表示反馈网络产生的相移。

习　题　8

8-1　为什么要引入负反馈？

8-2　负反馈放大电路一般由哪些部分组成？用方框图说明它们之间的联系。

8-3　如何识别一个放大电路有无反馈？

8-4　怎样区分直流反馈和交流反馈？

8-5　怎样区分电压反馈和电流反馈？

8-6　怎样区分并联反馈和串联反馈？

8-7　识别反馈组态的具体步骤是什么？

8-8　负反馈对放大电路性能的影响主要体现在哪些方面？

8-9　电压负反馈为什么能稳定输出电压？

8-10　通用型集成运放一般由几部分电路组成？每一部分常采用哪种基本电路？通常对每一部分性能的要求分别是什么？

8-11　工作在线性区的运放电路为什么必须引入负反馈？

8-12　反相输入式集成运放电路的"虚地"点是否可以直接接地？为什么？

8-13　选择合适答案填入线内。

　　　　A．电压　　B．电流　　C．串联　　D．并联

（1）为了稳定放大电路的输出电压，应引入_____负反馈；

（2）为了稳定放大电路的输出电流，应引入_____负反馈；

（3）为了增大放大电路的输入电阻，应引入_____负反馈；

（4）为了减小放大电路的输入电阻，应引入_____负反馈；

（5）为了增大放大电路的输出电阻，应引入_____负反馈；

（6）为了减小放大电路的输出电阻，应引入_____负反馈。

8-14　判断如图 8-42 所示各电路中是否引入了反馈，是直流反馈还是交流反馈，是正反馈还是负反馈。设图中所有电容对交流信号均可视为短路。

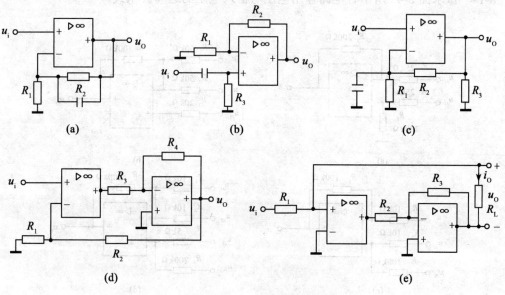

图 8-42　习题 8-14 的电路图

8-15 判断如图 8-43 所示电路中的反馈是何种反馈。

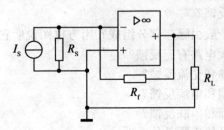

图 8-43 习题 8-15 的电路图

8-16 设计一个比例运算电路，要求输入电阻 $R_i = 20\text{k}\Omega$，比例系数为-100。

8-17 设计一个比例运算电路，要求输入电阻 $R_i = 20\text{k}\Omega$，比例系数为 101。

8-18 理想运放构成的电路如图 8-44 所示，求 u_o 的表达式。

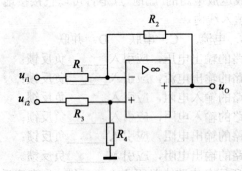

图 8-44 习题 8-18 的电路图

8-19 试求图 8-45 所示各电路输出电压与输入电压的运算关系式。

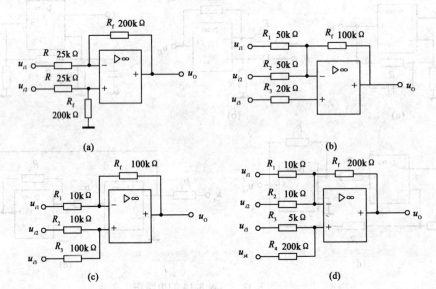

图 8-45 习题 8-19 的电路图

8-20　如图8-46所示电路是自动化仪表中常用的"电流—电压"和"电压—电流"转换电路。试用"虚短"或"虚断"概念推导：

（1）图（a）中U_O与I_S的关系式。

（2）图（b）中I_O与U_S的关系式。

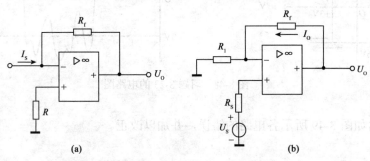

图8-46　习题8-20的电路图

8-21　试设计一个简单电压比较器,要求如下：

（1）基准电压为+2V。

（2）输出低电平约-6V，输出高电平为+0.7V左右。

（3）当输入电压大于基准电压时，输出为低电平。

8-22　如图8-47所示的电路，设A_1、A_2为理想运放，DZ_1和DZ_2组合后的稳定电压为±6V，输入正弦电压$u_i = \sin 1000\pi t$，电容C的初始电压值为0V。

（1）由u_i画出u_{o1}和u_o的波形。

（2）计算u_o的幅值。

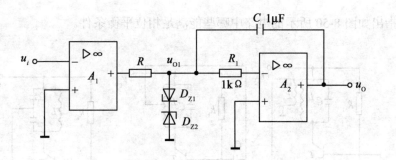

图8-47　习题8-22的电路图

8-23　设滞回比较器的电压传输特性曲线和输入电压波形分别如图8-48（a）、（b）所示。试画它的输出电压波形。

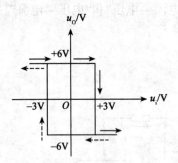
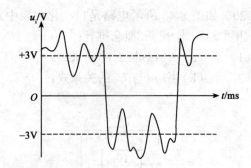

图 8-48   习题 8-23 的电路图

8-24   指出如图 8-49 所示各电路的错误，并加以改正。

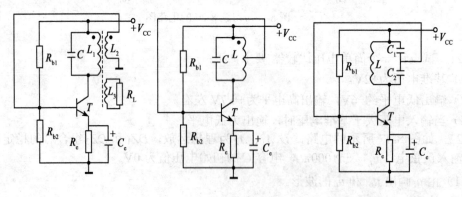

图 8-49   习题 8-24 的电路图

8-25   指出如图 8-50 所示的电路中哪些能满足相位平衡条件。

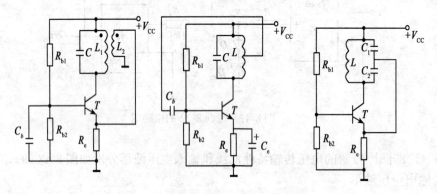

图 8-50   习题 8-25 的电路图

第9章 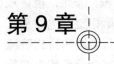 半导体直流稳压电源

学 习 目 标

1. 了解整流、滤波和稳压等基本概念。
2. 掌握单相半波、单相桥式整流电路的基本结构和工作原理。
3. 理解电容滤波、电感滤波电路的工作原理。
4. 熟悉串联型晶体管稳压电路的基本组成和工作原理。
5. 熟悉三端集成稳压器的使用方法。

交流电由于在产生、输送和使用方面具有很多优点，因此发电厂所提供的电能几乎全是交流电。但有许多电气设备在使用当中都需要直流供电，例如电脑、电视、直流电动机和各种家用电器设备等。这样，在供电和用电之间就产生了矛盾。

用太阳能、干电池等作直流电源使用方便，但提供的功率较小，且成本较高；蓄电池虽然比较经济，却笨重、有污染，而且维护不方便；直流发电系统能提供足够的功率，但体积庞大，结构复杂、输变电困难。因此，它们的应用都受到一定限制。解决这一矛盾最主要的方法是采用各种半导体直流电源，通过它们将电力系统供给的交流电变换为稳定的直流电来满足上述各种设备的供电要求。

半导体直流稳压电源的原理方框图如图9-1所示，它表示了把交流电转换为直流电的全过程：先将交流电通过变压器变换为符合使用要求的交流电压，然后经整流电路整流后得到单向脉动电压输出，再送入滤波电路进行滤波，以降低整流电压的脉动性，最后送入稳压电路，经稳压后得到稳定的直流电压输出。在这一章中，先介绍常用整流电路和滤波电路，然后再分析稳压电路的工作原理，并对集成稳压器的使用进行分析和介绍。

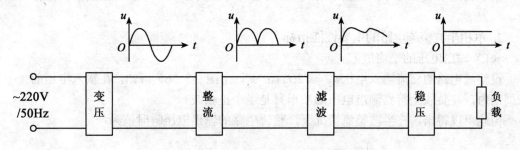

图9-1　半导体直流稳压电源的方框图

9.1 二极管整流电路

所谓整流，就是将交流电变换为直流电的过程，实现这一功能的设备也被常称做整流器。二极管具有单向导电的特性，利用它可以将交流电转变为单向脉动直流电压，因此二极管常被当做整流电路中的核心部件。根据交流电相数的不同，整流电路可分为单相整流电路和三相整流电路，但用得最多的还是单相整流电路。单相整流电路可分为半波、全波和桥式整流电路，其中，全波整流与桥式整流工作原理大同小异。因此，这里只给大家介绍单相半波整流电路和单相桥式整流电路。

9.1.1 单相半波整流电路

1. 电路的组成及工作原理

单相半波整流如图 9-2 所示。图中 u_1、u_2 分别表示变压器的初级和次级交流电压，R_L 为负载电阻。设 $u_2 = \sqrt{2}U_2 \sin \omega t$ V，其中 U_2 为变压器次级电压的有效值。

在 $0 \sim \pi$ 的时间内，即在 u_2 的正半周内，变压器次级电压是上端为 "+"、下端为 "−"，二极管 D 承受正向电压而导通，电流经二极管 D 流向负载，并且和二极管上电流相等，即 $i_O = i_D$。忽略二极管上的压降，则负载电压 $u_O = u_2$，此时，输出电压 u_O 波形与 u_2 相同。

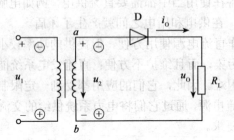

图 9-2 单相半波整流电路

在 $\pi \sim 2\pi$ 的时间内，即在 u_2 负半周内，变压器次级绕组的上端为 "−"，下端为 "+"，二极管 D 承受反向电压而截止，负载上电流为零，输出电压 $u_O = 0$V，此时变压器次级电压 u_2 全部加在二极管 D 的两端。电路工作波形如图 9-3 所示。

由于流过负载 R_L 上的电流和加在负载两端的电压只有半个周期的正弦波，故称半波整流。

2. 单相半波整流电路的主要性能指标

（1）输出电压的平均值 $U_{O\,(AV)}$

设整流电路的交流输入电压 $u_2 = \sqrt{2}U_2 \sin \omega t$，由图 9-3（b）可知，在输入电压的一个工频周期内，在负载上得到输出电压的波形只是半个正弦波。

由此可以得出，在半波整流情况下，整流电路的输出电压瞬时值为

$$u_O = \begin{cases} \sqrt{2}U_2 \sin \omega t & 0 \leqslant \omega t \leqslant \pi \\ 0 & \pi \leqslant \omega t \leqslant 2\pi \end{cases}$$

$$(9\text{-}1)$$

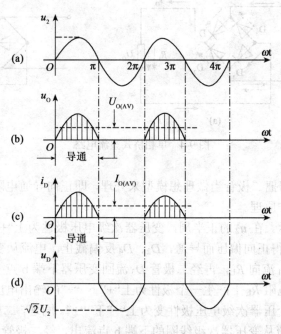

图 9-3 单相半波整流波形

其中 U_2 为变压器副边电压的有效值。为此，可以求出输出电压平均值为

$$U_{O(AV)} = \frac{1}{2\pi}\int_0^\pi \sqrt{2}U_2 \sin\omega t\, d(\omega t) = \frac{\sqrt{2}}{\pi}U_2 = 0.45U_2 \tag{9-2}$$

（2）整流二极管正向平均电流 $I_{D(AV)}$

在半波整流电路中，整流二极管串联在输出回路中，因此，整流二极管的正向平均电流 $I_{D(AV)}$ 在任何时候都等于流过负载 R_L 上的平均电流 $I_{O(AV)}$

$$I_{D(AV)} = I_{O(AV)} = \frac{U_{O(AV)}}{R_L} = \frac{\sqrt{2}U_2}{\pi R_L} = \frac{0.45U_2}{R_L} \tag{9-3}$$

当负载电流平均值已知时，可以根据上式来选定整流二极管的最大整流电流 I_F。

（3）最大反向电压 U_{RM}

指的是整流二极管在截止时，它两端所承受的最大反向电压。选管时应选择耐压值比 U_{RM} 高的管子，以免发生反向击穿。由图 9-3（d）的波形图可知，半波整流二极管所承受的最大反向电压就是变压器次级电压的最大值，即

$$U_{RM} = U_{2m} = \sqrt{2}U_2 \tag{9-4}$$

单相半波整流电路结构简单，所用元件少，由于只利用了交流电压的半个周期，因此输出电压低、脉动大、效率低。所以这种电路仅用在整流电流小且对电源要求不高的场合。

9.1.2 单相桥式整流电路

1. 电路的组成及工作原理

单相桥式整流电路如图 9-4（a）所示，它用四只整流二极管 $D_1 \sim D_4$ 接成电桥的形式，故有桥式整流电路之称。电路可简化成如图 9-4（b）所示的形式。

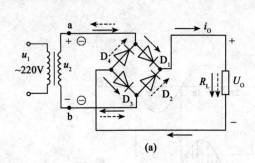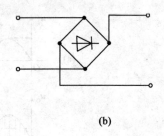

图 9-4　单相桥式整流电路

　　为简单起见，我们把二极管当做理想模型来处理，即正向导通电阻为零，反向电阻为无穷大。下面分析其工作原理。

　　如图 9-4（a）所示。在 u_2 的正半周，变压器次级电压极性为上"+"下"−"。在 u_2 的作用下，二极管 D_1、D_3 获得正向偏压而导通，D_2、D_4 反偏截止，电流从变压器次级线圈上端的 a 点流出，经二极管 D_1 流向 R_L，再经二极管 D_3 流回变压器下端 b 点（如图 9-4（a）中实线所示），从而在负载电阻 R_L 上产生一个极性为上"+"下"−"的输出电压。

　　在 u_2 的负半周，变压器次级电压极性变为上"−"下"+"。同理，二极管 D_2、D_4 正偏导通，D_1、D_3 反偏截止。电流从变压器次级线圈的下端 b 点流出，经二极管 D_2 流向 R_L，再由二极管 D_4 流回变压器上端 a 点（如图 9-4（a）中虚线所示），电流在流过负载电阻 R_L 时所产生的电压极性仍是上"+"下"−"，与正半周时相同。

　　综上所述，桥式整流电路巧妙地利用了二极管的单向导电性，将四个二极管分为两组，根据变压器次级电压的极性分别导通，将变压器次级电压的正极性端与负载电阻的上端相连，负极性端与负载电阻的下端相连，使负载上始终可以得到一个单方向的脉动电压。

　　根据以上分析，可得桥式整流电路的工作波形如图 9-5 所示。由图可见，通过负载 R_L 的电流 i_O 以及输出电压 u_O 的波形都是单方向的全波脉动电压波形。

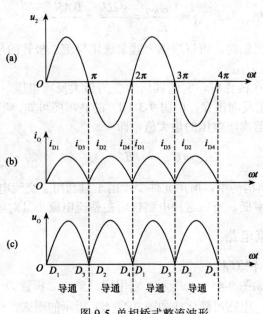

图 9-5　单相桥式整流波形

2. 单相桥式整流电路的主要性能指标

（1）输出电压的平均值 $U_{O(AV)}$

设整流电路输入的交流电压 $u_2 = \sqrt{2}U_2 \sin\omega t$，由图9-5（b）所示的波形可以推出：

$$U_{O(AV)} = \frac{1}{\pi}\int_0^\pi \sqrt{2}U_2 \sin\omega t\, d\omega t = \frac{2\sqrt{2}}{\pi}U_2 = 0.9U_2 \tag{9-5}$$

（2）整流二极管正向平均电流 $I_{D(AV)}$

由于桥式整流电路中每个二极管的导通时间均为半个周期，因此流过每个管子的正向平均电流均为负载电流的一半。即

$$I_{D(AV)} = I_{D1(AV)} = I_{D2(AV)} = I_{D3(AV)} = I_{D4(AV)} = \frac{1}{2}\frac{U_{O(AV)}}{R_L} \tag{9-6}$$

（3）最大反向电压 U_{RM}

由图9-4（a）可知，当 D_1、D_3 导通时，如果忽略二极管的正向压降，截止管 D_2、D_4 的阴极电位就等于 a 点的电位，阳极电位就等于 b 点的电位。所以，截止管 D_2、D_4 承受的最大反向电压就是变压器次级电压的最大值，为

$$U_{RM} = \sqrt{2}U_2 \tag{9-7}$$

同理可分析 D_1、D_3 在截止时承受反向电压的情况与 D_2、D_4 基本相同，不过，它发生在变压器次级电压的负半周。因此，在选择整流管时应取其反向击穿电压 U_{BR} 大于 U_{RM} 的管子。

桥式整流电路具有输出电压平均值高、纹波电压较小、管子所承受的最大反向电压较低和电源变压器利用率高等一系列优点，因此，广泛应用于直流电源整流等环节。

例9-1　有一个电阻性负载，它需要一个输出电压 $U_{O(AV)}=110\text{V}$、电流为3A的直流供电电源，现采用单相桥式整流电路，试求变压器副边电压有效值 U_2，并根据计算结果选用整流二极管。

解： 变压器次级电压的有效值为

$$U_2 = \frac{U_{O(AV)}}{0.9} = \frac{110}{0.9}\text{V} = 122\text{V}$$

每个二极管上的平均电流为

$$I_{D(AV)} = \frac{1}{2}I_{O(AV)} = \frac{1}{2}\times 3\text{V} = 1.5\text{V}$$

二极管在截止时承受的最大反向电压为

$$U_{RM} = \sqrt{2}U_2 = \sqrt{2}\times 122\text{V} \approx 172\text{V}$$

根据计算结果查阅有关晶体管手册，可选用 2CZ12D，其最大整流电流为 3A、最大反向工作电压为 200V。若考虑到实际使用时交流电源电压波动较大，为安全起见，亦可选用最大反向工作电压再高一些的管子，以留有适当的余地。

9.2 滤波电路

由上面的讨论可知，交流电经整流后，输出的是单向脉动直流，其中除了直流分量外，还含有多次谐波分量。如何去掉高次谐波分量，保留直流分量和低次谐波分量，以减小输出电压的脉动程度，这就需要在整流电路后加上滤波电路来完成这一功能，通过滤波电路使输出电压脉动减小，变得较为平直。经过滤波后，整流输出电压已能满足一般使用要求了。

9.2.1 电容滤波电路

如图 9-6 所示为单相桥式整流带电容 C 的滤波电路。图中在电容器 C 未接入电路时，从负载 R_L 上获得的输出电压波形如图 9-7（a）所示。接入电容 C 后，电容 C 与负载 R_L 并联，其输出电压变为如图 9-7（b）所示的波形，图 9-7（c）是此时整流二极管上的电流波形。下面我们结合图 9-7(b)、(c)分析电路的工作原理。

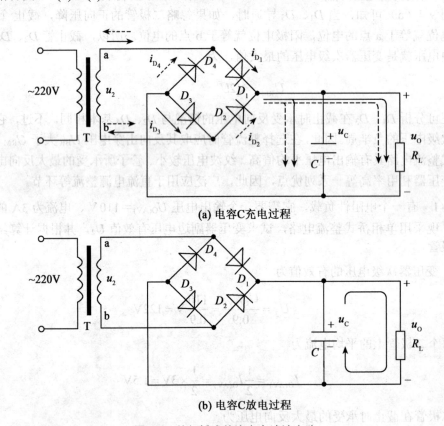

(a) 电容C充电过程

(b) 电容C放电过程

图 9-6　单相桥式整流电容滤波电路

当电源电压处于 u_2 第一个正半周时，由单相桥式整流电路可知，此时 D_1、D_3 导通，电源形成如图 9-7（c）所示的电流向电容 C 充电，充电回路如图 9-6（a）实线所示。设二极管 D_1、D_3 的正向导通电阻为 $R_{D1}+R_{D3}$，则电路中充电的时间常数用 τ_1 表示，为

$$\tau_1 = \left[(R_{D1} + R_{D3})/\!/R_L\right]C \tag{9-8}$$

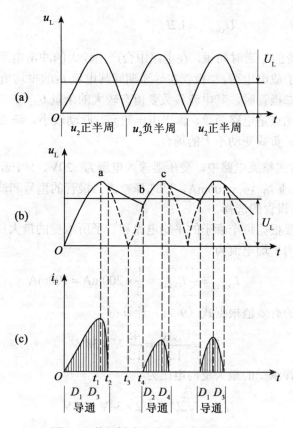

图 9-7 单相桥式整流电容滤波波形图

式中符号"//"表示在它两边的电阻并联。

由于 $R_{D1}+R_{D3}\approx0$，所以 $\tau_1\approx0$，电容两端的电压随着输入电压上升，并直升到 u_2 的最大值 $\sqrt{2}U$，此时波形如图 9-7（b）中的 oa 段所示。电源电压在经过最大值后，按正弦规律逐渐下降，这时 $u_c>u_2$，D_1、D_3 因承受反向电压而截止，切断了 C 和 R_L 与电源的联系，电容 C 通过 R_L 形成放电回路，如图 9-6（b）所示。放电时间常数用 τ_2 表示，则

$$\tau_2 = R_L C \qquad (9-9)$$

τ_2 越大，放电越缓慢，输出电压越平稳，波形如图 9-7（b）所示的 ab 段。当电源电压进入 u_2 负半周，且数值增加到 $u_2>u_c$ 时，二极管 D_2、D_4 导通，电源又开始以如图 9-7（c）所示的电流向 C 充电，充放电过程周而复始，最后形成比较平滑的直流电压输出。

比较图 9-7（b）中实线和虚线所标注的波形可以发现，在接上电容 C 后，输出电压的脉动大为减小。在电容器滤波电路中为了获得较为理想的输出电压，一般要求放电时间常数为

$$\tau_2 = R_L C \geqslant (3\sim5)\frac{T}{2} \qquad (9-10)$$

式中 T 为交流电源电压的周期。在满足此条件时，输出电压 U_O 与变压器次级电压的有效值 U_2 的关系为

$$U_{O(AV)} = 1.2U_2 \tag{9-11}$$

此外，由于二极管的导通时间短，在电路中会产生较大的冲击电流，因为在一个周期内电容器的充电电荷等于放电电荷，二极管在导通期间其电流 i_D 的平均值近似等于负载电流的平均值，所以在选择二极管时，其电流参数要留有较大的余量。

电容滤波电路的优点是电路简单，输出电压较高，脉动较小。缺点是输出特性较差，故只适用于负载电压高，负载变动不大的场合。

例 9-2 在单相桥式整流电路中，变压器输入电压为 220V、50Hz，要求输出直流电压 $U_{O(AV)}$=45V，直流电流 $I_{O(AV)}$=200mA，试选择整流二极管的型号和滤波电容的大小。

解：（1）整流二极管的选择

选择整流二极管要根据每个管子的平均电流和管子所承受的最大反向电压进行选择。

流过每个二极管的平均电流为

$$I_{D(AV)} = \frac{1}{2}I_{O(AV)} = \frac{1}{2} \times 200\text{mA} = 100\text{mA}$$

变压器次级电压的有效值根据式（9-11）计算得

$$U_2 = \frac{U_{O(AV)}}{1.2} = \frac{45}{1.2}\text{V} \approx 38\text{V}$$

所以，每个二极管承受的最大反向电压为

$$U_{RM} = \sqrt{2}U_2 = \sqrt{2} \times 38\text{V} \approx 53\text{V}$$

根据 I_D 和 U_{RM}，可选择最大整流电流为 250mA，最大反向工作电压为 100V，型号为 2CP31B 的管子作为整流二极管。

（2）滤波电容的选择

主要是根据容量和耐压的要求选择电容器。即

$$R_L = \frac{U_{O(AV)}}{I_{O(AV)}} = \frac{45}{200 \times 10^{-3}}\Omega = 225\Omega$$

$$T = \frac{1}{f} = \frac{1}{50\text{Hz}} = 0.02\text{s}$$

根据式（9-10）取电容器的容量为

$$C = \frac{(3 \sim 5) \times \frac{1}{2} \times T}{R_L} = \frac{(3 \sim 5) \times \frac{1}{2} \times 0.02}{225}\mu\text{F} \approx 133 \sim 222\mu\text{F}$$

电容器的耐压应大于加在滤波电容上的最大电压，即 $U_{CM} > \sqrt{2}U_2$。所以可取 C=200μF 耐压为 50V 的电解电容器。

9.2.2 电感滤波电路

电容滤波在大电流工作时滤波效果较差，当一些电气设备需要脉动小、输出电流大的直流电时，往往采用电感滤波电路。为加强滤波效果，往往在电感线圈内插入铁芯，以提高电

感线圈的电感量。这种带铁芯的大电感线圈，我们称为阻流圈。下面简要介绍电感滤波电路的工作原理。

电感滤波电路如图 9-8（a）所示。经桥式整流后输出的单向脉动直流电压可分解为直流分量和多次谐波的交流分量。电感元件对于直流来说其感抗为零，因此直流分量可全部加在负载 R_L 上，由于电感的感抗 X_L 随频率 f 增加而增加，因此各次谐波分量在电感上呈现不同的感抗。频率越高的交流分量，感抗 X_L 越大，即在 X_L 上的压降也越大，因此，加在负载 R_L 上的交流分量压降就越小，这就使得负载 R_L 上输出电压的脉动减小，使输出电压变得更加平稳。电感滤波电路输出的电压波形如图 9-8（b）所示。

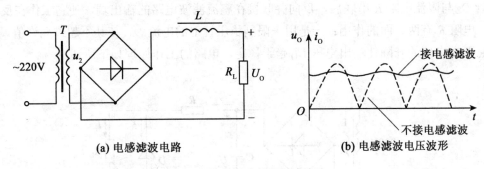

(a) 电感滤波电路   (b) 电感滤波电压波形

图 9-8　单相桥式整流电感滤波

电感滤波电路具有较好的外特性，其缺点是增大电感量，往往要带铁芯，不仅成本上升，而且使得电路笨重，输出电压和电流下降，并且容易导致电磁干扰。所以一般只用于低电压大电流场合。

9.2.3　复式滤波电路

复式滤波电路是用电容器、电感器和电阻器组成的滤波器。通常有 LC 型、LC-π 型、RC-π 型几种。它的滤波效果比单一使用电容和电感滤波要好得多，其应用较为广泛。它们的电路分别如图 9-9（a）、（b）、（c）所示。

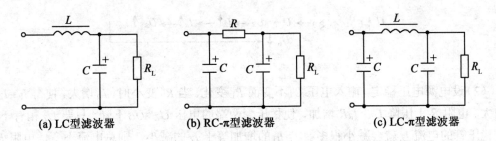

(a) LC型滤波器   (b) RC-π型滤波器   (c) LC-π型滤波器

图 9-9 几种常用的复式滤波器电路图

9.3 稳压电路

采用整流滤波电路虽然可以把交流电转变为平滑的直流电,但是,当交流电网电压波动或负载电流变化时,其输出的直流电压仍是不稳定的。要想得到稳定的直流电压输出,还需在滤波之后增加一个稳压电路,使输出的直流电压不随电网电压或负载的变动而变动。

9.3.1 硅稳压管稳压电路

由硅稳压管组成的稳压电路称为并联型稳压电路,电路如图 9-10 所示。C 为滤波电容,稳压管 D_Z 与限流电阻 R 串联后,反向并联接在整流滤波电路的输出端,使它工作在反向击穿区。电阻 R 有两方面的作用:一是用来限制稳压管上的电流 I_Z,使其不超过允许值;二是利用它两端电压的升降使输出电压 U_O 趋于稳定。电路的工作原理如下所述。

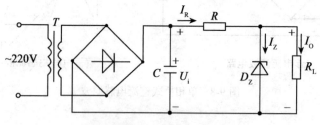

图 9-10 硅稳压管稳压电路

(1) 当负载 R_L 不变而电源电压发生波动,使稳压电路的输入电压 U_i 增加时,输出电压即稳压管 D_Z 两端电压 $U_Z=U_O$ 增加。根据稳压管的反向击穿区特性可知,稳压管的电流 I_Z 大大增加。由于 $I_R=I_Z+I_O$,使 I_R 也增加很多,于是在电阻 R 上的压降 $U_R=I_RR$ 也随之增加。这样 U_i 的增加量绝大部分就降在 R 上,从而使输出电压 U_O 基本上维持不变。这一过程可表示为:

$$U_i \uparrow (R_L 不变) \rightarrow U_O \uparrow = U_Z \rightarrow I_Z \uparrow \rightarrow I_R \uparrow \rightarrow U_R \uparrow$$
$$U_O \downarrow \leftarrow$$

(2) 设电源电压稳定,输入电压 U_i 不变而 R_L 变化。当 R_L 变小时,I_O 增大,使得 $I_R=I_Z+I_O$ 也增大,电阻 R 上压降 $U_R=I_RR$ 增加,使稳压管两端的电压 $U_Z=U_O$ 下降。只要 U_Z 稍有下降,流过稳压管的电流 I_Z 就会减小很多。若 I_O 的增加等于 I_Z 的减小,则总电流不变,电阻 R 上的压降 $U_R=I_RR$ 不变,因而维持输出电压 U_O 不变。这一过程可表示为:

$$R_L \downarrow (U_i 不变) \rightarrow I_O \uparrow \rightarrow I_R \uparrow \rightarrow U_R \uparrow \rightarrow U_O \downarrow \rightarrow U_Z \downarrow \rightarrow I_Z \downarrow$$
$$U_O 不变 \leftarrow U_R 不变 \leftarrow I_R 不变 \leftarrow$$

从以上分析可知，稳压管的电流调节作用是这种稳压电路能够稳压的关键，即利用 U_Z 的微小变化引起 I_Z 较大的变化，再通过 R 的电压调整作用，从而保证了输出电压的稳定。

9.3.2 晶体管串联型稳压电路

1. 串联型稳压的基本原理

上面讨论的硅稳压管稳压电路是利用通过并联于负载两端的稳压管电流的变化，在限流电阻 R 上产生压降来补偿输出电压的变化，从而达到稳定输出电压的目的的。如果在负载电路中串联一个可变电阻 R_P，则 $U_i=U_{RP}+U_O$，如图 9-11（a）所示。当 R_L 不变而 U_i 增大时，会引起 U_O 随之增大，如果此时增大电阻 R_P 的阻值，使 R_P 上的压降 U_{RP} 的增加量恰好抵消 U_i 的增加量，就能保持 U_O 不变；如果输入电压 U_i 不变，而负载电阻 R_L 变小，则负载电流 I_O 增大，使 U_O 下降，此时调小电阻 R_P 的阻值，减小 U_i 在 R_P 上的压降，则仍可保持 U_O 不变。由此可见，R_P 在这里是一个电压调整器件。这种电压调整器件和负载电阻是串联的，称为串联型稳压电路。当输入电压或负载电流变化时，相应地改变调整器件两端的电压大小，就可保证输出电压基本不变，这就是串联型稳压电路的基本原理。

在实际的稳压电路中，通常采用晶体三极管作为电压调整器件，这个三极管被称为调整管，如图 9-11（b）所示。该三极管与负载电阻串联，其集电极—发射极之间相当于一个可变电阻器。当三极管发射结偏置电压发生改变时，其 C、E 间的电阻就会跟着发生改变，从而导致 U_{CE} 也跟着发生改变，这样，我们就可以利用调整管 C、E 间的电压变化来代替可变电阻 R_P 上电压降的变化。

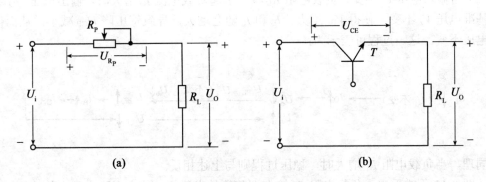

图 9-11　串联型稳压原理示意图

2. 简单晶体管串联型稳压电路

这种稳压电路如图 9-12 所示，图中晶体管 T 与负载串联，起调压作用，称为调整管。电阻 R 既是稳压管 D_Z 的限流电阻又是调整管 T 的偏置电阻，它和稳压管 D_Z 组成基本稳压电路，给调整管基极提供一个稳定的直流电压 U_Z，称为基准电压。电阻 R_L 除起负载作用外，还为调整管提供一个直流通路。该电路稳压原理如下所述。

（1）当负载电阻 R_L 不变时，电源电压升高引起输入电压 U_i 增大，导致稳压电路输出电压 U_O 增大。由于稳压管 D_Z 的稳定电压 U_Z 不变，必然使得调整管 T 的 U_{BE} 减小，于是调整

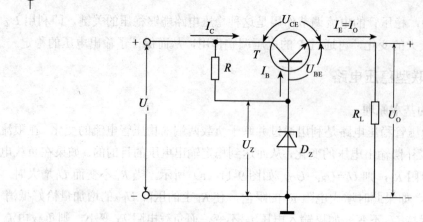

图 9-12　简单晶体管串联型稳压电路

管基极电流 I_B 减小，集电极电流 I_C 也随之减小，导致管压降 U_{CE} 增大，从而保持输出电压基本不变。这一过程可表示为：

$$U_i\uparrow\ (R_L\ 不变)\xrightarrow{U_o=U_i-U_{CE}}\ \begin{array}{c}U_o\uparrow\\U_o\downarrow\end{array}\ \xrightarrow[\ U_{CE}\uparrow\ ]{U_{BE}=U_Z(不变)-U_o\uparrow}\ \begin{array}{c}U_{BE}\downarrow\\ \end{array}\to I_B\downarrow\to I_C\downarrow$$

同理，当电源电压降低时，稳压过程则与上述相反。

(2) 当输入电压 U_i 不变，负载电阻 R_L 减小引起负载电流 I_O 增大时，输出电压 U_O 减小，由于基准电压 V_Z 不变，使得 V_{BE} 增大，I_B 和 I_C 随之增大，导致管压降 U_{CE} 减小，从而保持输出电压不变。这一过程可表示为：

$$R_L\downarrow\ (U_i\ 不变)\longrightarrow I_O\uparrow\longrightarrow\begin{array}{c}U_o\downarrow\\U_o\uparrow\end{array}\xrightarrow[\ U_{CE}\downarrow\ ]{U_{BE}=U_Z(不变)-U_o\downarrow}\ U_{BE}\uparrow\to I_B\uparrow\to I_C\uparrow$$

同理，当负载电阻 R_L 增大时，稳压过程则与上述相反。

从图 9-12 不难看出，负载电阻 R_L 接在调整管的发射极，整个电路实际上构成了一个射极跟随器，从射极跟随器的特点也可说明这种电路具有稳压作用。

简单的串联型晶体管稳压电路比硅稳压管稳压电路输出电流大，输出电压变动也减小了许多。但由于它是利用输出电压变化量直接去控制调整管的基极，其控制灵敏度不高，稳压效果还是不太好。如果把输出电压的变化量先经直流放大器放大，再去控制调整管，使调整管有灵敏的调压作用，那么输出电压的稳定度就会大大提高。

3. 带放大器的串联型稳压电路

如图 9-13 所示是这种电路的基本形式。图中 T_1 是调整管，T_2 及周边元件构成单管直流放大器，R_C 是它的集电极电阻，又是 T_1 的基极偏流电阻；D_Z 是稳压管，R 是它的限流电阻，用来提供基准电压 V_Z。R_1、R_2 组成分压器，用来反映输出电压的变化，称为取样电阻。

该电路稳压原理如下所述。

（1）当负载电阻 R_L 不变时，电源电压升高引起输入电压 U_i 增大，导致稳压电路输出电压 U_O 增大。R_2 两端的取样电压 U_{R2}（即 T_2 的基极电压 U_{B2}）随之增大，U_{B2} 与基准电压 U_Z 比较，其差值 $U_{BE2}=U_{R2}-U_Z$ 增加，经 T_2 管放大后引起 I_{C2} 增加，U_{C2} 减小。导致 U_{BE1} 减小（$U_{BE1}=U_{C2}-U_O$），而 U_{CE1} 增加，从而使输出电压降低，抵消了因 U_i 增加而引起的 U_O 增加，从而使 U_O 不变，达到了稳压的目的。这一过程可表示为：

$$U_i\!\uparrow(R_L\text{不变})\rightarrow U_O\!\uparrow\rightarrow U_{R2}\!\uparrow=U_{B2}\!\uparrow \xrightarrow{\;U_{BE2}=U_{B2}\uparrow-U_Z(\text{不变})\;} U_{BE2}\!\uparrow\rightarrow I_{B2}\!\uparrow\rightarrow I_{C2}\!\uparrow$$
$$U_O\!\downarrow\leftarrow U_{CE1}\!\uparrow\leftarrow U_{BE1}\!\downarrow\leftarrow U_{C2}\!\downarrow$$

同理，当电源电压降低时，稳压过程则与上述相反。

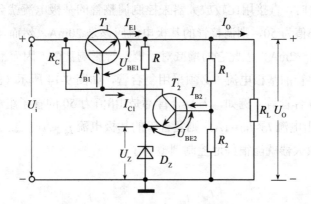

图 9-13　带放大器的串联型稳压电路

（2）当输入电压 U_i 不变，负载电阻 R_L 减小引起负载电流 I_O 增大时，导致稳压电路输出电压 U_O 减小。R_2 两端的取样电压 U_{R2} 随之减小，U_{B2} 与基准电压 U_Z 比较，其差值 $U_{BE2}=U_{R2}-U_Z$ 减小，经 T_2 管放大后引起 I_{C2} 减小，U_{C2} 增加。导致 U_{BE1} 增大（$U_{BE1}=U_{C2}-U_O$），而 U_{CE1} 减小，从而使输出电压升高，抵消了因负载电流增大而引起的 U_O 降低，从而使 U_O 不变，达到了稳压的目的。这一过程可表示为：

$$R_L\!\downarrow(U_i\text{不变})\rightarrow I_O\!\uparrow\rightarrow U_O\!\downarrow\rightarrow U_{R2}\!\downarrow=U_{B2}\!\downarrow \xrightarrow{\;U_{BE2}=U_{B2}\downarrow-U_Z(\text{不变})\;} U_{BE2}\!\downarrow\rightarrow I_{B2}\!\downarrow\rightarrow I_{C2}\!\downarrow$$
$$U_O\!\uparrow\leftarrow U_{CE1}\!\downarrow\leftarrow U_{BE1}\!\uparrow\leftarrow U_{C2}\!\uparrow$$

同理，当负载电阻 R_L 增大时，稳压过程则与上述相反。

从以上分析可以看出，该稳压电路实际上是一个具有深度负反馈的自动调节系统。

由于 $U_{BE2}=\dfrac{R_2}{R_1+R_2}U_O-U_Z$，而电路中 U_Z 是固定的，U_{BE2} 也基本不变，因此在保证一定的输入电压 U_i 条件下，稳压电路的输出电压 U_O 数值应该满足

$$U_O = \frac{R_1 + R_2}{R_2}(U_{BE2} + U_Z) \tag{9-12}$$

此式表明在一定条件下，U_O 与取样电阻有关，改变 R_1、R_2 的阻值，可在一定范围内改变输出电压 U_O 的数值，但 U_O 不可能超过 U_i。

另外从图中可以看出，$U_O = U_i - (I_{B1} + I_{C2})R_C - U_{BE1}$。由于 R_L 减小时，I_O 增大，U_O 降低，U_{B2} 减小，导致 I_{B2}、I_{C2} 减小，I_{B1} 增大。当 I_{C2} 减小到零时，I_{B1} 最大，此时 $U_O = U_i - I_{B1}R_C - U_{BE1}$。由于 $I_{B1} \approx \frac{I_{E1}}{\beta_1} \approx \frac{I_O}{\beta_1}$，代入上式则额定输出电流为

$$I_O = \beta_1 \frac{U_i - U_{BE1} - U_O}{R_C} \tag{9-13}$$

由于稳压电路中，全部输出电流都要经过调整管，调整管的基极电流受比较放大器的控制。当输出电流较大时，直接用比较放大器来控制调整管的基极电流就会困难。例如输出电流为 1A，调整管的 β 值为 50，则调整管的基极电流应该是 20mA。然而，通常比较放大器的集电极工作电流为 1～2mA，因此它的增减对于调整管影响甚微，因而不能对调整管进行有效控制，为减小调整管的基极电流，必须采用复合管，如图 9-14 所示（图中 T_1 和 T_2 构成复合调整管）。采用复合管后，例如，若复合管都是由 β 值为 50 的管子组成的，则复合后的 β 值为 2500，由于输出电流 $I_O \approx I_{E1} = 1A$，则复合管的基极电流 $I_B = \frac{I_{E1}}{2} = \frac{1}{2500}A = 0.4mA$，这样小的基极电流，比较放大器就能很好地控制调整管了。

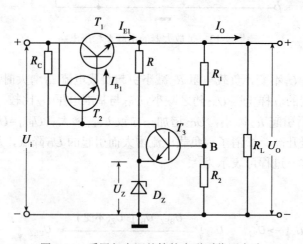

图 9-14　采用复合调整管的串联型稳压电路

综上所述，串联型晶体管稳压电路一般由调整管、取样电路、基准电压电路和比较放大器四个基本部分组成，由它与前面所介绍的整流滤波电路一起组成串联调整型晶体管稳压电源，如图 9-15 所示。当然，作为一个完善的电源电路，除以上必须的电路外，还应设有辅助电源和完善的过压过流保护电路等。

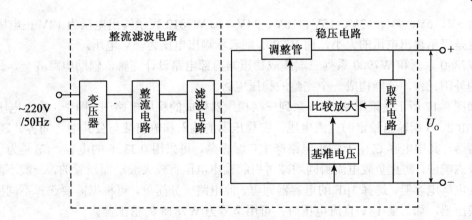

图 9-15   串联型稳压电源结构方框图

9.3.3   三端集成稳压器

1. 三端集成稳压器的结构

利用分立元件组装的稳压电路，输出功率大，安装灵活，适应性广。但体积大，调试麻烦，可靠性差。随着电子电路集成技术的发展和功率集成技术的提高，出现了各种各样的集成稳压器。这些集成稳压器将调整管、取样放大、基准电压、启动和保护电路等全部集成在一块半导体芯片上，其外形和三极管一样小，因此给使用和安装调试带来很大的方便。如图9-16 所示为 W7800 系列三端集成稳压器的内部功能框图。

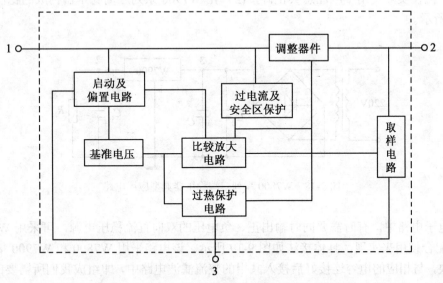

图 9-16   W7800 系列集成稳压器内部电路方框图

2. 三端集成稳压器的应用

三端集成稳压器品种繁多，目前用得最多的要数国产 W7800 系列和 W7900 系列三端集成稳压器。W7800 系列和 W7900 系列三端集成稳压器为三端固定电压式集成稳压器，其中 W7800 系列为正电压输入输出，W7900 系列为负电压输入输出，各有 7 种电压可供选择，分别为 5V、6V、9V、12V、15V、18V、24V。如 W7812 表示输出电压为 12V 正电压。即后两位是表示输出电压的大小，而 W7905 则表示输出电压为-5V 电压。

W7800 系列和 W7900 系列三端集成稳压器内部电路设计完善，辅助电路齐全，只需连很少的外围元件，就能构成一个完整的稳压电路。

如图 9-17 所示是采用 W7800 系列三端稳压器构成的稳压电路图。图中，输入电压接 1、3 端，由 2、3 端输出稳定的直流电压。在稳压器的输入和输出端与公共端之间各并联了一个电容器。其中电容 C_i 用于防止电路产生自激振荡，可采用 0.33μF 的电容。C_O 是为了改善负载瞬态响应，防止负载电流瞬间增减时引起输出电压有较大波动而设置的，一般不需要大容量的电解电容器，选择 1μF 的电容器即可。此电路十分简单，可根据需要选择不同型号的集成稳压器，如需要 18V 直流电压时，可用型号为 W7818 的稳压器。

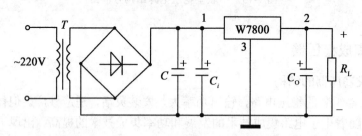

图 9-17　W7800 系列三端稳压器典型应用电路

W7900 系列三端稳压器输出电压为固定的负电压，其组成部分和工作原理与 W7800 基本相同，但在实际使用中应注意其正确接法，由 W7900 系列三端稳压器构成的稳压电路如图 9-18 所示。

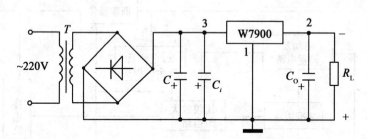

图 9-18　W7800 系列三端稳压器典型应用电路

在电子电路中，有时需要同时输出正、负电压的双向直流稳压电源，可采用 W7800 和 W7900 配合使用来实现，具体接法如图 9-19 所示。该电路采用 W7800 和 W7900 集成稳压器各一块，与相应的电容连接好后接入共用的整流滤波电路中，即组成我们所需要的双向直流稳压电源。该电路具有共同的公共端，可以同时输出正、负相等的两种电压。

值得注意的是，无论是 W7800 系列还是 W7900 系列，在使用时都必须保证即使在输入电压波动到最低值时，输入和输出电压的差值也应保持在 2V 以上，否则电路的稳压效果将变差。

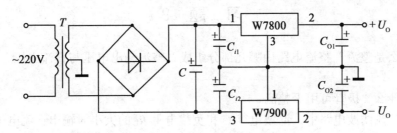

图 9-19 同时输出正、负电压的稳压电路

本 章 小 结

（1）半导体直流稳压电源是由整流变压器、整流电路、滤波电路和稳压电路四个部分组成的。

（2）利用二极管的单向导电性可以组成各种整流电路。其中单相半波、单相桥式整流电路应用非常广泛。

（3）单相半波整流输出电压的平均值为 $U_{O(AV)} = 0.45U_2$ ；输出电流的平均值 $I_{O(AV)} = 0.45\dfrac{U_2}{R_L}$。整流二极管上流过的电流的平均值为 $I_{D(AV)} = 0.45\dfrac{U_2}{R_L}$，承受的最大反向电压为 $U_{RM} = \sqrt{2}U_2$。在选择整流二极管参数时，主要考虑最大反向工作电压 U_{RM} 和最大整流电流 $I_{F(AV)}$ 两个参数。

（4）单相桥式整流输出电压的平均值为 $U_{O(AV)} = 0.9U_2$ ；输出电流的平均值 $I_{O(AV)} = 0.9\dfrac{U_2}{R_L}$。每个整流二极管上流过的电流的平均值为 $I_{D(AV)} = 0.9\dfrac{U_2}{R_L}$，承受的最大反向电压为 $U_{RM} = \sqrt{2}U_2$。后面两个公式是我们选择整流二极管的依据。

（5）为了减少整流电路输出电压的脉动程度，常在整流电路和负载之间接入滤波电路。滤波电路分为电容滤波、电感滤波和复式滤波器。其中电容滤波器在小电流情况下滤波效果较好，因此应用较为广泛。

整流电路在接入滤波电容后，输出电压的平均值变为 $U_{O(AV)} = 1.2U_2$。滤波电容的容量可由以下公式确定：

$$R_L C \geqslant (3 \sim 5)\dfrac{T}{2}$$

式中，T 为交流电源电压的周期。

（6）稳压电路可分为并联型和串联型两种。硅稳压管稳压电路属于并联型稳压电路，电路结构简单，但输出电流小，稳压特性不好。在硅稳压管稳压电路的基础上增加一个三极管射极输出电路可组成简单的串联型稳压电路，其稳压性能有所提高。

（7）带放大电路的串联型稳压电路是利用三极管作调整元件与负载串联，从输出电压中取出一部分电压，经比较放大后去控制调整管，从而使输出电压稳定。这种稳压电路精度高，应用较为广泛。

（8）三端集成稳压器是一种新型稳压器件，具有体积小、调整方便，工作可靠等优点。目前用得较多的要数 W7800 和 W7900 系列，由它们可以构成固定输出电压的稳压电路。

习 题 9

9-1 什么是整流？整流电路由哪几部分组成？整流输出电压与直流电压、交流电压有哪些不同？

9-2 为什么二极管可用于整流？

9-3 在整流滤波电路中，滤波电容 C 和负载电阻 R_L 的大小对输出直流电压 U_O 有什么影响？

9-4 单相半波整流电路中，已知变压器初级电压为 220V，变压比 $n=10$，负载电阻 $R_L=10\Omega$。试计算：

（1）整流输出电压 U_O。

（2）二极管通过的电流和承受的最大反向电压。

9-5 单相桥式整流电路，要求输出直流电压 25V，输出直流电流 200mA。试求：

（1）二极管的电压、电流参数应满足什么要求？

（2）变压器的变比是多少？

9-6 某桥式整流电容滤波电路，交流电源电压为 220V、50Hz，$R_L=120\Omega$，要求输出电压为 $U_O=30$V。

（1）试画出电路图。

（2）选择整流二极管。

（3）确定滤波电容 C 的大小。

（4）估算电流变压器次级的电压 U_2。

9-7 电路如图 9-20 所示，试分析该电路出现下述故障时，电路会出现什么现象？

（1）二极管 D_1 的正负极性接反。

（2）D_1 击穿短路。

（3）D_1 开路。

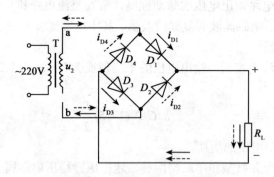

图 9-20 习题 9-7 的电路图

9-8 在单相半波、桥式整流电路中，加不加滤波电容，二极管承受的反向工作电压有无差别？为什么？

9-9 简述如图 9-21 所示的串联型稳压电路的工作原理。

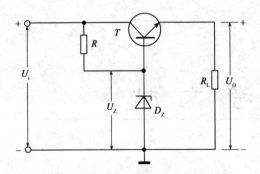

图 9-21 习题 9-9 的电路图

9-10 如图 9-22 所示的电路中，如果稳压管稳定电压为 5.3V，$R_1=500\Omega$，$R_3=2k\Omega$，$R_4=4k\Omega$。试求：

（1）U_O 为多大。

（2）若要求输出电流为 500mA，调整管的 β 应为多大。

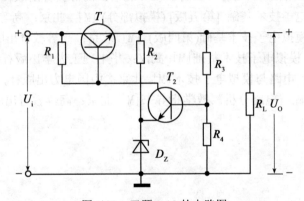

图 9-22 习题 9-10 的电路图

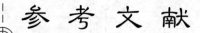

参 考 文 献

1. 周永萱等主编. 电子电子学[M]. 武汉：华中理工大学出版社，1998

2. 张虹主编. 电路与电子技术[M]. 北京：北京航空航天大学出版社，2006

3. 方玲丽主编. 电路与电子技术[M]. 上海：华东大学出版社，2003

4. 李树燕主编. 电路基础（上册）[M]. 北京：高等教育出版社，1990

5. 秦曾煌主编. 电工学[第二版]（上册）[M]. 北京：人民教育出版社，1983

6. 王文辉等编著. 电路与电子学[第三版][M]. 北京：电子工业出版社，2005

7. 邱关源主编. 电路[第一版]（上册）[M]. 北京：高等教育出版社，1986

8. 康华光主编. 电子技术基础 [第五版] (模拟部分) [M]. 北京：高等教育出版社 ，2006

9. 华成英主编. 模拟电子技术基础(第四版) [M]. 北京：高等教育出版社 ，2006

10. 陈大钦主编. 模拟电子技术基础[M]. 武汉：华中理工大学出版社，2000

11. 华容茂主编. 电路与模拟电子技术[M]. 北京：中国电力出版社，2003

12. 胡翔骏等主编.《电路分析》教学指导书[M]. 北京：高等教育出版社，2002

高等院校计算机系列教材书目